中国佛教建筑探微

焦毅强 著

中国建筑工业出版社

图书在版编目（CIP）数据

中国佛教建筑探微 / 焦毅强著 . —北京：中国建筑工业出版社，2017.12
ISBN 978-7-112-21108-1

Ⅰ.①中… Ⅱ.①焦… Ⅲ.①佛教—宗教建筑—研究—中国 Ⅳ.①TU-098.3

中国版本图书馆CIP数据核字（2017）第202241号

中国佛教是中国传统文化的一个重要组成部分，它对中国几千年的文明发展起了重要的作用。全书内容包括中国佛教与佛教建筑；中国古代佛教建筑；现代佛教建筑设计。

本书可供广大建筑师、高等院校建筑学专业师生、佛教建筑与佛教文化爱好者等学习参考。

责任编辑：吴宇江 李珈莹
版式设计：京点设计
责任校对：王宇枢 张 颖

中国佛教建筑探微
焦毅强 著
*
中国建筑工业出版社出版、发行（北京海淀三里河路9号）
各地新华书店、建筑书店经销
北京京点图文设计有限公司制版
北京方嘉彩色印刷有限责任公司印刷
*
开本：787×1092 毫米 1/12 印张：21⅓ 字数：446 千字
2018 年 5 月第一版 2018 年 5 月第一次印刷
定价：**198.00** 元
ISBN 978-7-112-21108-1
（30761）

目录

中　篇　中国古代佛教建筑

下　篇　现代佛教建筑设计

绪 论

“心文化”源于儒家。儒家和道家的基本精神，代表了东方文明的根本特征。“心文化”基于的是普通的人性，因为无论来自什么样的文化背景，人的内心深处都是相通的。“心文化”认为心御万法，万法归心，正如憨山大师所说“若人若法，统属一心”。“物”和“神”都不是人类自身命运的绝对主宰，只有心才能统御我们自身和万物。

——学诚大和尚为《建筑与传统文化的回归》所作的序

中国百年来开展的新文化运动，提倡的基本上是来自西方唯科学的物文化，而离开了中国几千年传承的心文化。王阳明说：“人者，天地万物之心也；心者，天地万物之主也。心即天，言心则天地万物皆举之矣。”单讲“物”，不讲“心”，可以说成为现代中国各门类学科的共性，因“心”的匮乏，带来环境、人性的恶化，已开始引起人们的注意。

以美术为例，近代中国美术界倡导和建立了一套以西方古典主义和学院艺术为参照的写实主义教育体系，形成了素描教学的一套完整的理论和体系，并将西方写实造型的透视、解剖、色彩、构图原理和法则用于改良中国画。

“五四”新文化运动时期，康有为等发出了“中国近世之画衰败极矣”，必须进行革命的呼声，希望以西方“先进”的艺术来改造传统中国画。美术界的一位代表人物潘天寿对此保持了谨慎的态度，1926年他在编撰《中国绘画史》时写道：“艺术每因异种族的接触而得益，而发挥增进，却没有艺术亡艺术的事情。……凡是有他自己生命的，都有立足世界的资格，不容你以武力或资本等的势力屈服和排斥。但一般神经过敏的人，常常碰见异种族输入来的新奇东西，他们便完全放弃了自己的去奉行拜接他；……原来东方绘画之基础在哲理，西方绘画之基础在科学，根本处相反之方向而各有其极则。”（黄俊娴：《潘天寿：我这一辈子是个教书匠》，载《美术报》2013-10-19）

中国建筑界也是有相当一些人，碰见异族输入来的新奇东西，便放弃了自我。中国建筑也追随着新文化运动以来奠定的唯科学观的旗帜。对中国古代建筑的研究离开了中国文化的根本哲理，从物象中找科学，中国古代传承下来的建筑就没有了向前延续的生命。对中国佛教建筑的研究至今大多也停在表层物象上。偏离中国文化哲理和佛教的本源去谈中国的佛教建筑又怎么能谈清楚呢？

我们讨论中国佛教建筑，都涉及哪些方面呢？这就涉及我们对中国佛教建筑的真正认知。对中国佛教建筑的讨论常常会停止在两个层面：一个是佛教建筑典型的样式上，也就是外在形象上；另一个是从古代传统建筑的角度分析研究，也就是停止在中国古代建筑的学术层面。这些讨论和研究都没有聚焦中国佛教建筑的根本，佛教建筑应当定义为佛教的道场，讨论和研究中国佛教建筑应是研究讨论中国佛教的道场。

用现时科学的方式研究，我们只看到外在形象而漠视了使用的人，不过问使用的规律、方式和目的。这就像我们研究一个学校建筑不从教学方式、手段、分班、分科、教学大纲、培养的目标去研究一样是错误的。

佛、法、僧是佛教寺院应具有的最基础的条件，三者缺一不可，缺了就不是佛教寺院。不是佛教寺院是什么呢？是中国古代建筑的展所，是供旅游的景区。我们现在很多的研究就是这样，现存的很多寺院也是这样，没有僧人了。这些现在没有僧人的寺院，在历史上却是有僧人的，有些还是那个时代的高僧，对这些寺院就应从那个时代去考究。

所以对僧团生活、学修方式的了解是研究佛教建筑的前提。学修和生活需要哪些建筑空间，是什么样的建筑形式？寺院弘法活动是以什么样的方式进行的，会有多大的人流，要进行怎样的流线组织？中国佛教有哪些门派，这些门派有什么不同的活动要求？

更深入的层面，比如，从精神方面研究：中国佛教寺院追求什么样的精神？中国佛教建筑应当具有什么样的意境？佛教建筑作为道场应当具有什么的特性？这些特性又表现在哪里？如何表现？为了什么去这样做？从环境方面研究：中国佛教寺院和大自然是如何相融的？

真正讨论和研究佛教建筑还有更广的范围。佛教建筑是宗教建筑，应看到它的宗教性。佛教建筑是传统文化建筑，应当从传统文化方面去研究。

佛教建筑的研究还有现代意义，那就是为现代社会的“人间佛教”道场提供更合理的寺院建筑。

寺院是面对大众的，它是大、中型公共活动场所。那么多人到寺院去活动，寺院的人流组织是大问题，需要有伸缩性的大空间。

寺院是学修佛法的场所，它有很多宗教活动需要的特殊空间。

寺院经常搞慈善活动，它要有搞慈善活动的场地。比如只要在客堂（接待处）挂单，就可以免费吃、住。寺院的斋堂（餐厅）接待能力就需要很大，住宿的居士楼也要有足够的容量。

佛教寺院建筑有着很多宗教方面的制约因素。比如，一般建筑无不是先由建筑师设计再交由施工单位施工，可是寺院自古以来都不是这么建，今天仍不这么建。寺院建筑主体是义工，设计和施工全是义工，为什么呢？这是佛教道场因其宗教性而形成的惯例。禅修是僧团信众的基本生活方式，生活禅包括一切人的活动，寺院建设过程是禅修过程，是僧团禅修的一个重要组成部分，通过共同的参与，这个道场才会对大家产生加持力。当然能不能在不违背上述宗教性目的的前提下，改善工作方式，使其更加符合工程的规律，更加安全，笔者觉得还是可以讨论的。

寺院建筑由于是共同完成也就没有了个人的归属性，而那些看起来不合常规的地方有时恰恰是寺院的特性，我们看到很多古代寺院的个性、特点、精彩之处都不是所谓设计出来的。

佛教的修行追求生命的永恒性和道场的神秘性。佛教道场是让人能安下心来的“场”，是否有神圣的加持力非常重要。作为宗教建筑所需要的气氛，常常通过和自然的融合互动达到，借助时间光影的变幻完成。

中国佛教是中国传统文化的一个重要组成部分，对中国几千年的文明发展起了重要的作用。对于传统文化我们经历了较长时间的全面否定，继“五四”以后，“文革”承其余绪，以更猛烈的态度，全盘砸烂。中国传统文化遭到彻底批判和否定，也被彻底污名化和妖魔化，对民众心理产生了极大影响。“文革”结束后，对此进行了深刻的反思，意味着对传统文化的否定之否定，即某种意义上的肯定。我们现在要进行的是与中国五千年历史的对接。

在古代中国，佛教几次与帝王产生矛盾。历史上出现魏太武帝、北周武帝、唐武宗、后周世宗四位皇帝“灭佛”。相对于中国帝王的王权而言，神权基本没有占据上风。中国的历代帝王能够允许佛教存在，并采取既利用又限制的方针，是因为在佛教中没有一个像“上帝”一样超越一切人、超越帝王的神的存在，而只是一种内在的修行境界，如净土宗推崇一心念佛，而禅宗认为在日常生活中保持一种超脱的境界就是佛。中国要走自己的发展之路，其文明传承、文化源头是中国优秀传统思想文化，体现着中华民族世世代代在生产生活中形成和传承的世界观、人生观、价值观、审美观的文化。其中最核心的内容已经成为中华民族最基本的文化基因。

通常对中国传统建筑的论述中，常按照宫殿建筑、民居建筑、园林建筑及佛教建筑等分类。而实际上这些类型的中国传统建筑，其建筑形式要素是相同的。在《只是为了善——追求中国建筑之魂》一书中，笔者曾指出中国的传统建筑，其基本形式要素是确定的，就好像音乐中的音符，是固定而有限的，不同的是音符排列后形成的乐曲。可是通常对中国传统建筑的论述，多说的是基本的建筑形式要素，即其中的建筑单体。

宫殿、民居、园林、佛教建筑的不同在于其建筑组织形式。中国传统建筑的组织形式，是深层次的，很值得研究和继承，里面包含着中国传统文化的精神。当今，如果要从纯技艺的层面，或换句话说，从西方体系的科学层面，上升到文化层面对中国传统建筑做更深一步的研究，其组织形式的规律是核心的部分。

宫殿、民居、园林、佛教建筑是中国人自古以来使用的建筑，它们长期以来满足了人们的生活需求，更满足了精神的需求。这个精神需求很重要，它将人从根本上区别了动物，形成了“人”的建筑，而不是兽舍。那么，中国传统建筑中存在着什么精神呢?笔者也曾提到“只是为了善”——是种“善”的精神。孟子讲，“人者仁也”，“仁”即是爱，是善，是慈悲，是正义。在佛教建筑中对善的追求更高，宗萨仁波切对佛教有一段解释：“研究佛教即是研究自己，而研究自己即是发现无我。更重要的是发现无我即是与对他人心怀慈悲有关。”

中国传统建筑不追求形式上的变化，更不张扬个人的风格和精神，只是按照中国传统文化精神的需求来排列。比如：中国建筑比较含蓄，不张扬，追求“隐”和“藏”。宫殿和民居被高墙围合在院落里，佛教建筑隐藏在大自然中。“隐”和“藏”是中国人的精神，中国人崇尚的英雄是在有难时“英雄出世”，救难后“英雄归隐”，佛教中救苦救难的观世音菩萨就是如此。还比如：中国建筑都堂堂正正的，严格遵守一种秩序。宫殿建筑以君权为中心形成严格的秩序，民居建筑以父权为中心形成严格的秩序，佛教建筑以佛为中心形成严格的秩序。还比如：中国人认为自然是神圣的，其中有一种对人加持的力，即“命力”。中国人宇宙观认为这种命力来源于“昆仑山”，沿南北两条山脉体系向前推行，这种运行方式按照熊十力先生解释是脉冲式的，“一下子，一下子”的。中国人追求这种加持力，需要紧密和自然融合一体，这一点在建筑中体现得非常显著。宫殿和民居建筑按照方位围合了层层院落，形成气场空间；园林建筑在围合中加入了人造的山水自然；佛教建筑则是融入到大的山水自然中。无论是围合成院落，在院落中加入小山水，还是将建筑置于高山孤岭、大山水之中，都是追求人与自然力的结合，表现了人归属于自然，而不与之争。

在宫殿、民居建筑中儒家思想是制约的根本。园林建筑常常与宫殿、民居连接，形成人的生活空间与小自然环境的结合。不同于宫殿和民居建筑的是，在园林建筑中融入了道家的自然观，体现的是道家的隐逸精神。儒家的十六字令：“人心惟危，道心惟微，惟精惟一，允执厥中。”对于中国传统的宫殿、民居和园林建筑是指导性的格言。这句话来自于《尚书》中《大禹谟》一篇，据说它是舜禅位给禹的时候传的十六字真言，让人在平常的生活中保持警醒，体会到道心的惟微和奥妙。道家也在《道德经》言：“道之为物，惟恍惟惚。惚兮恍兮，其中有象；恍兮惚兮，其中有物。窈兮冥兮，其中有精；其精甚真，其中有信。”中国传统精神是内向修身的精神，“惟精惟一，允执厥中”，就是在修身中达到大道的办法。所以中国传统建筑要提供这种修身行为需要的空间环境，需要使人能平和静气、抱元守一、坚守中庸的环境。

佛教是“人”修成“佛”的宗教，在中国佛教中，这里的“人”和儒家的“人”，“人者仁也”的“人”是一致的。所以中国的佛教建筑含有儒家的精神因素，也要有平和静气的环境。

佛教建筑的形成取决于其所处的“天时、地利、人和”。“天时、地利、人和”引自《荀子·王霸篇》：“农夫朴力而寡能，则上不失天时，下不失地利，中得人和而有事不废。”“天时”指时机和气候条件；“地利”指地理环境的特点、优劣等；“人和”指人心的向背，这里指佛教建筑中人的因素。

学诚大和尚谈佛教建筑，常从天时、地利、人和谈起。天时、地利、人和是制约和形成佛教具体建筑的因，建筑只是果。我体会学诚大和尚讲的是缘起论，佛教建筑的指导精神是“缘起”。

缘起论是佛法的根本，认为世间上的事事物物（一切有为法），既非凭空而有，也不能单独存在，必须依靠种种因缘条件和合才能成立，一旦组成的因缘散失，事物本身也就归于乌有，“诸法因缘生，诸法因缘灭”的因果定律，称之为“缘起”。“相由缘现”，“法不孤起，仗境方生”，这个“境”就是因缘，“缘”也就是作用的条件。世间一切现象都是因缘和合所产生的假相，本身并无自性，所以说“缘起性空”。《中阿含经》云：“若此有则彼有，若此生则彼生，若此无则彼无，若此灭则彼灭。”

佛教建筑也一样，本身并无自性，随着缘生而现。梦参法师在《缘起性空》中提到：“在印度，要造塔、修寺庙或者塑佛像，都会安一句缘起的偈子，这句偈子的内容是什么？是‘诸法因缘生，我说是因缘，因缘尽故灭，我做如是说’。”学诚大和尚讲的天时、地利、人和即是佛教建筑存在的缘，只能依天时、地利、人和中去结出佛教建筑的果。时代不同，环境条件不同，使用人要求不同，佛教建筑就应不同。

那么随着“天时、地利、人和”的变化，佛教建筑就应当变化。现在面对“现代佛教”“人间佛教”，佛教建筑正在变化。学诚大和尚在做这些方面的探讨，在北京凤凰岭龙泉寺建筑中，“藏经楼”变成了现代图书馆，“僧人堂舍”变成了现代教室，由传统佛教建筑的寺院丛林化已经向寺院学院化转变。

在佛法中，第一胜义谛超言绝相，不可言说，可言说者皆落世俗谛，在佛教看来已成定论。释迦的拈花微笑即是不可说，但却是极其精微密妙地说，将人带入寂静而澄明之道。禅宗的“直指人心”也是不可说。在佛教建筑设计中亦有不可说，在“天时、地利、人和”中都含有不可说。天地与我共生，万物与我为一，即是“天时、地利、人和”，即是“不可说”的浑然与天地万物为一的境界，这个境界寂照明觉、不可说。佛教中“空”不可说，“非空”不可说，那么建筑中的“空”也是不可说。不可说在佛教建筑中有着极重要的意义。“我在故我说”，如果我“不在”，无我，也就无“可说”。

佛教中含有“可说”的部分，即可视为哲学，还有“不可说”的部分，即可视为宗教。在佛教建筑中含有“可说”的部分，可以属于科学技术，还有“不可说”的部分，应当属精神，即心性的层面。

做人应当有个底线，建筑也应当有个底线，佛教建筑更应当有自己的底线，人们不能突破这个底线。有人讲佛教建筑应当完全继承古制不能改变，笔者并不同意。但有人讲佛教建筑可以搞成现代主义的大玻璃盒子，笔者不认同。有人说我为了建自己的庙，可以将别人的庙拆了，这不是为了个人，也是为了寺院，笔者也不认同。为什么不认同，因为这些变化都不是符合“缘起说”来的，都突破了佛教建筑的底线。所以我认为在现代佛教建筑发展中要遵守“缘起”，但不要突破底线。

“实用、庄严、安全、神秘”是学诚大和尚建寺的要求。实用是第一位的；作为宗教建筑要庄严；要有安全保障，这里包括对学修环境的安全保障；佛教建筑也应当是神秘的，不能一眼看透。

佛教建筑最主要的特点应当有两个：

（1）佛教建筑用建筑与真正的大山、大水共同排列秩序，将建筑完全纳入天地共有的大自然体系之中。这里有科学层面，也有“不可说”的层面。在这种组合中由于建筑承接了自然，也就同时承接了大自然“不可说”的自然力。这就形成了佛教建筑不同于其他传统建筑的神秘性，没有神秘性，可以说不能属于佛教建筑。举个例子：

北京凤凰岭龙泉寺有个西跨院，这个院子原是辽代的古寺遗址，在龙泉寺的发展建设中始终没有动它，让它完整地保持着原貌。这个院的西部自然承接凤凰岭的大自然。在龙泉寺建设中学诚大和尚不说，我们也不说，没有可说的，只是将它保留下来。大家心里明白保留它的重要性远在科学层面上。这就形成了一种神秘性，更为神奇的是在龙泉寺建设中，西跨院中的古代枯井竟然出水了，这属于“天时、地利”的层面。

（2）佛教建筑的排列始终保持以佛为中心的殿堂秩序，在这个秩序中最重要的是“好用”，是进行佛事活动“好用”。这种以佛为中心的，一切为了开展佛事活动“好用”的层面，属于人和。这个“好用”具有时代特点和不同实用功能的特点，但都是围绕开展佛事活动的，这就从使用上根本区别于其他建筑。所以佛教建筑不等于旅游建筑，不等于学术性的古建。这一点是目前建筑界人士较难做到的。因为建筑界人士很少了解佛教，很少从佛教建筑的真正使用去思考来进行设计，现在的设计常常是建筑师自我表达的一种设计。这里有科学的成分，即“可以说”的，也有“不可说”的精神层面的部分。比如，排列的空间秩序中的“空”即“不可说”，殿堂拜佛、诵经的大气场“不可说”，在殿堂秩序中组合的历史老殿堂的神秘性“不可说”。举个例子：

福建莆田极乐寺在建设中，有一座老的佛堂，面积小、破旧，大家都不说什么，只是将它保存下来，极乐寺除了这座建筑外全是新建，而且是建在平原上，很难与大自然承接，但保存这座建筑，也使极乐寺具有了神秘性。

佛教建筑所处的大自然有生命性，佛教建筑的殿堂有生命性，生命性有“可说”的，有“不可说”的，而其中“不可说”的是佛教建筑的最高境界。

佛、菩萨、罗汉、高僧像（笔者绘）

佛画像

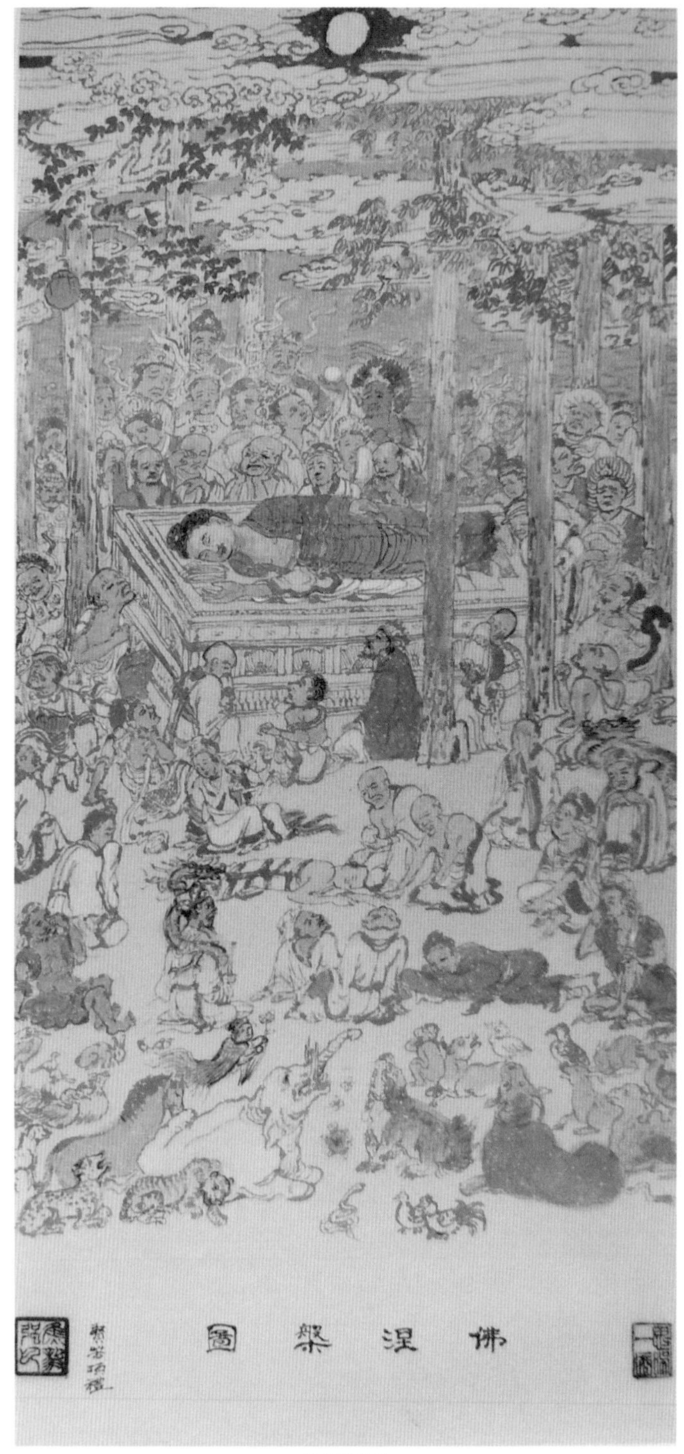

佛涅槃图

地藏菩萨像

观音像1

观音像2

法藏画像

阿难像

东晋慧远画像

罗汉画像1

罗汉画像2

护法多闻天像

护法广目天像

北齐慧文画像

隋善导画像

隋智俨画像

唐承远画像

弘相部律法礪律師

唐法砺画像

六祖慧能像

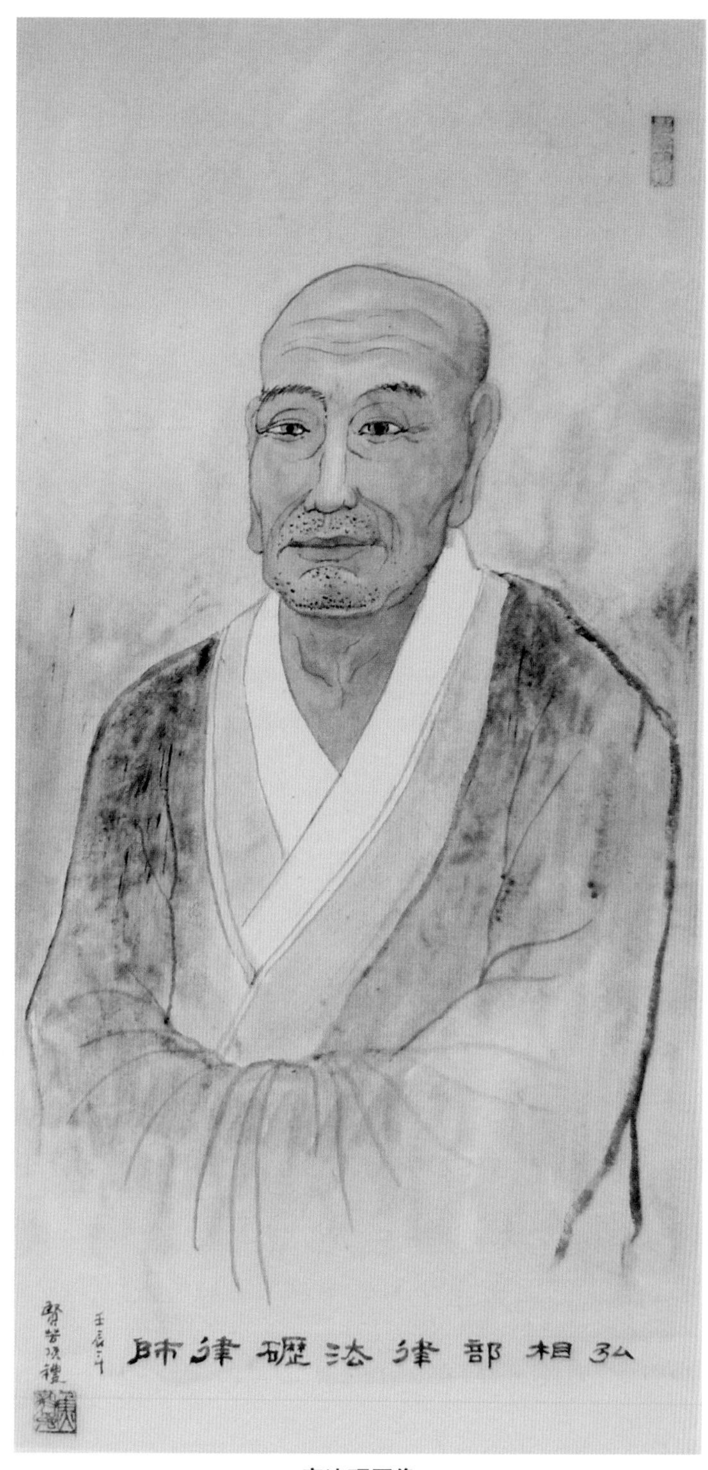

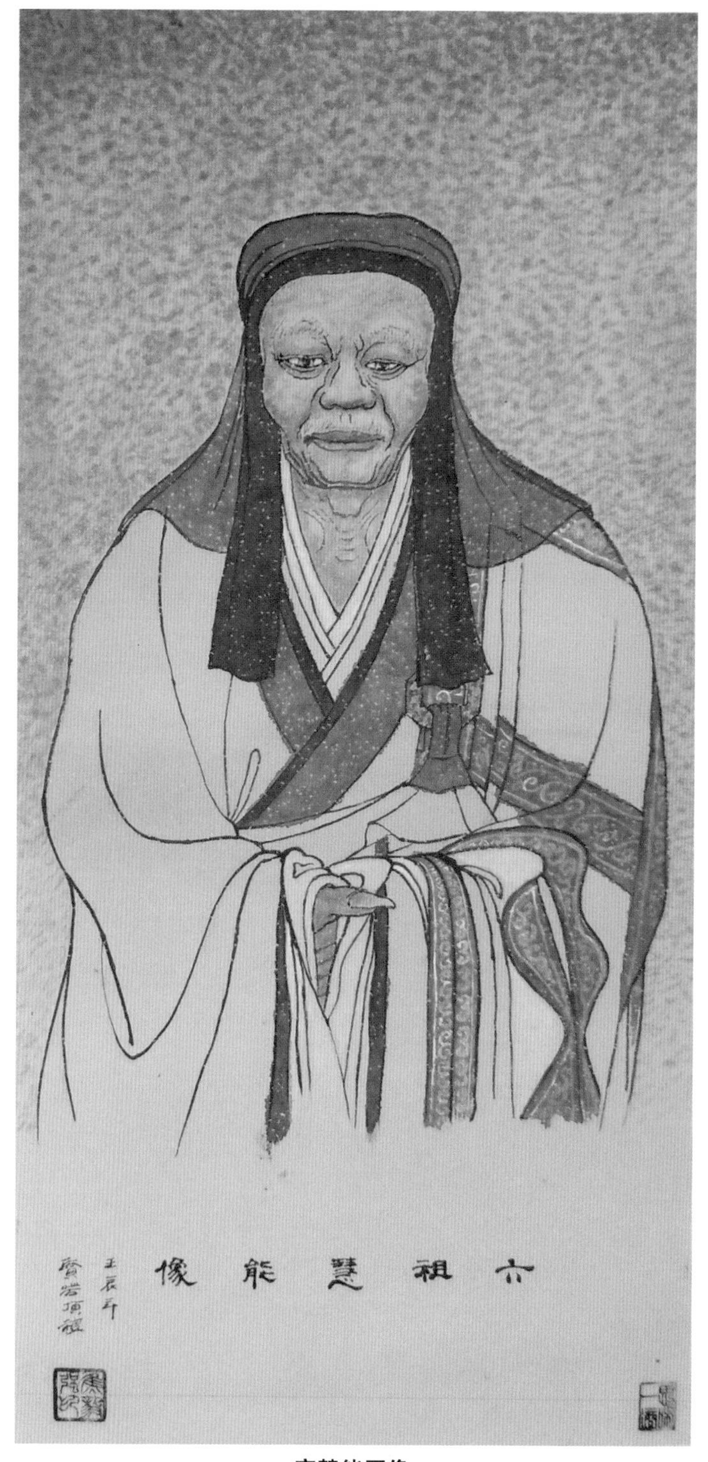

唐慧能画像

唐义玄画像

上篇

中国佛教与佛教建筑

第一章　概述

一、印度佛教与佛教建筑

宗教信仰体现着人类的“终极关怀”。宗教是人类社会发展到一定历史阶段出现的一种文化现象，属于社会意识形态。宗教文化本身就是传统文化的重要组成部分。

宗教，顾名思义即有宗与教之分。按照华严五教章卷一“分教开宗”之说：“教”为适应教化对象所说之教法，“宗”为教中之根本旨趣。

宗教建筑是宗教活动的载体，大多刻意地营造出一种超脱于世、令人心生崇敬的气氛。许多宗教建筑是人类建筑史上的瑰宝。山不在高，有仙则名，宗教活动还赋予了名山大川更深厚的文化内涵。

在当今社会，宗教依然发挥着其独特的影响，越来越多的人被宗教所吸引。各地的宗教均珍爱生命与和平，强调人与自然的和谐统一，强调以仁爱之心爱惜生物，合理开发自然。如今，随着科技的进步，人类通信的手段越来越多，世界宗教与文化的交流也随之增加，呈现出全局性与双向性的特点。中华文明势必要重新审视几千年的传统文明，主动吸纳世界各民族优秀文明的成果，以完成更新与再生。在这个过程中，对于中国佛教建筑的研究也会贡献积极的力量。

公元前6世纪，古印度释迦牟尼创立佛教，后尊为佛陀（浮屠），意思是大彻大悟的人。释迦牟尼生活的年代，正是雅斯贝尔斯所称的“世界文化轴心时代”（公元前6～前3世纪）。这一时代是人类文明的“突破期”。“非凡的事都集中在这一时代发生了。”中国哲学的所有派别都产生了；印度出现了《奥义书》，生活着佛陀；在巴勒斯坦出现了先知；在希腊有荷马，哲学家巴门尼德斯、赫拉克利特、柏拉图，悲剧作家修昔底德，以及阿基米德。“在这个时代产生了我们今天依然要借助于此来思考问题的基本范畴，创立了人们至今仍然生活在其中的世界宗教。”（雅斯贝尔斯语）

佛教是无神论，注重因果。佛教认为一切事物都是因缘和合而生，既然是众缘所生，就是无自性的，就是空的。“缘起”是我们理解佛教思想的一个重点。

印度的佛教分为三个时期。

（1）早期：即原始佛教时期，公元前4～1世纪的400年左右。公元前4世纪末，马其顿国王亚历山大入侵印度，建立了印度历史上第一个统一的大帝国——孔雀王朝。阿育王皈依并将佛教定为国教，推动域外传教，使佛教成为世界性的大宗教。佛教的建筑与雕刻随着佛教的传播迅速发展起来，并在继承传统的基础上吸收了伊朗、希腊等外来文化的影响，创立了窣堵坡（佛塔）、支提（礼拜场所——塔庙、祠堂、佛殿）、毗诃罗（寺院）等佛教建筑的基本形制。

阿育王时期在印度各地树立了许多高大的独石纪念圆柱，称为“阿育王石柱”或“阿育王敕令柱”，现在成为重要的文化遗物。其中著名的雕刻——“阿育王狮子柱头”就是将波斯、希腊雕刻法与本国传统结合的产物。此时的佛教雕刻，不出现佛陀的形象，而是采用隐喻的手法，因释迦牟尼被誉为“智者中的狮子”，所以柱顶的狮子驮法轮，象征着佛陀至高无上的传法。

早期佛教留下来的佛教建筑主要是佛塔和石窟。

当时的佛塔只有塔的雏形，主体多为半圆土冢，是埋佛僧骨灰和经文法物的建筑，逐渐成为佛教的象征性建筑和教徒朝拜的对象，佛塔形式也逐渐复杂化，并饰以佛教雕刻绘画。“建塔标志着对佛教圣物的崇拜进入了高潮，对神化佛陀起了推动作用，而对佛陀的神化，又进一步变成对佛的偶像崇拜，因此可以说对塔的崇拜成了通向偶像崇拜的桥梁。”（李珉：《论印度的早期佛教建筑及雕刻艺术》，载《南亚研究季刊》2005年第1期）此一时期的佛塔以巴鲁特塔和桑奇大塔为代表。

当时的石窟为结夏之用，早期是在石岩中比较简陋地凿出的石室，多是仿木结构，后来逐渐复杂精致，如阿育王时期开凿的洛马斯里希石窟，公元前2世纪开凿的巴伽石窟，以及再稍晚些的卡尔利石窟，到鼎盛时期的阿旃陀石窟，风格已趋向华丽。阿旃陀石窟与我国的敦煌莫高窟并称为亚洲佛教艺术的两大宝库，是融建筑、雕刻、绘画为一体的建筑群，对中国古代绘画产生过不可忽视的影响。

（2）繁荣期：公元1～3世纪的贵霜王朝时期，佛教获得极大发展，由原始佛教向大乘佛教转化。犍陀罗与马图拉同为北印度的雕刻中心。

以犍陀罗为中心建立起来“犍陀罗艺术”打破了早期只用象征手法表现佛陀的艺术传统，在雕刻中以人物塑造佛陀，创造了最初的佛像，实现神的人格化。随着佛像的出现，佛教雕刻发生了重大变化：由浮雕向高浮雕和圆雕佛像发展，由佛传故事向单独设龛供奉礼拜发展。佛像是犍陀罗雕刻家的独创，为后世各国佛像确立了坐势和立姿的艺术准则。犍陀罗佛像面部造型来自于希腊化雕像，深眼、薄唇、高鼻，气质高贵、冷峻，突出冥想内省的精神境界，身材是亚洲人的短粗。佛像的手势与姿态呈现程式化的标志。而菩萨像的出现是当时大乘佛教兴起的必然结果。

同为创造佛像的先行者，马图拉创造的是更加“印度式”的佛像。佛像具有典型的印度人种特征，粗犷有力，魁梧伟岸，衣薄透体，竭力展现充满力量的肉体。到了笈多时代，创造出了纯印度风格的笈多马图拉式佛。

阿马拉瓦蒂是南印度的雕刻中心，公元前2～3世纪，安德拉人在此至少建造了11座佛教塔。和北边的桑奇大塔相对应，其中的阿马拉瓦蒂塔是南印度窣堵坡形制的代表。

（3）鼎盛时期：公元3～6世纪的笈多王朝时期。这个时期的佛教雕刻及绘画艺术以鲜明的民族特色、完美的艺术品质成为佛教艺术史上卓越的经典之作。无论是雕刻还是绘画，都在挺拔单纯的人化中，注入冥想沉思的精神因素，体现肉体美与精神美的高度统一。

释迦牟尼诞生雕像

佛陀得道雕像

佛陀传道雕像1

佛陀传道雕像2

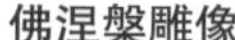

佛涅槃雕像

佛坐像

国王王后访佛雕像

二、化生

佛教于西汉（或更早）传入中国，经过近百年与中国本土文化精神的磨合、相融，成为中国传统文化的重要部分。这是中国历史上重大的文化大融合，古印度佛教与中国儒、道本土文化的相冲撞、相化合，即“化生”的过程，形成中国独有的佛教精神。

“化生”是来自于中国道教文化的说法，代表着自然内部运动、作用而生成的大变化。《周易》中有：“天地感而万物化生。”《抱朴子》中有：“澄浊剖判，庶物化生。”老子曰：“一生二，二生三，三生万物。”“天地不自生，天长地久。”《资治通鉴》中有：“阴阳恃以化生，贤者恃以成德。”《阅微草堂笔记》中有：“此化生自然之理，非人力所能为。”

我们华夏族的祖先特别推崇三。《史记·律书》说：“数始于一，终于十，成于三。”为了表示对三的崇敬，很早便借用了“叁”字作为大写的三。刘歆在《三统历谱》中说过：“太极元气，函三为一。”《乾凿度》谈三画成卦时便说：“物有始有壮有究，故三画而成乾。”“三”表示易的生生变化之道。有一幅唐代人绘制的《伏羲女娲图》藏于新疆维吾尔自治区博物馆，画中绘男（伏羲）女（女娲）二人缠绕，表达的是人类始祖的交媾，天地的交媾。天地即是交媾的二极，二极交媾即是生三，三生万物。交媾是两极的化生，是大化而生。化生的结果使天地不自生，天地化生，生的是三。

“化生”在文化发展中至关重要，要“化”而后“生”。西汉时期佛教传入中国，古印度佛教可以视为一极，中国的本土文化可以视为另一极。这两极经过近百年的磨合，最后交媾成禅文化——中国的佛教，六祖慧能的出现是其完成的标志。

古印度的佛教建筑完全不同于西汉时的中国建筑。两种建筑也是经过“化生”才产生了中国传统的佛教建筑。当今，高科技时代也存在着两种文化的化生，即高科技文化与传统文化

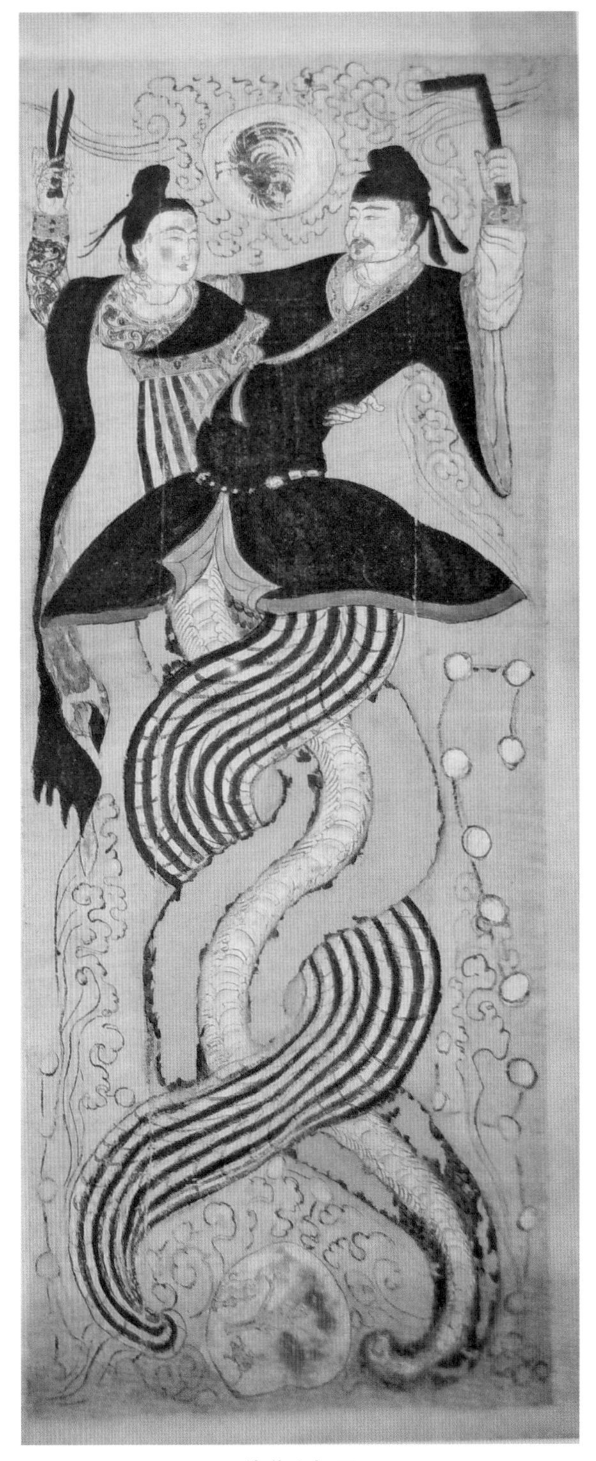

伏羲女娲图

的化生。这两种文化是两极，要生出“三”来，即现代寺院。

三、中国佛教的生成

佛教创始人释迦牟尼逝世后，佛教内部由于对释迦牟尼所说的教义有不同的理解和阐发，先后形成了不同的派别，后归为大乘和小乘两大基本派别。

小乘佛教又称作上座部佛教或南传佛教，指原始佛教及公元前 3 ~ 前 1 世纪形成的约 20 个佛教部派及其学说的泛称。大乘佛教，梵文音译“摩诃衍那”，大乘是大的车乘之意，因能运载无量众生到达菩提涅槃之彼岸成就佛果，故名。在佛教声闻、缘觉、菩萨的三乘教法中，菩萨乘（或佛乘）为大乘教法。中国的汉传佛教为大乘佛教。

佛教于西汉末年东汉初年开始传入中国，由于传入的时间、途径、地区和民族文化、社会历史背景的不同，中国佛教形成汉地佛教、藏传佛教和云南地区上座部佛教（巴利语系）三大系。

印度佛教的最初传入，对中国人产生了巨大的心理冲击。在东汉至南北朝时期，佛教成为中国思想界的热门话题，中国士人中的佛教学者结合中国的思想文化，不断对佛教思想作新的论证和阐述。

公元 1 世纪以后，随着大乘佛教的兴起流行，信徒开始造像礼拜。从东汉开始，佛教造像迅速成为僧侣、居士的崇拜对象。之后“在权力阶层的允许下，佛教初传以神通和民俗为基本路径，其演化形成了几个不同阶段。这不仅扩大了佛教的群众基础，而且深刻影响着佛教的中国化和本土化。”（宇恒伟：《浅析东汉至南北朝的佛像崇拜》，载《文博》2007 年第 4 期）

自此以后中国的佛教将讲究思辨和精神升华的精致哲学和佛像崇拜较完美地糅合在一起。佛像崇拜不仅成为佛教文化遗存的特殊表现形式，形成蔚为壮观的以雕像为代表的佛教雕刻、雕塑艺术。

佛教在中国的发展，在历史上可分为两个时期。

一是吸收时期，从东汉到魏晋南北朝，一直到隋唐这七八百年的时间，绝大多数的佛教经典，在这一时期被译介到中国。

之后是中国化佛教的时期。其中第一阶段是隋唐后，佛教中国化形成的阶段。此阶段中国式佛教八宗出现，即天台宗、三论宗、法相唯识宗、律宗、华严宗、密宗、净土宗、禅宗，并传播到日本和朝鲜。提出顿悟成佛的禅宗的出现是标志性事件。在这一阶段，佛教的支柱是皇室和贵族士大夫，寺院大部分是官办的，可谓是“贵族佛教”时期。佛教中国化的第二个阶段，拐点是唐武宗会昌灭佛，恢复后，中国佛教由都市、贵族化的宗教转变为山林、大众的宗教。

可以说，佛教中国化是外来的佛教文化与中国本土文化互动后的新产物。印度佛教发展出一套伟大的佛教认识论，主张通过开启智慧，了悟宇宙万法“缘起性空”的“实相”来获得真正的解脱。但对于中国的普罗大众来说，佛教教义和典籍过于艰深，和日常的生活是隔离的，于是形成了中国化的佛教，在印度佛教的“慧解脱”之外，又发展出“行解脱”，可以依靠在日常生活中的修行来证悟佛法而获得解脱。正如净慧法师讲的：“当达摩把解脱的精神或把禅的精神递给了中华民族，中华民族得到了这个启发之后，再把它和中国固有的文化结合起来，就产生了中华禅。”

以禅宗为代表的中国佛教，以印度佛教的基本思想为核心，吸收道家、儒家的学说，发展出了自己的思想体系，产生了中国式的解脱之道。

四、中国禅宗

佛陀拈花微笑，迦叶会意，被认为是禅宗的开始。禅宗以直指人心、见性成佛、不立文字、教外别传为宗旨。

据传菩提达摩在中国始传禅宗。但赵朴初说：“二祖是中国禅宗的初祖。”因为自二祖后佛教开始在中国人中传承，代代相传至六祖慧能。六祖著《坛经》，是中国人所写的佛教著作中唯一被尊称为经的典籍，后世奉为禅宗唯一经典。

六祖慧能再传弟子马祖道一。马祖及其弟子所创“洪州宗”是中唐最重要的南宗禅门派，“马祖禅”在中唐成为南宗禅的主流是禅思想史上的大变革。至此，中国禅才彻底摆脱了印度禅的笼罩，奠定了“自然适意”的基调。自然适意的中国禅是古印度佛教文化与中国本土文化的融合化生。

百丈怀海禅师是马祖道一的门下首座，是中国佛教史上的大革命家。马祖、百丈师徒二人建立了丛林制度，建立了禅堂，设立了百丈清规。僧人开始耕种，农禅形成，废弃了印度僧人的乞食习俗。

四祖道信、马祖道一、百丈怀海系列禅师创立了中国禅宗史上特有的“丛林”（寺院）式传法模式，创造了让禅师们集中学习、参悟禅法的建筑环境和山水自然的氛围，创造了中国真正的佛教寺院建筑群。“丛林”是汉传佛教僧众聚集居住之寺院的通称，尤其指有规模的禅宗寺院。中国佛教早期按印度僧人习俗，一生四处化缘，居无定所。四祖道信在黄梅定居下来后，开中国禅宗史营建教团、聚集而住的滥觞，这是中国式佛教寺院的开始。到了马祖道一时代，禅宗教团聚集而居之风大兴。

据《禅林宝训》记载：“丛林”二字，系取自草木不乱生长之义，表示其中有规矩的法度。为了保证这种规矩和法度的严肃性及稳定性，随着“丛林”建设的日趋成熟和需要，对聚集而住的禅僧们的行、住、坐、卧等生活制定若干规范，也就显得十分必要。因此便促成了中国禅宗史上丛林清规的设立。丛林清规在中国禅宗史上具有划时代的意义。中国佛教寺院即丛林的建设无疑一定要符合丛林清规。百丈怀海设立的《百丈清规》分上、下两卷，计有九章，是中国禅宗的一面旗帜，也是中国禅历久不衰的一个保障。此后百丈禅师又设丛林要则20条及禅居之制。清规设有法堂、僧堂、方丈等制度，又规定众僧分别担任东序、寮元、堂主、化主等各种职务。成为中国禅宗维持独自教团生活的必要规范。禅居之制规定十分细致，如“尊长志为化主，处之方丈；不建佛殿，只树法堂，学众尽居僧堂，依受戒年次安排；设长连床，供坐禅偃思；合院大众朝参夕聚，长志上堂，徒众侧立，宾主问答，激扬宗要；斋粥随宜，二时均遍；又行谱请法，上下均力；事物分置十寮，置首领主管”等等。

僧民规范与丛林清规的介绍见附录A。

五、现代寺院建设

中国佛教自唐百丈时期至今已1500多年，经宋、元、明、清传至当今，当今佛教有两大要事要完成：

（1）今日寺院已大多荒废，很多寺院成为“旅游庙”。现在存在的寺庙急需真正的僧人入住整顿，还寺院以清净。

（2）今日科技社会，传统佛教面临挑战，传统佛教要转为人间佛教，使佛教融于现代科技社会，解决当前科技社会的人“调心”的要求。

现代寺院建设是个新问题，需要深入的研究和工程实践。印度佛教自汉代传入中国，开始在中国广泛传播的是佛像崇拜，求灵验、保护，至六祖慧能改为中国人的禅宗，调整人的心性。现代社会，人们很难相信灵验、保护、佛像崇拜，但会更加认同佛教的精神内涵，相应的现代寺院中的活动也要进行调整。

现代社会是一个高速发展的社会，高速发展让人心不得安宁，现代人的心就需要静心、养心，这就要亲近佛教；现在社会是一个追求物质的社会，甚至到了物欲横流的程度，现代人的心需要医治，需要放弃贪心，这也要亲近佛教。同样，佛教建筑面对的也是一个全新的局面，也需要由传统寺院转化为现代寺院。

怡藏法师在《挖掘文化内涵构建现代寺院——关于发挥佛教寺院在促进经济社会发展中积极作用的思考》一文中说：“寺院作为佛法主持世间、弘扬佛教文化的载体，其文化内涵是佛教活力之所在，关系到佛教的命运。以教育、修持、弘法、慈善、建筑、旅游等为重点，构建现代寺院，是促进佛教自身发展，适应和谐社会的文化建设需要。”这一段话概括了现代寺院应承载的责任。

在教育方面，在中国历史上，至少存在过“译场讲学”“丛林熏修”“专业院校”三类佛教教育模式。现在采用的“专业院校”模式，借鉴现代大学的教育方法，培养现代僧才，适应近代佛教改革和发展的需要。曾经的佛教协会会长赵朴初先生也一再指出，培养人才是当前和今后相当长时期内，佛教工作中最重要最紧迫的事情。从近些年的趋势看，寺院建设也在向着寺院的学院化发展。

在修持方面，变革烧香、磕头的含义，以修持净化人心。佛教倡导以人生为本，以心性为本，教人们学会做人，净化心灵。现代寺院建筑仍然需要祭拜佛的场所，“在寺院中持咒、诵经、拜佛、念佛、坐禅等修持过程中，会产生良好的心态、体悟和情感，有助于改善修持者的心境、健康、道德”（怡藏法师）。佛法修持需要各种不同的建筑空间，如殿堂、礼佛拜佛的空间、法堂，弘法集会和开展大型活动的空间等。禅堂分为现代禅堂及传统禅堂，是修习禅的活动空间；大小厅堂会议室是开展各门类学佛活动、慈善活动、学佛小组活动的空间。

在弘法方面，怡藏法师说：“建筑是寺院的物质基础，弘法则是寺院的根本事业，知识时代对弘法提出了更高的要求。弘法要基于对人类现实问题、人类精神幸福的深切关注。现在，人与自身、人与人、人与自然三大基本矛盾表现出新的形式。中国佛教哲学具有较多适应人类社会需要的优秀理念。”为更好地推动弘法事业，要研究佛法，整理典籍。现代寺院中需要较多的图书馆、研究室、展览室、会议室等建筑空间。这些空间应当都是具有现代化功能和一定技术水准的。

在慈善方面，以慈善服务大众。中国佛教史上曾有多种慈善模式，如建立“养病坊”“福田院”，以及放生、造林、修桥补路等。近代太虚大师在继承传统佛教慈善的基础上，认为可以以佛教慈善推动近代佛教复兴，使其成为人间佛教的一个重要内容和实现人间佛教的一个具体方法。他的人间净土理论为近代以来的佛教慈善事业作了新的理论补充，并在实践中结合时代特征发展了佛教慈善事业，同时将佛教慈善与佛教教育紧密结合。太虚大师在《佛寺管理条例之建议》中表示：

佛寺应办之事业，得由佛教会或管理人提议兴办，除研究修习宣传佛学外，并得举办左列各项之社会公益：一、各级学校、民众补习学校、各季学校、夜学校。二、图书馆、阅报所、讲演所。三、公共体育场。四、救济院、残废所、孤儿院、养老所、育婴所、拯灾所，动物保护所。五、贫民医院。六、贫民工厂。七、适合地方需要之合作社。

近些年，中央政府也肯定了宗教界从事公益慈善活动的积极意义。从佛寺应办的事业来看现代寺院就不再是过去的寺院形式，现代寺院建筑将以更为广泛的形式面对慈善事业开展的需要。

在文化方面，以佛教建筑弘扬文化。人们常说：“西方看教堂，东方看寺院”，文化决定建筑，不同时代的佛教建筑可以体现不同时代的文化。佛教文化理念在历史上各个时期都充分融入和表现在各个时期的寺院建筑中，同时各个时期的寺院建筑也打上了当时整个社会的文化烙印。在当今文化走向全球化、现代化的背景下，中国文化如何传承、发展，也是寺院建筑需要深刻思考并给出答案的。

现代佛教的内容和以前相比，更加多元化、人间化，也有更多的技术手段可以凭借。怡藏法师说：“现代寺院应是宗教建筑、公共建筑、生活建筑的结合体，是集弘法、慈善、教育、修持和旅游为一体的综合性佛教园区。”笔者深以为是。但作为宗教建筑，寺院应以佛教修行和教化功能为核心，切不可舍本求末，寺院建设也不应以吸引游人、建成地标建筑等为重点。

第二章　中国佛教建筑的气韵与格局

一、中国佛教寺院的气韵

好的建筑除了满足其使用需要外，还需体现一种精神。中国佛教建筑就体现了一种精神，这种精神当然就是中国佛教的精神。认识佛教建筑如果不认识佛教的精神，这个认识层面就比较低。中国佛教建筑属于中国传统建筑的一个组成部分，从单体建筑形式来看和同时代的其他建筑没什么区别。对于中国传统建筑我有如下看法：

（1）中国人将建筑高度归纳，提炼为几种建筑类别，这就像音乐里的音符。这几种建筑类别确定之后基本不作改变，随着朝代的交替可能稍有调整，但基本符号属性没有改变。从汉唐到明清，这种建筑的基本形式控制、制作全部掌握在能工巧匠手里。中国古代建筑中从来就没有设计师的位置，不需要设计师画图、搞设计。这一规律直到西方现代的研究方式在中国出现，中国的建筑设计学者才开始研究。其工作的内容是将古代工匠们完成的还存在的建筑用现代绘图的方式记录下来，并进行分析和归纳式的研究。

（2）中国古代建筑单体的基本形式是固定的，若干单体形成一个组群来满足特定的功能要求。宫殿有宫殿的组群，民宅有民宅的组群，中国的佛教建筑自然有自己独特性质的组群。中国建筑的组群往往不是简单的一个层次，而是一层连一层，一环套一环，连续不断。中国建筑感人的地方大部分在于连续不断、层层变换的成片连续的视觉影像。组群层层展开就像人的脉搏跳动，一层一层直指人心。

中国古代建筑的组织就像排“音符”，即如同音乐家的作曲，中国古代建筑的排列形式大有学问，可至今中国的建筑师们对其少有研究。中国古代建筑的组合方式还没有被认为是重要的古代建筑的一个组成部分，20 世纪 90 年代兴起的风水说在建筑界还没得到普遍认同，在建筑师实际设计中也较少应用。

中国传统的佛教建筑遍布中国的名山大川、危岩孤顶。不但建筑群组讲究排列，而且还纳入大自然的序列中。这种和自然融为一体的排列就形成了一种建筑的精神，这种精神不是建筑物单体给予的，而是群组的方式形成的，群组中的建筑和建筑、建筑和自然形成了不同的空间，这种空间就是场，是各种不同的场。给人的感觉各有不同，这种建筑就有了精神。

风水学在中国传统文化中属于杂说，是阴阳家从事的工作。真正立于国人心目中的还是儒、释、道精神。中国人的精神追求是“内向超越”，西方人的精神是“超越世界”，完全是两个方向：一个对内，一个对外。曾经听过一位北京龙泉寺的法师说：“学佛就如同举起刀劈向自己。”中国人认为人类生存的世界是有层次的，有俗人世界，有农耕田园世界，有死亡世界，还有一个佛教里追求的佛国净土极乐世界。这是生存层面的超越，实现这个超越，要以个人的内向超越为途径。

中国人讲“天人合一”，天和人如何合一，实际上是一种超越，是超越的世界。中国文化中认为有一个超越的世界。儒家讲“德”，“德”是一种精神内向的运动，是内心通过修养而培养出来的。儒家讲“修身”，“修身”就是内向超越。中国文化的特点是向内的。

佛教建筑是僧团修行的场所，在这个场所里不断追求自我的内向超越。有的寺院建在高山绝壁上，表示修行人断世的决心；有的寺院建在深山竹林里，修行人要图个安静；有的寺院建在城市边，表示修行人既要自修也要渡人。这些寺院建筑都体现着一种精神。唐诗中有很多刻画了寺院建筑所追求的精神，如：

寒山诗

王维

可笑寒山道，而无车马踪。
联溪难记曲，叠嶂不知重。
泣露千般草，吟风一样松。
此时迷径处，形问影何从？

过香积寺

王维

不知香积寺，数里入云峰。
古木无人径，深山何处钟？
泉声咽危石，日色冷青松。
薄暮空潭曲，安详制毒龙。

题破山寺后禅院

常建

清晨入古寺，初日照高林。
竹径通幽处，禅房花木深。
山光悦鸟性，潭影空人心。
万籁此都寂，但余钟磬声。

中国寺院喜欢隐居于风景优美的山川中，深山藏古寺，体现天人合一的理念。中国佛教寺院中存在很多室外空间，将自然纳入建筑群体中，建筑又深藏于自然之中，仿佛寺院是深山的一部分。同时常将建筑的室内外空间互相转化，以南方寺院最为淋漓尽致，殿堂、门窗、亭榭、游廊均开放侧墙，形成亦虚亦实、亦动亦静的灵活通透空间穿叉组合，体现一种空境的效果。

佛教寺院的建筑布局有严格的排序。山门　天王殿　大雄宝殿　法堂　藏经楼，是一条南北纵深轴，用它来组织层次空间，形成对称、稳重、严谨的格调。沿着这条轴线，前后建筑高低错落，起承转合，如同一条长龙在起伏。中国寺院建筑之美就在这起伏转合变化之中，好似一首乐曲前呼后应，在山野中奏响气韵生动的乐章。

中国寺院建筑以院落形式平面展开，组织成一个丰富的有机体，人们置身其中，时间的进程转化为空间的变换。时间和空间在中国寺院中的显现，成为出家人生活的小宇宙。

对比东西方的宗教建筑，欧洲的教堂建筑往往是一个雄伟的单体建筑，着力营造震撼性的内部空间，外形上像一个雕塑，与自然是二元对立的；而中国寺院建筑则是中国绘画式的，像是一幅寺院山水的长卷。中国画里用粗细浓淡长短不同的线条勾勒山川河流、殿宇亭台。中国寺庙建筑和山、水、草木浓淡相宜，共同构成了图画般的场景。这里，每一处建筑个体都不是独立自在之物，空间意趣也在建筑的组合之间表达。

黄梅四祖寺是本焕长老和净慧长老修建的，四祖寺是现代复建的寺院，兴建时没请什么建筑师而只是请了几个高水平的木工，由木工掌握建筑单体的形式、结构和构造细部，由本焕长老和净慧长老控制着殿堂和僧团房舍的排列顺序。能工巧匠和寺院方丈共同完成了寺院的建设。四祖寺连续四层院落排着殿堂，控制了主轴线，东侧的僧团学修生活区以禅堂为主心，西侧以佛殿为中心组合了云水寮（客房）。建筑与自然结合高低有制，这些都是方丈决策的。中国传统的建筑设计方式在寺院当前的建设中还应用，寺的神韵是靠方丈的境界来实现。我们看一些寺院都很有韵味，但每个寺院都不同，这就是因为每个寺院的方丈的精神境界和追求不同。从建筑师的眼光来看很多寺院中的很多地方会不合理、不正确，但这些正是它的独特之处，是最精彩最吸引人的地方，建筑师一定不能改，一改就失去了寺院的个性。寺院建筑中要体现一种精神，这种精神特征的表述来自于寺院的方丈和僧团，而不是来自建筑师。寺院总体的气韵从形象上来具体表现，方丈不能具体实施，但他能作选择和判断，给出调整的意见。寺院建筑表述的是僧团的精神，这种精神是无我的。

现在新建了很多寺院，由政府和商人建好后交给和尚，笔者接触了一些，大多不理想。从使用上、建筑气韵上和尚们不能接受，这里面有些还是国内外著名大建筑师做的。为什么建筑师设计完成的寺院和尚们不接受，概因其反映的是建筑师的精神而不是和尚的精神，不是和尚需要的。有的进入古建研究里去了，建的是仿古建筑，死气沉沉没有生命；有的表达出一种商业的张扬，而这正是和尚反对的。在现代寺院设计中建筑师应当理解方丈的思想，加以升华和具体化，形成建筑形式让方丈再认同，最后形成寺院。如果建筑师参与寺院设计，这个建筑师就应当有能力理解方丈的精神境界，就需要建筑师首先了解佛教，提升自己的境界。如果为的是挣钱，只是搞几个古建那就错了。看一个寺院千万不要只看古建的形式对不对，寺院对古建的要求不是古建研究层面的，仿一个古董没有任何意义。

二、中国佛教寺院的营造格局

（一）中国的大风水格局

帕米尔高原，中国古代称不周山、葱岭，古丝绸之路在此经过，至今仍是全球范围内的秘境之一。西汉张骞出使西域曾到过葱岭。北魏时期敦煌人宋云和惠生同赴西域求经，经葱岭、乌场至犍陀罗等国，带回大乘佛经 170 部。在《大唐西域记》中玄奘明确提到的“波迷罗”即帕米尔高原。1904 年英国地理政治学家麦金德提出，帕米尔高原即为地球的“心脏地带”。“从太空看，帕米尔高原像一只巨大的手，紧紧地握住了亚洲大陆上的几条庞大的山脉——喜马拉雅、喀喇昆仑、昆仑、天山、兴都库什莫不以此为宗，在此汇集成浩大山结。巨龙般向四面八方蜿蜒奔腾而去。帕米尔，因此被誉为‘万山之祖’。”（张晖：《帕米尔谜团》，载《人与自然》2015 年第 1 期）帕米尔高原将整个世界分为东方和西方，人类历史上的诸多文明都曾在此交会。大乘佛教北传，即从帕米尔高原传到中国。

从风水上，帕米尔高原被称为“全球生气之源”。昆仑山所在的北纬 33 度线是一条很特殊的纬度线，可谓是地球的黄金风水龙脉带，人类文明发源地都在其周围。昆仑山是中国的龙脉，即是发源于帕米尔高原，它向东辐射出华夏文明主体的诞生地——中脉：昆仑山—秦岭—大别山；向西、东南、东北辐射出三条世界级大龙脉：西大龙脉、南大龙脉、东大龙脉。

关于昆仑山的神秘性，葛兆光在《众妙之门》中有以下描述：

相传北极在天中最高处，而北极之下是地最高处。

天之中央高四万六千里。

极下者，其地高人所居六万里。

这极下之高处即大地中心，在正北处，一名为“空同”，《经典释文》说：“空同，司马云：当北斗下山也。”一名为“昆仑”，《尚书纬》说：“北斗居天之中，当昆仑之上。”而“空同”似乎即“空洞”，“空洞”即“无”的意思。《云笈七签》卷二引道君之言即云：“元气于渺茫之内，幽冥之外，生乎空洞，空洞之内，生乎太无……因洞而立无，因无而生有。”而“昆仑”，据《太玄经》序首范注：“昆，浑也，仑，沦也，天之象也。”就是万物未生、天地未形时一片空无的混沌状态。显而易见，人们在以自己的推想为“天极”与“极下高地”命名时，已经把自己的想象糅在那几个看似随意的词语中去了，在“空同”“昆仑”这两个词下潜藏的，正是古人这样一个神奇的想法：北极那里是个无，而正是这个“无”中生出了“有”，正是这个既无时间又无空间的“极”是时间和空间的起点，是化育阴阳、生孕万物的起点。

昆仑山对应的是北极，它是宇宙神秘的源头处，是在中央化生阴阳天地四象万物的起点，一切奥秘似乎都是从这个幽冥神秘处生成。万物所处，造于太一。

中国古代的思维方式，我把它称作“同源同构互感”，意思是说，在古代中国人的意识里，自然也罢，人类也罢，社会也罢，它们的来源都是相似的，由于这种相似性，自然界、人类、社会的各个对称点都有一种神秘的相互关联与感应关系。……心目中的自然、神、人甚至哲学里都呈现出“同源同构”的和谐秩序。

昆仑山脉经祁连山、秦岭后分为两支，北面延向太行山，南面延向大别山，形成中原大地这个滋养中华文明数千年的风水宝地。

不知是天意还是巧合，当我们拿到一张标准的风水模型图对着中国地形图寻找风水宝地时，找来找去竟发现中原大地是中国最大的风水宝地。理想风水模型中的各个要素似乎都能在中原地区找到对应：洛阳、郑州是位于龙尾位置的吉祥地，“左青龙”是太行山，“右白虎”是大别山，泰山如同“吉祥地”前方的“案山”，远方的朝鲜半岛与中原隔海相望，恰好与“朝山”的位置对应起来。在“吉祥地”的身后，祖山、少祖山及主山等构成的龙脉竟然就是中国最大、最宏伟的山脉：秦岭和昆仑山。这样的结构似乎已经足够壮丽，但是如果再将天山山脉纳入其中，我们就能在中国版图上看到一条矫健潇洒的巨龙，巨龙的“龙头”便是天山，龙首回顾中原，巨龙蜿蜒万里。同时，黄河、长江两条大河从龙脉两侧流向中原大地，绵延曲折，气象万千。中原大地第一次以理想的风水宝地的形象展现在我们面前。（单之蔷：《大中原——大风水》，载中国国家地理 2008 年第 5 期）

（二）风水与中国佛教建筑

中国古科技理论认为：宇宙万事万物由三部分组成，即气、数和象。按照现代科学观点它们是能量、信息和形式。气，即元气、命力，是宇宙中万物中存在着的，可视为能量；数，是宇宙中及万物中存在着的程序或逻辑，天的程序即天数，照现在观点可视为信息；象，是“气”根据“数”的制约存在的形式和变化的态势，按现在概念，象是能量依据信息程序而存在的态势。中国古人的气、数和象是宇宙规律，风水即是一套完整的宇宙规律理论。

中国人追求生存空间的风水宝地有两个最直接，也是最大的目的：一个是保障生存空间的安全；另一个是希望这个空间气场中有连续不断的加持力（即元气、命力、生命力）。

古人往往希望找到一块“依山面水，附临平原，左右山臂环抱，面前朝山、案山拱揖相迎”的风水宝地作为自己的家园，并坚信这样的居住地能够让生活安稳、富足，没有后顾之忧。（单之蔷：《大中原——大风水》，载《中国国家地理》2008 年第 5 期）

一般来说，“围合”和“盆地”是风水宝地，就是一个由山和水围合起来的有出口的地方。围合能够带来安全感，中国的城市、建筑都是围合的形式，在其中充满了对称与均衡，充满了人与自然的和谐，充满了人心境的安定与和平。

风水的第二个作用是不断地形成对人的自我的加持力。中国人的生存空间只有安全还不是最佳，还要寻求一个能够不断得到自然力（或宇宙力）加持的空间场。每一个人都有一个“命力场”（元气场）。宇宙中有一个巨大的不断生长运动的“命力场”（元气场）。人要生活得好，就要从宇宙场中引入宇宙中的“命力”，从而得到福报，这是一个加持的过程。宇宙中的命力可称为宇宙力，生成于龙脉之源，即帕米尔高原上沿着龙脉运行，不断地输送到各个气口，人们的风水宝地要寻找出这个气口，这样人的场空间的命力才能与宇宙力连通。命力在山内产生，沿山脉运行，气口常在山与平原的交换点上。风水宝地为什么依山而建呢？为了获得宇宙的加持力是一个重要的因素。

从帕米尔高原产生的自然力（命力），经过天山—昆仑—秦岭这一龙脉不断从西向东运动，从西边的山脉向东边的中原聚集，像水流一样由高流向低处，随着时间的推移，不断向东运行。从咸阳—西安—洛阳—开封直到现在的北京。这个运行形成了延续几千年的中华文明。中原大地的风水结构由两列山脉主导。“第一列山脉要从河北北部的燕山山脉算起，接下来是绵延千里的太行山、中条山；这一东北　西南走向的山脉按照风水理论的说法，应是‘左青龙’系列；第二列山脉要从伏牛山算起，然后是桐柏山、大别山，这一西北　东南走向的山脉，则是中原的‘右白虎’。”（单之蔷：《大中原——大风水》，载中国国家地理 2008 年第 5 期）而这个风水结构又影响着聚居地的分布。沿着“青龙”排序的城市带：北京、涿州、保定、石家庄、邯郸、安阳、鹤壁、焦作。沿着“白虎”排序的城市带：洛阳、巩义、荥阳、郑州、登封、新密、禹州、汝州、平顶山、南阳、驻马店、信阳。

与风水结合得很紧密的是中国土生土长的道教。对宇宙神秘图案赞同，风水的四灵兽——青龙、白虎、朱雀、玄武，就是道教的卵翼神。

地理风水是中国传统文化的重要组成部分，佛教建筑和传播方式又深受道教的影响，所以在发展过程中也吸收并融合了风水理论。同时风水对佛教中“四大”的说法也有所借鉴，“火风水皆气之化，而地形实孕焉”。佛教山林寺院沿着风水中的龙脉布置，五台山、峨眉山、普陀山、九华山、嵩山、天台山、太白山、清凉山、梵净山……寺院成为山脉中的宇宙力给人的生命力的传送加持器。佛教寺院布满名山大川，选址和布局以山和寺为一个整体来考虑，寺与山的形态、气脉完美结合。寺院选址先看后面龙脉的来历，再按“四灵兽”式模式布局（青龙为东方之神，白虎为西方之神，朱雀为南方之神，玄武为北方之神）。追求林泉青碧，宅幽而势阻，地廓而形藏。这种追求符合佛教静修的要求，这是佛寺建筑与中国文化中的山水文化和风水理论相结合的结果。

但佛教只是将良好的风水视为“护法”，并不认为对修身有决定性的影响。星云大师认为：“天有天理，地有地理，人有人理，物有物理，情存情理，心存心理，世间上任何一件事都有它的理，当然地理风水也有它的道理存在。地理是依据地的形状和天体的方位而决定它对于人的影响力。因此顺乎自然，可得天时之正，获山川之利，若违背自然则会产生相反的效果。”同时星云大师也指出：“佛教认为地理风水虽有它的原理，但不是真理，所以佛教不但反对时辰地理的执着，而且主张不要迷信，佛教认为虚空没有一成不变的方位，在无边的时空中，我们真实的生命是无所不在的，你能够觉悟体证到自己本来面目的时候，你的本心就遍满虚空，充塞法界，横遍十方。”

（三）中国佛教寺院的环境营造原则

寺院是人们求福报的神圣殿堂，是和佛祖相通的庄严和神秘的地方。寺院建筑地理风水一直以来颇受重视，选址追求与中国大龙脉相连，并镶嵌在龙脉山体的穴眼上，天与人即在此沟通，人得到加持。

寺院的布局分为两个部分，生活起居的世俗活动部分和供佛弘法的宗教活动部分。世俗活动部分与世俗建筑相同；至于宗教活动部分的建筑，佛教认为佛性至高无上，可不拘泥于风水。但从历史留下的案例看，大多数的寺院布局是顺应风水的。

中国佛教建筑有着自己的布局原则，一切寺院均以大殿为主，大殿要高，前后左右要低，殿内法像以佛像为主，故佛像宜大，护法菩萨宜小。《虞山藏海寺志》卷下“法统三”考核明代之后寺院结构的演变正是佛殿的地位日趋突出，这一演变的缘由与风水有关。如：为了保障“气”畅通，门向与“气口”接洽紧密，即门总是要朝向“气口”。所谓“气口”指寺院前方群山的开口处或低凹处。

中国寺院的布局原则，概括为以下七点：

1. 选址宜依山傍水

寺院建筑选择良好的山体骨架，顺山形势，是使山与寺院融为一体的必要条件，依山是至关重要的。有水则更添活力，而且对于古代的生活也是便利的。依山傍水是寺院选址的首要原则。

依山的形势有两类：

（1）山体很大，寺院很小，形成寺院三面群山环绕，奥中有旷，南面敞开，寺院隐于林木之中，远远望去只露寺院的一角。中国古代绘画常有此意境。

（2）依山建房，寺院从山脚向上覆盖山坡，借山势布局轴线和空间序列，得天然之势。

2. 与环境一体的原则

将寺院建筑与所处的环境视作一个统一的整体。在这个系统内建筑、人与环境都谋求有机的联系、制约、依存，寻求最佳的结构和组合方式，达到完整、统一的境界。

3. 摆布前观形察势

寺院建筑非常重视山形地势，将小环境纳入大环境来观察。

风水学认为源于西北昆仑山的龙脉，向东南延伸出三条：北龙从阴山、贺兰山入山西，起太原，渡江而止；中龙由岷山入关中，至秦山入海；南龙由云贵、湖南至福建、浙江入海。寺庙建设前要勘测风水，使寺院轴线顺应龙脉走向。

风水学说中说："龙脉的形与势有别，千尺为势，百尺为形，势是远景，形是近观。势是形之崇，形是势之积。有势然后有形，有形然后知势，势住于外，形住于内。势是起伏的群峰，形是单座的山头。"势是寺院环境凭借的背景，而形是所在之处的地形地貌，都是环境营造的重要外在要素。

4. 甄选优良的地质水质

地质指土壤的品质，干燥或潮湿，清洁或污染等，还包括地球磁场的影响。水质指水的质量，讲究色碧味甘，春不盈秋不涸，还要考察水脉的来去。

5. 建筑坐北朝南

风水学对于方位有着讲究：

（1）木为东，火为南，金为西，水为北，土为中。

（2）离为南，坎为北，震为东，兑为西。

（3）甲乙为东，丙丁为南，庚辛为西，壬癸为北。

（4）东方为苍龙，西方为白虎，南方为朱雀，北方为玄武。

从风水说，坐北朝南顺应天道，得山川之灵气，受日月之光华。从务实上说，对于中国大部分地区，朝南的房屋便于采纳阳光，回避北风。

6. 布局讲究适中居中

适中即是《论语》中提倡的中庸。不偏激，阴阳平衡，恰到好处，接近至善。《管式地理指蒙》论穴云：欲其高而不危，欲其低而不没，欲其显而不彰扬暴露，欲其静而不幽囚哑噎，欲其奇而不怪，欲其巧而不劣。

适中的表现就是居中。居中可以控天下之和，据阴阳之正，均统四方。居中的原则要求突出中心，形成轴线，布局整齐。寺院建筑以殿的排序为轴线，为中心。

7. 选址与布局顺乘生气

气是万物的本源，寺院建筑很重视在选址中是否有气生，生气的方位在哪里？"望水"是识别生气方位的方法。《水龙经》中认为："气者，水之母，水者，气之止。气行则水随，而水止则气止，子母同情，水气相逐也。行溢于地外而有迹者为水，行于地中而无表者为气。"也可以通过草木山川辨别生气。《葬经》中指出："凡山紫气如盖，苍烟若浮，云蒸蔼蔼，石润而明，如是者，气方钟而来休。云气不腾，色泽暗淡，崩摧破裂，石枯土燥，草木凋零，水泉干涸，如是者，非山冈之断绝于掘凿，则生气之行乎他方。"寺院建筑只有顺乘生气，才能称得上贵格。

三面环山的寺院

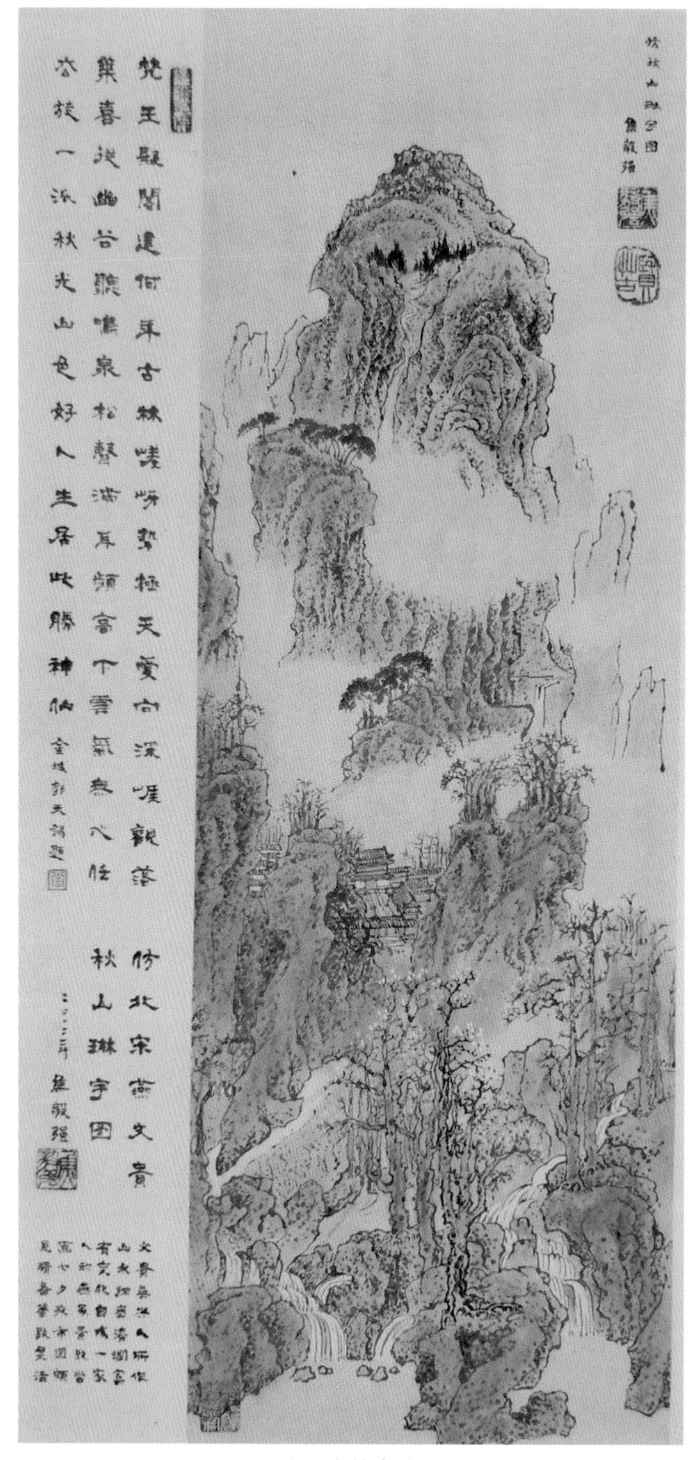

山腰中的寺院

第三章　印度佛教初传中国

一、佛教从印度传到中国

中国和印度分隔于帕米尔高原的喜马拉雅神山。中国在北，印度在南，喜马拉雅山南古时称为天竺。

公元前 3 世纪中叶印度的阿育王在位时国势强盛，视佛教为国教，并派遣传教师到各地宣传佛教。公元 1 ~ 2 世纪，贵霜王鼎盛时期，笃信佛教，对于早期传播佛教来华有巨大的贡献。其帝国中心白沙瓦，是佛教中心，也是“丝绸之路”的枢纽。中国晋朝高僧法显，北魏使者宋云和唐朝高僧玄奘曾先后到此。公元 4 世纪，印度教（新婆罗门教）重新崛起，佛教衰落。公元 7 世纪，伊斯兰教入侵并于公元 9 世纪统治了印度，进入了一个伊斯兰教与印度教的互相抗争的时期。

公元前 2 世纪，中国汉朝成为继秦朝之后强盛的大一统帝国，文化统一，科技发达，以儒家文化为代表的华夏本土文化奠定了社会发展的基础。

印度的佛教正是在东汉传入中国的。来自古印度的塔、庙、石窟经过与汉文化的融合、演变，成为中国佛教建筑的主体，所以研究中国佛教建筑必不可少地要了解古印度的佛教建筑，即窣堵坡、支提、石窟等。

窣堵坡音译自梵文，亦称浮图，或佛图，意译为塔、庙、佛塔、坟、大聚、聚相、功德聚等，是源于印度的塔的一种形式，其基本形制是圆形或方形的台基之上建有一半球形覆钵，即塔身，内藏石函或硐函等舍利容器。“这种建筑无疑是从古代陵墓得到的启示。它是藏纳圣者遗骨的，来此进香朝拜的人，最后绕其一周作结束。”佛教创始后，塔这种形式引入佛教，成为佛法尊崇和永恒的象征，甚至视作佛的化身。公元 2 世纪，贵霜帝国发展出了高塔型窣堵坡，之后形式逐渐精巧和繁多。

关于佛塔的设立，根据佛典文献我们获知：

（1）如来、圣弟子、辟支佛和转轮圣王应造塔供养。

（2）佛在世时，允许比丘建造三种佛塔：一为露塔，一为屋塔，一为无壁塔。

（3）佛允许比丘在塔上开龛造像。

（4）佛亦许可比丘于塔顶作承露盘，塔周围作栏楯。

（5）比丘获许可于塔前做铜、铁、石和木柱，柱顶雕像或狮子等动物形象，同时可以在塔左右种树。（李崇峰：《佛教考古——从印度到中国》）

支提也是音译自梵文，指的是以窣堵坡为中心的庙宇，窣堵坡置于殿中，支提殿实际上就是一座祈祷堂。支提在佛教产生之前就有悠久的传统，后转化为佛教的圣所。印度早期佛教的支提有四种用途：

（1）藏纳佛陀用具。

（2）藏纳佛舍利或圣者尸骨。

（3）藏缘起法颂或供奉造像。

（4）还愿。

公元 5 世纪初，窣堵坡与支提二词的含义有了区别，窣堵坡专指藏有舍利的塔，而支提则藏纳造像或其他圣物，或者仅仅是佛教重要遗迹的标志。到了公元 7 世纪下半叶，窣堵坡与支提二词区别渐渐消失，后来一般的寺庙或朝圣地也被冠以支提之名。

佛塔这一形式传到中国，发展为高层楼阁型木塔和砖塔。此外，尚有少量的单檐灰身塔、金刚宝座式塔和喇嘛塔等。中国古代文明将通天的柱视为沟通天地的途径。中国佛教建筑中高层楼阁型佛塔的出现，应是印度的佛教思想与中国古代的宇宙观相结合的结果。

在创立之初，佛教并无所谓寺院。最初释尊是露天传法，漫游布道。据佛经记载，频婆沙罗国王在王舍城为佛陀建造的“竹林精舍”和给孤独长者造的“祇园精舍”，是传说中最早期的佛寺。之后随着佛教的发展壮大，以及结夏安居制度的实行，需要有固定的场所，僧人聚集熏修，信众供养请益，于是僧团开始接受民间捐舍的园林，或自己搭建简易的茅棚，产生了早期的寺院。

梵语中的寺音译为僧伽蓝摩，指僧众所住的建筑。根据古文献记载，古印度的寺院多为“毗诃罗”佛寺，即以佛塔为中心，具备塔院、僧院、中庭、布萨处等设施。另还有一种支提式伽蓝，多是依山开凿的狭长半圆形的石窟。佛教认为兴造佛塔与寺院即是造善因，再加上“礼塔即礼佛”的传统思想，古印度寺院中的上述设施，被佛教信徒致以崇高地位。

印度早期的佛教建筑，是以“曼陀罗”思想规划的城镇为原型，吸收窣堵坡这类宗教含义强烈的建筑形式，逐步发展而成。（钟泉潇：《汉地早期佛寺建筑布局浅析》）

“曼陀罗”是从印度上古的空间定位活动中演化而来一种理想空间划分方式。其理念为方形的曼陀罗覆盖着圆形的大地，中央是须弥山，曼陀罗的每条方形边划分为若干个单位帕达(Pada)，最常见的便是九等分，即九帕达。

总体而言，印度早期佛寺建筑，其布局形式应源自于印度社会中的建筑布局，而不可能是佛教独立创作的建筑形式。可推断当时印度的“毗诃罗”佛寺布局大致如下：寺院按照曼陀罗规划，规划井然，占地方整，正中矗立高大的窣堵坡，如同须弥山一般，将上天与凡世相连。周围建有僧舍，四门朝向四方。礼拜仪式时，僧侣们虔诚绕窣堵坡巡礼，仿佛置身于巨大的三维曼陀罗宇宙之中，世间万物融为一体，心灵得以升华，达到与宇宙的和谐。后期的雀离浮图遗址与佛陀伽耶大塔和类似的遗址形象，其整体布局也表现出“须弥”居中的“曼陀罗”意象。（钟泉潇：《汉地早期佛寺建筑布局浅析》）

了解古印度的佛教寺院对研究中国佛教寺院存在很大的意义。经过对比，我们可以看到：

（1）古印度寺院的塔院、僧院两个重要组成部分都全部继承下来了，至今中国佛教寺院的组成主要还是塔院和僧院，只不过塔院转变为佛殿院了。

（2）古印度的寺院布局形式我们并没有继承下来，而是将其转化成有中心轴的对称布局形式。

（3）中国佛教寺院一开始使用的建筑形式就是中国的传统形式。我们初始就是将印度佛教的宗教活动移植到中国本土的建筑中来，一开始就中国化了。

前面已分析过中国古建筑的形式是确定建筑的基本形式然后按一定规则排列，中国的佛塔即是中国建筑中的一种基本形式向垂直方向排列后生成的，垂直向上排列的塔又被确定为一种新的基本中国古建形式。从此中国古建中的基本体出现了一种新的类型。而古印度式的窣堵坡和支提在中国建得很少。

二、汉代佛教传入与佛教建筑

汉代人们开始更加深入地思考人生的深刻问题。在英国人鲁惟山所著的《汉代的信仰、神话和理性》中谈到：

汉代哲学家提出的问题，汉代祠庙中遵循的仪规以及贯穿汉代神话的主题，反映了一些体现中国人精神和心灵的基本态度和观念。这些态度和观念部分地源于在一个易变的世界中对不变的寻求。汉代人所深切关注的是维持那些自然周期的永恒运转，天地万物由此而生，由此而存；同时，他们希望调整自己的思想与行为，来顺应这些周期。汉代人有一个共识，认为不可见的力量能够影响人的命运，人可以与这些力量进行交流，从而致福避祸。最重要的是，他们认为宇宙是一个整体；在神圣和世俗的领域之间没有本质的区别，天地之生物与人类都被看作同一个世界的成员。同样的，在宗教与知识范畴之间，也没有西方人业已接受的那种严格的分别。因为在秦汉时期，精神与心智是相互补充的，科学观测或哲学思考的结果决不会与信仰、希望以及对神秘的畏惧相疏离。

汉代诞生了中国本土的唯一宗教——道教，也引入了来自西域的佛教，都是为了解决汉代人心灵上存在的困惑。汉代的佛教基本上是朝拜，汉代的佛教寺院从事的也只是朝拜活动，真正的修学活动还没有兴起，人们还需要时间对外来的经典进行研究。初期佛教寺院实际上只是单一的朝拜活动场所。

由于生产力的发展和各地文化的交流，汉代中国本土的建筑进入了一个新的时期，建筑形制有高台建筑、廊房、明堂、阙、楼阁等。这些模式化的建筑单体形式，在汉代就基本成熟了。西汉初期仍以高台建筑为主，到了末年，楼阁建筑已经开始大量出现。

从单体建筑上讲，木结构的工艺水平迅速发展，其水平结构形式已经成形，竖向构架形式开始出现，为以后高层木构建筑的成熟奠定了基础。屋顶的形式已很完备，有四阿、歇山、悬山、攒尖、平顶等，重檐、台阶式屋顶等复杂的屋顶形式也出现了。

从建筑群体布局特点上讲：

（1）儒家思想确立，宫殿礼制建筑群以及院落的空间组合开始运用中轴线的手法，这种手法严格地明确了等级秩序，这种秩序成为显示帝王、家族至高无上权势的方式。

（2）重要入口前均设阙，阙是我国古代在城门、宫殿、祠庙、陵墓前用以记官爵、功绩的建筑物，用木或石雕砌成。两阙之间空缺作为道路，阙的用途表示大门。

（3）建筑的形式、结构、形制都较前代成熟与完备，建筑组群的轮廓线生动而丰富，组合形式多样，既有高台建筑群，又有廊院、三合院、四合院。廊院式布局常以门、回廊衬托最主要主体建筑的庄严和重要性。

（4）明堂辟雍的出现。“明堂辟雍”是中国古代最高等级的皇家礼制建筑。明堂是古代帝王颁布政令、接受朝觐和祭祀天地诸神及祖先的场地。辟雍即明堂外面环绕的圆形水沟。“明堂辟雍”象征着王道教化圆满不绝。

古印度的佛教从教义来讲，对外界没有什么过多的要求，只要能满足开展朝拜活动就可以了。在《弥沙塞部和醯五分律》中记述：“佛言，所有四种人应起塔，如来、圣弟子、辟支佛、转轮圣王。”同时这些“塔”应置“上好房中”。可以认为“塔”即是“像”。佛教寺院的殿堂即“上好房”，而且不限于一座，可以是多座，是多殿堂的组合，其中佛殿应当高大并且位于中央的位置，而其他殿按佛教要求的相互关系排列位置，这种排列就形成了中国初期的佛教寺院。

中国初期形成的佛教寺院，将一些建筑形式在中国进行了形式的“转译”。比如支提殿的作用，是为了向佛教信徒提供一个便利的场所，在那里可以不受天气的干扰而进行佛教朝拜，功能类似于汉代出现的明堂。印度佛教开始供奉的是塔，随着大乘佛教的兴起开始供奉佛像。这种供奉形式转移到中国只不过是满足将佛像安置在“上好房中”的要求，比如明堂、大殿等即是，形成中国式的“佛殿”，而且中国的佛教寺院从开始就以佛殿为中心。再比如“露塔”形式，汉代则以楼阁式多层塔上置佛教“承露盘”周围作栏楯来代替。

之后，重要的就是建筑组群秩序的排列。因汉代儒家的礼制，建筑往往采取对称轴的院落组合形式，用廊房将排列的建筑组群围合起来，形成封闭的安全空间，不同性质的建筑排列不同的组合秩序，形成了以中轴线为对称轴的院落形式。汉代有了三合院、四合院的秩序，有了明堂的秩序等。而佛教也需要一种宗教活动的秩序。于是，在汉代建筑的基础上，由于印度佛教的影响和拜佛、转塔的要求形成了一种适应佛教的排列方式。佛寺的布局接受并延续了上述的秩序，并采纳了廊院布局手法，在这种秩序和布局中凸显佛陀的中心位置。如果将中国建筑形成的方式比喻成音乐家作曲的话，汉代的基本建筑形式即是基本音符，汉代出现的中轴线院落组合即是一种组曲，佛教建筑即是一种组曲的方式。

因此，分析汉代佛教寺院应当是：以佛殿为中心，廊院围合的中轴线南北延伸布置，其建筑单体基本上是汉代建筑。不同的只是，在汉代建筑上加了一些佛教装饰。可以说，中国初期的佛教寺院一开始出现就是中国传统的形式。

如上分析，从印度传到中国的佛教，其建筑形式没有“印度化”，而是一开始采用的就是中国汉代建筑的形式，并将佛教要求的组合秩序和中国的轴线式的秩序相结合，逐渐形成了中国寺院的组合形式。

汉代形成的佛教寺院应当是以朝拜活动为基本活动，是一个供朝拜的殿堂，成千上万人集合起来去朝拜佛陀。这种大人流的朝拜活动决定了初期寺院的选址必须是靠近城市的人员密集区。其重心大略有三处：洛阳、江淮之间、交趾。

当时佛经尚未广事翻译，对于佛教哲理尚未深悉，所了解的仅有两点：一是三世因果之说，“人死精神不灭，随复受形，生时所作善恶皆有报应”（袁宏《后汉纪》）；二是“贵尚无为，好生恶杀，省欲去奢”（《后汉书·襄楷传》），“使人息意去欲而归于无为”（袁宏《后汉纪》）。（周叔迦：《中国佛教史》）

洛阳白马寺始建于汉明帝永平十一年（公元68年），是佛教进入中国后建立的第一所佛寺，被称为“释源”“中国第一古刹”。白马寺位于洛阳城东，北背邙山，南面洛水。历朝历代，寺院数毁数建，盛唐时寺中和尚达千人。

据记载，白马寺是由当时的官署（鸿胪寺）改建的，属于汉时流行的“舍宅为寺”的形式。开始时仍沿用鸿胪寺的格局，重建时成为以塔为中心的汉代建筑的寺院。据说白马寺曾建一座9层佛塔，高200尺。“塔若岳峙，号曰齐云。”

东汉末年，笮融在徐州建造了一座浮图寺，由廊、阁围绕着广庭，中央竖起浮图（塔），完全是印度的形式，但中央的塔是木构的中国式样。此种“塔院”布局的佛寺一直沿袭到南北朝，并传播到了朝鲜和日本。

关于上述浮图塔，据《后汉书·陶谦传》和《三国志·吴志·刘繇传》记载：“大起浮图寺，上累金盘，下为重楼，又堂阁四周可容三千余人。作黄金涂像，衣以锦彩……每浴佛多设饮饭，布席于路，其有就席及观者且万余人。”这是史籍中关于建寺造像、举行浴佛会及课诵念经的最早记录，也是关于佛教与道教祠祀分割开来，走向独立发展的最早的记录。因此浮图寺在中国佛教建筑史有着举足轻重的地位。

从建筑角度看，值得注意的是它巨大的规模，可以容纳三千多人。更引起我们注意的就是那个上累金盘的重楼。完全可以肯定，所谓“上累金盘”就是金属做的刹；它本身就是印度窣堵坡（塔）的缩影或模型。所谓“重楼”，就是在汉朝……那种多层的木构高楼。在原来中国的一种宗教用的高楼之上，根据当时从概念上对于印度窣堵坡的理解，加上一个刹，最早的中国式的佛塔就这样诞生了。（梁思成：《中国的佛教建筑》，载《清华大学学报》，第8卷第2期1961年12月）

佛教信仰在汉朝开始得到社会的尊重，但还不是普遍的流传。

汉代佛教在中国流布的区域还不普遍，其重心大略有三处：一是洛阳，因为洛阳是东汉的首都，必然是西域人荟萃之所；二是江淮之间，奉佛的楚王英封国在此处，后来译师严佛调也是临淮人，汉末笮融在广陵大兴佛事；三是交趾，这是中国与印度水路交通的枢纽，汉末牟融在此撰《理惑论》叙述佛教，支疆梁接在此译出佛经，康僧会在此出家的。（周叔迦：《中国佛教史》）

三、三国至两晋、南北朝时期佛教与佛教建筑

三国至两晋、南北朝时期，因为社会动荡带来对于宗教慰藉的需要，以及统治者的大力提倡，佛教得到广泛传播。魏晋、南北朝时期，尽管儒家和老庄、玄学思想仍旧非常流行，佛教还是被南北各地、各阶层所广泛接受。佛学深入社会，佛理得到了极大的丰富。三国两晋时代，佛教思想和玄学思想相结合，流布于士大夫之间。至东晋后期，佛学逐渐摆脱了先前作为玄

学附庸的地位，并且进一步取代玄学成为思想界的主流。“楚王英、襄楷时代，盖以佛教与道教同视，或径认为道教之附属品，彼时盖绝无教理之可言也。自世高、迦谶、支谦、法护辈踵兴译业，佛教始渐从学理上得有根据。”（梁启超:《佛学研究十八篇》）高僧们不但弘扬佛法，宣讲佛经，也深入了解儒学。儒学大师们则往往深通佛学。佛教开始成为中国文化发展的参与者和推动者，并最终成为一体。

公元 5 世纪初（南北朝时期），龟兹僧人鸠摩罗什来到长安，在当时统治者的扶持下主持译经，并培养出了僧肇、竺道生等一批高僧。建寺逐渐成为当时社会的重要建筑活动之一。南朝建康有 500 多所佛寺，北魏统治范围内僧尼有 200 多万之多，佛寺 3 万余所，单就一个洛阳城，佛寺就有 1360 座了。北魏信佛以建功德、求福祉为主要特征。北魏兴建那么多寺院，大多尽一切财力物力而为之。北魏杨衒之撰《洛阳伽蓝记》中记述北魏洛阳佛寺的盛况:“至晋永嘉，惟有寺四十二所。逮皇魏受图，光宅嵩洛，笃信弥繁，法教逾盛。王侯贵臣，弃象马如脱屣;庶土豪家，舍资财若遗迹。于是招提栉比，宝塔骈罗，争写天上之姿，竞摹山中之影，金刹与灵台比高。讲殿共阿房等北，岂直木衣绨绣，土被朱紫而已哉！”

魏晋南北朝中十六国时期作为一个少数民族政权割据纷争的年代，使佛教的传播与发展有了强烈的时代和地域特点，……但此时的少数民族政权都在一定程度上促进了佛教的发展，使佛教在中国的传播出现了兴盛的局面，并为以后佛教的发展奠定了基础。佛教的传播与发展不仅对少数民族政权本身的巩固与发展起到了巨大作用，而且对北方各族人民的融合和南北大统一，都产生了极为深远的影响。（马赛:《十六国时期的少数民族政权与佛教》，青海师范大学 2012 年硕士论文）

十六国活动的疆域多在今甘肃、陕西、内蒙古、山西、河北、河南、山东、辽宁一带，遍布黄河流域。其时高僧佛图澄的弟子道安制定了僧规、仪式，为以后汉族地区的寺院制度奠定了基础。此一时期也是中国佛教艺术的辉煌期，建寺凿窟和营塔造像活动风起云涌，遍及南北各地，特别是在天山南路、河西走廊、黄河流域，佛教造像成为当时艺术领域的主流。

佛教建筑在魏晋南北朝时期开始中国化，是外来的建筑风格与本土的建筑风格交错融合的一个时期。就石窟开凿而言，现存中国四大石窟，即敦煌莫高窟、大同云冈石窟、洛阳龙门石窟、天水麦积山石窟，均为该时期所始建。就佛寺形制而言，一方面遵循古制的以塔为主的佛寺仍居主要地位，如北魏洛阳的永宁寺;另一方面，以殿堂为主的佛寺开始涌现，这也是当时权贵“舍宅为寺”的结果;就细节装饰而言，外来的火焰形拱门与中式的外檐柱廊、斗栱等同时出现在石窟寺中，形成了不同建筑风格的交融。

石窟的开凿起自公元 4～5 世纪，至公元 6～7 世纪达到了顶峰。有的龛窟持续营造达 1000 余年之久，每一集群的龛窟数，少则数十个，多的 500 到 2000 多个。各龛窟的造像总数更无法统计了。造像的高度小的几厘米，大的二三十米不等。

中国佛寺制度传自印度，以供养舍利的浮图即塔为中心建置。魏晋南北朝时期的寺院应是以塔为中心，是我国早期的佛教寺院。

2010 年，云冈石窟所在西部冈上遗址发掘了一处这种形式的建于北魏的寺院，发掘面积达 3600 平方米。

发掘者认为:这是一处佛寺遗址，地层堆积可分现代、明清、辽金和北魏 4 层。其中北魏文化层中残存一组较完整的寺院遗迹，包括中央佛塔及其北、东、西侧的僧房。

佛塔位于长方形庭院中央，周围环绕回廊，回廊后为僧房。佛塔仅存塔基，平面方形，边长约 14 米，残高 0.35～0.7 米，南面正中有一斜坡踏道，宽 2.1 米，长 5 米，据此可通塔基顶部。塔基顶部或塔基内未发现舍利函或地宫。

长方形庭院的北、东、西侧原来各有一排廊房。北侧廊房遗迹东西长 61.5 米，由 15 间僧房组成，其中 13 间建于北魏，余 2 间为辽金时期在北魏原址上重建。北魏僧房有的设计复杂，似套间，最大者面阔 7.4 米，进深 3.4 米。房墙为夯筑，厚 0.65 ~ 0.85 米不等。有的房内残存土炕、灶炕及烟道等。僧房前残存石质柱础 11 个，表明房前接建廊道，即前廊后室结构。两侧廊房遗迹，南北残长 13.5 米，东西宽 5.9 米，现存房址 2 座，房前残存柱础 1 个，表明其布局与北侧廊房相同。东侧廊房遗迹，南北残长 18 米，东西宽 4.4 米，现存房址 3 座。中央佛塔及北、东、西侧僧房及廊道的上部建筑早已塌毁，原貌不清。另外，遗址南部破坏严重，没有发现门址或廊房遗迹。

这次发掘出土的遗物，主要为北魏建筑材料，数量庞大，重要者有莲花瓦当、“传祚无穷”瓦当以及涂饰绿釉之板瓦等。此外，在遗迹中还发现了残石佛像和供养人像残件，以及一片戳有“西窟”字样的陶器。(李崇峰:《佛教考古——从印度到中国》)

此一实例可见魏晋南北朝时，中国佛教寺院的布局形式，是天竺僧伽蓝摩中国化的最初尝试，形成以塔为中心的三合院，院落较为简单，周围全部为库房，把塔院和僧院合二为一，浮图居中建造，僧房周匝设置。

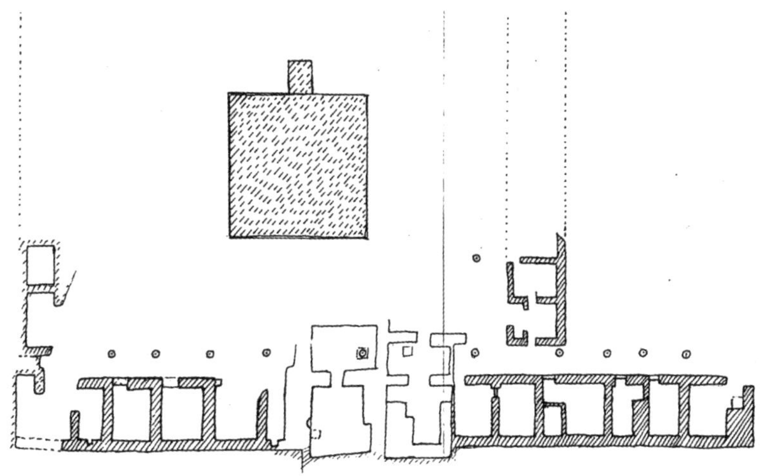

云冈石窟西部冈上遗迹平面总图

北魏杨衒之记述北魏时期洛阳佛寺兴衰的著作《洛阳伽蓝记》，以名刹大寺为主纲，中小佛寺为附目，详细地记述北魏时期洛阳城内和城外佛教寺院的兴废沿革。全书共记大寺 40 所，一些大寺之下附记了 40 多所中小寺。

卷一：城内。记永宁寺等九寺。

卷二：城东。记明悬尼寺等十三寺。

卷三：城南。记景明寺等七寺。

卷四：城西。记冲觉寺等九寺。

卷五：城北。记禅虚寺等二寺。

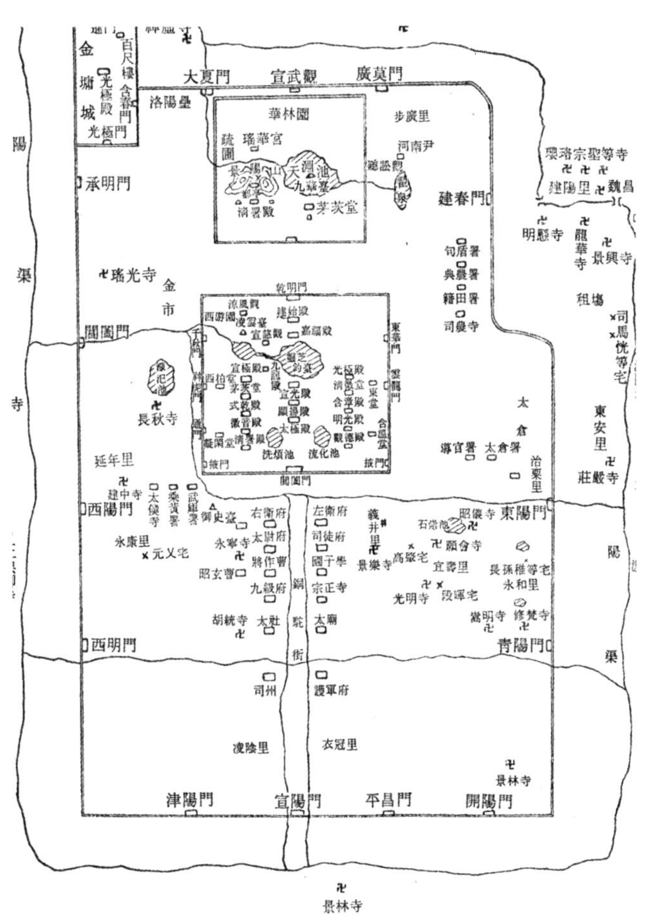

北魏洛阳佛寺分布图

其卷一，城内永宁寺：

永宁寺，熙平元年，灵太后胡氏所立也，在宫前阊阖门南一里御道西。

其寺东有太尉府，西对永康里。南界昭玄曹，北邻御史台。阊阖门前御道东有左卫府，府南有司徒府。司徒府南有国子学，堂内有孔丘像，颜渊问仁、子路问政在侧。国子南有宗正寺，寺南有太庙，庙南有护军府，府南有衣冠里。御道西有右卫府，府南有太尉府，府南有将作曹，曹南有九级府，府南有太社，社南有凌阴里，即四朝时藏冰处也。

中有九层浮图一所，架木为之，举高九十丈。上有金刹，复高十丈，合去地一千尺。去京师百里，已遥见之。初掘基至黄泉下，得金像三十躯，太后以为信法之征，是以营建过度也。刹上有金宝瓶，容二十五斛。宝瓶下有承露金盘一十一重，周匝皆垂金铎。复有铁锁四道，引刹向浮图四角，锁上亦有金铎。铎大小如一石瓮子。浮图有九级，角角皆悬金铎，合上下有一百三十铎。浮图有四面，面有三户六窗，并皆朱漆。扉上有五行金铃，合有五千四百枚。复有金环铺首，殚土木之功，穷造形之巧，佛事精妙，不可思议。绣柱金铺，骇人心目。至于高风永夜，宝铎和鸣，铿锵之声，闻及十余里。

浮图北有佛殿一所，形如太极殿。中有丈八金像一躯，中长金像十躯，绣珠像三躯，金织成像五躯，玉像二躯，作工奇巧，冠于当世。僧房楼观，一千余间，雕梁粉壁，青璅绮疏，难得而言。栝柏椿松，扶疏檐溜，丛竹秀草，布护阶墀。

是以常景碑云:“须弥宝殿，兜率净宫，莫尚于斯也。”

外国所献经像皆在此寺。寺院墙皆施短椽，以瓦覆之，若今宫墙也。四面各开一门。南门楼三重，通三阁道，去地二十丈，形制似今端门。图以云气，画彩仙灵，列钱青锁，赫典华丽。拱门有四力士、四狮子，饰以金银，加之珠玉，庄严焕炳，世所未闻。东西两门亦皆如之，所可异者，唯楼两重。北门一道，上不施屋，似乌头门。真四门外，皆树以青槐，亘以绿水，京邑行人，多庇其下。路断飞尘，不由渰云之润；清风送凉，岂

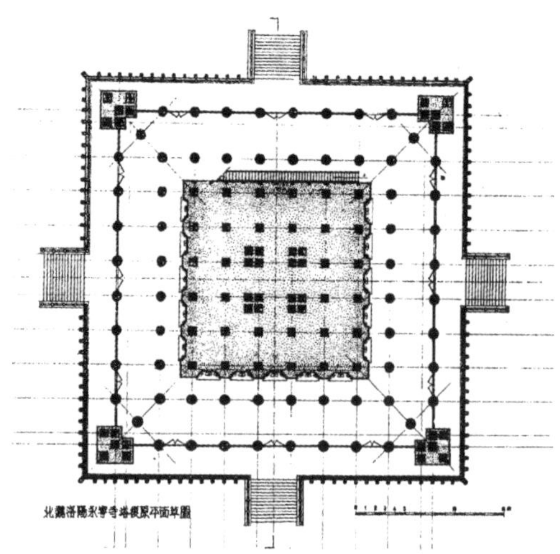

北魏洛阳永宁寺塔复原平面草图

来源：杨鸿勋《关于北魏洛阳永宁寺塔复原草图的说明》，载《文物》1992年第9期

北魏洛阳永宁寺塔复原透视草图

来源：杨鸿勋《关于北魏洛阳永宁寺塔复原草图的说明》，载《文物》1992年第9期

籍合欢之发？

永宁寺被认为是中国境内第一座完全汉化了的佛寺。考古发掘，也证实了其主体部分是由塔、殿和廊院，并采取了中轴对称的布局。

上述《洛阳伽蓝记》中记录的“浮图”，即为北魏时建的洛阳永宁寺塔，是现今有遗迹可考的中国最早的佛塔之一，其基础至今仍存。根据考古报告：

塔基位于寺院中心，现今尚存一高出地面五米许的土台。基座呈方形，有上下两层，皆为夯土板筑而成。下层基座位于今地表面下约 0.5～1 米，据钻探得知东西长约 101 米，南北宽约 98 米。夯土基座厚达 2.5 米以上。……在下层夯土基座的中心部位，筑有上层夯土台基，并在台基四面用青石垒砌包边。这即是建于当时地面以上的木塔的基座。高 2.2 米，长宽约为 38.2 米。……在塔基上发现了一百二十四个方形柱础，分做五圈排列。……第四圈（从内往外数第四圈，笔者注）木柱以内，筑有一座土坯垒砌的方形实心体。长宽均为 20 米，残高 3.6 米。……在第五圈（最外圈，笔者注）的檐柱之间，发现有残墙基。……内壁彩绘，外壁涂饰红色。……在土坯垒砌的方形实心体的南、东、西三面壁上，各保存着五座弧形的壁龛遗迹。……可以判断这些壁龛是供奉佛像的位置。……塔基中出土了大量的与佛教艺术有关系的泥塑像……造型精致，形态秀丽，要比同时期的石窟造像更精美、更细腻、更生动，的确是我国古代雕塑艺术中的珍品。（中国社会科学院考古研究所洛阳工作队:《北魏永宁寺塔基发掘简报》,载《考古》1981 年第 3 期）

在《洛阳伽蓝记》中有很多“舍宅为寺”的例子,如建中寺。

建中寺，普泰元年尚书令乐平王尔朱世隆所立也。本是阉官司空刘腾宅。

屋宇奢侈，梁栋逾制。一里之间，廊庑充溢。堂比宣光殿，门匹乾明门，博敞弘丽，诸王莫及也。

……

……建义元年尚书令乐平王尔朱世隆为荣追福，题以为寺。朱门黄阁，所谓仙居也。以前厅为佛殿，后堂为讲室。金花宝盖，遍满其中。有一凉风堂，本腾避暑之处，凄凉常冷，经夏无蝇，有万年千岁之树也。

再如长秋寺。

长秋寺，刘腾所立也。

腾初为长秋令卿，因以为名。

在西阳门内御道北一里。

亦在延年里，即是晋中朝时金市处。寺北有蒙汜池，夏则有水，冬则竭矣。

中有三层浮图一所，金盘灵刹，曜诸城内。作六牙白象负释迦在虚空中。庄严佛事，悉用金玉，作工之异，难可具陈。

再如瑶光寺。

瑶光寺，世宗宣武皇帝所立。在阊阖城门御道北，东去千秋门二里。

千秋门内道北有西游园，园中有凌云台，即是魏文帝所筑者。台上有八角井，高祖于井北造凉风观，登之远望，目极洛川。台下有碧海曲池。台东有宣慈观，去地十丈。观东有灵芝钓台，累木为之，出于海中，去地二十丈。风生户牖，云起梁栋，丹楹刻桷，图写列仙。刻石为鲸鱼，背负钓台，既如从地踊出。又似空中飞下。钓台南有宣光殿，北有嘉福殿，西有九龙殿，殿前九龙吐水成一海。凡四殿，皆有飞阁问灵芝往来。三伏之月，皇帝在灵芝台以避暑。

有五层浮图一所，去地五十丈。仙掌凌虚，铎垂云表，作工之妙，埒美永宁。讲殿尼房，五百余间。绮疏连亘，户牖相通，珍木香草，不可胜言。

另记有众多新起寺院。

如景乐寺。

景乐寺，太傅清河文献王怿所立也。

……

有佛殿一所，像辇在焉。雕刻巧妙，冠绝一时。堂庑周环，曲房连接，轻条拂户，花蕊被庭。

再有昭仪尼寺。

昭仪尼寺，阉官等所立也。在东阳门内一里御道南。……

寺有一佛二菩萨，塑工精绝，京师所无也。

再如胡统寺。

胡统寺，太后从姑所立也。

入道为尼，遂居此寺。

在永宁南一里许。宝塔五重，金刹高耸。洞房周匝，对户交疏。朱柱素壁，甚为佳丽。

再如修梵寺。

修梵寺，在清阳门内御道北。嵩明寺复在修梵寺西，并雕墙峻宇。比屋连甍，亦是名寺也。

再如景林寺。

景林寺，在开阳门内御道东。讲殿叠起，房庑连属。丹楹炫日，绣桷迎风，实为胜地。寺西有园，多饶奇果。春鸟秋蝉，鸣声相续。中有禅房一所，内置祇洹精舍，形制虽小，巧构难比。以禅阁虚静，隐室凝邃，嘉树夹牖，芳杜匝阶，虽云朝市，想同岩谷。静行之僧，绳坐其内，飧风服道，结跏数息。（北魏杨衒之《洛阳伽蓝记》）

佛教自汉传入中原，至南北朝达到极为鼎盛时期。无论是南朝或是北朝的中央政府，总体上讲是推崇佛教的。但南北朝时期也是佛教与王权的矛盾时期，王权掌控着佛教的发展。也出现反佛的声音，一是来自非老庄学派的道家，二是来自朝廷的一些重臣，譬如大名鼎鼎的唯物主义哲学家范缜。反佛的声音影响了北朝的两位皇帝——北魏太武帝拓跋焘和北周武帝宇文邕。他们掀起了佛教中所谓“三武之厄”中的两厄，但最终以佛教再兴告终。

第四章　隋唐的佛教建筑

经过南北朝的发展，佛教在隋唐时期达到繁荣，而这一历史时期也是中国国力和文化的巅峰。这时佛教在印度本土已经开始衰败，而在东方走向枝繁叶茂，成为东亚大多数民族的重要精神信仰。

经过近300年中华南北的战乱和分裂，终于在隋代完成帝国的统一，各民族融合，形成了一种以儒家为主体，辅之以佛、道的思想文化格局，佛、道两家都积极地吸收儒家的思想，同时也影响着儒家。

在隋唐，国家政权控制着译经事业，相比南北朝，翻译的经籍卷数虽然增多了，但涉及的部类大大缩小，而译典中密教开始增多。

在南北朝佛教多种“师说”的基础上，融合儒、道两家思想，隋唐佛教发展出诸大宗派，包括三论宗、三阶宗、天台宗、法相宗、禅宗等，他们向着不同的方向推进着佛教的发展，各自演化出理论体系，并影响着自己的信徒。

隋唐的佛教理论，以“真心”“圆觉”“灵知”为最高本体的佛教心学的研究，强调向内心探求了解佛性，几乎影响了各大宗派，进而逐渐对儒家产生了深刻的影响。

以“章疏”形式来注解佛教经典到隋唐达到高潮。章疏在注解之外也有所发挥，除禅宗外的诸大宗派，均是通过这种方式来发表本派学说。同时僧侣撰写的佛教论著也开始增多，开创了用以记录禅师说法和言行的一种新的佛籍体裁——“传灯录”和“语录”。

各宗祖师的章疏、语录，经过历史的筛选精练后，作为正式的佛教经典流传开来。以隋唐宗派佛教为基调的汉传佛教，在整个东亚地区形成了长远的宗教和文化影响。

隋的都城成为“大兴城”，唐未易址，改名为“长安城”，是当时中国最重要的佛教中心。长安城自西晋以来，长期是重要的佛教中心和佛寺集中地区。记录长安佛寺的文献古籍和考古发现丰富，也印证了长安城作为佛教中心的地位。

隋唐佛寺的平面布局，可以说正式形成了以“殿”为中心的中国式的佛寺布局方式，再加上舍宅为寺的情况较多，佛寺的布局与宫殿、官署、大户宅邸布局趋近。

一、隋代的佛教与佛教建筑

隋文帝灭周后，立刻中止了周武帝对于佛法的摧毁。修复寺院，营造经像，缮写经卷，建立管理僧尼事务的制度。佛教很快恢复，并且进入了大发展期。

隋唐以前，中国的佛教承袭着印度流传过来的各宗派。进入隋唐时期，度僧、建寺、建塔、造像、写经等佛教活动兴盛，寺院经济高度发达，稳定而众多信众群体形成，随着各类“师说”的发展，汉化的宗派体系终于建立起来。

隋的统一，促进了以往南北差异的佛教信仰相互补充融合，形成了理论与修行并重，以及“破斥南北，禅义均弘”的主流态度。天台宗、三论宗等本土宗派在江浙地区创立。寺院经济的强盛，支持了稳定的僧侣集团的形成，以及寺院建筑形式的固化。在家佛教信徒众多，以“义邑”“法社”等形式组织起来，还出现了“斋会”等大型的佛教活动。

此一时期，中国佛教建筑风格开始稳定下来。虽因唐武宗和周世宗两次灭法，没有留存下完整的寺院群，但据古料考证，当时大型佛寺多以对称性布局为主。殿堂位于中轴线上，成为寺院中心，佛塔则偏居一侧，或退居其后。佛塔也从中国式阁楼建筑中汲取更多元素，更加体现出中国化的建筑风格。随着建筑材料和构筑技术的发展，更多出现带有仿木结构痕迹的砖石结构楼阁式塔。

据龚国强《隋唐长安佛寺研究》书中总结，隋“大兴城”

佛寺分布的特点以及与城市布局的关系如下：

（1）都城有明确的佛寺兴建计划，颁布了所谓“寺额”，佛寺不能任意乱建，而要得到官方的批准、备案、命名。官方所建佛寺占总额约 1/6，其位置是规划确定的，如兴善寺、禅林寺、宝国寺等。其余“寺额”，发放给民间修建，选址灵活。另还有一些“寺额”之外的小规模佛教场所。

（2）大兴城内佛寺疏密不均，呈现出整体漫天星斗与局部簇群状的分布特点。佛寺多集中在市场、住宅区、官署区附近。

（3）用堪舆风水学说来安排重要寺院。大兴善寺被布置在城市的“贵位”，皇城南面中心，朱雀大道旁，位置与北魏永宁寺在洛阳城中的地位一样。大兴城建城之初，需迁移古墓，为安抚亡灵所建灵感寺，也是位于高岗上的风水宝地。禅定寺是为了弥补城市风水缺陷所建，以高塔竖于地势微下处。

（4）城中僧寺约90所，尼寺20多所。佛寺和尼寺混杂布置，甚至比邻而建。

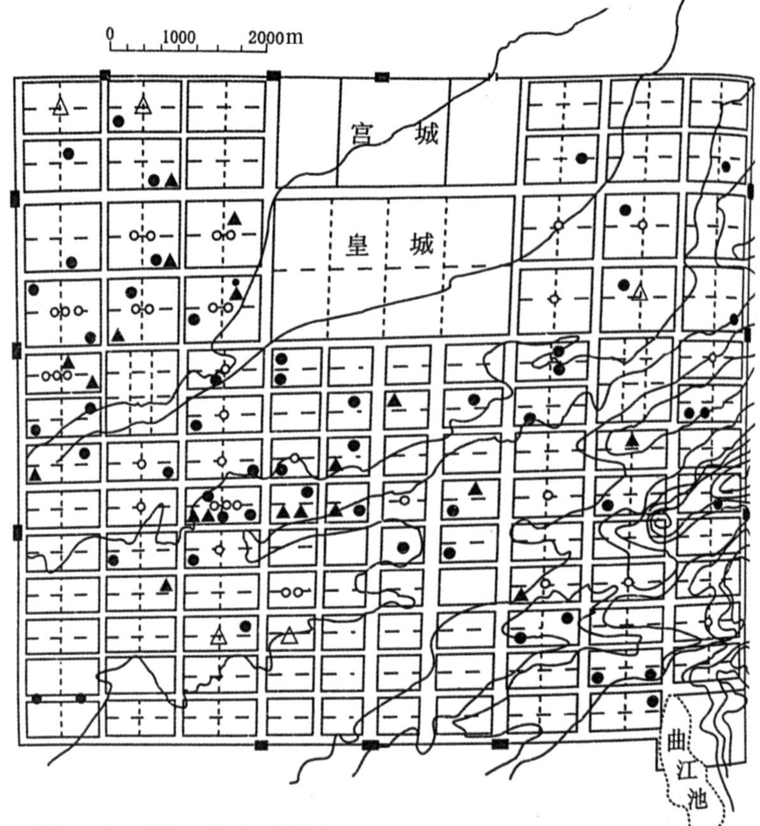

图注：●表示有坊中确切位置的僧寺
○表示无坊中确切位置的僧寺
▲表示有坊中确切位置的尼寺
△表示无坊中确切位置的尼寺

隋大兴城佛寺分布图

来源：龚国强《隋唐长安佛寺研究》第60页

隋代也大量开凿石窟。

灵祐在开皇九年所凿造的那罗延窟最为著名。灵祐经过周武帝的法难，为了预防佛法灭尽，于开皇九年入宝山（属河南安阳县）开凿石窟。在窟内雕造卢舍那、阿弥陀、弥勒三佛的坐像，并镂刻释迦牟尼佛等三十五佛及过去七佛坐像。又在入口的外壁刻迦毗罗及那罗延神王，并镂刻《叹三宝偈》《法华》《胜鬘》《大集》《涅槃》等经偈文。更在入口的内壁刻有《大集经·月藏分》及《摩诃摩耶经》等。此外所开凿的石窟，还有山东历城的神通寺千佛岩等。至于云岗、龙门、响堂山、天龙山等石窟及敦煌千佛洞等，隋代也续有开凿。隋代雕造的窟龛像及小铜像、玉石像、锤涂金像等，遗留到晚近的为数也不少。大抵顶作螺发，面貌柔和圆满，衣褶置重写实，流丽柔巧。还有大业初年，幽州智泉寺沙门静琬(又作智苑，？—639)，也为预防法灭，发愿造一部石刻大藏，封藏起来。于是在幽州西南五十里大房山的白带山（又名石经山）开凿岩壁为石室，磨光四壁，镌刻佛经。又取方石另刻，藏在石室里面。每一间石室藏满，就用石头堵门，并融铁汁把它封锢起来。到唐贞观五年(631)，《大涅槃经》才告成。这便是房山石经的发轫。（黄忏华：《中国佛教史略——隋代佛教》）

除石雕像外，铜像在隋代已经开始兴盛。

杨隋帝业虽只二代，匆匆数十年，然实为我国宗教雕刻之黄金时代。其时环境最宜于佛教造像之发展，而其技艺上亦已臻完善，可以随心所欲以达其意。

……

总之此时代之雕刻，由其形制蜕变之程序观之，其最足引人兴趣之点，在渐次脱离线的结构而作立体之发展，对物体之自然形态主义，而同时仍谨守传统的程式。（梁思成：《佛像的历史》）。

隋代佛教还流传向海外，四邻诸国来学佛法的僧徒云集长安，中国的世界佛教中心地位逐步确立。佛教在隋朝的发展，奠定了在唐朝的进一步辉煌的基础，中国佛教由是进入了持续数百年之久的繁荣昌盛期。

二、唐代的佛教

唐朝是第一个明确地将道教置于佛教之上的朝代，但统治者还是在儒、道、佛之间取得了平衡，一些皇帝对佛教的态度，更多是抑佛而已，而不是废佛，还有一些皇帝比如武则天对佛教更加宽厚。因此，佛教深入民心，在唐朝大多数时间内，佛教并不“为之少衰”，而是“僧尼之数日增，寺院之设日广”（蒋维乔：《中国佛教史》）。

唐初，文成公主入藏，使汉地佛教深入藏地。玄奘从印度求法，回国后在朝廷支持下组织译场，新译《华严》告成，成为显教修行在中国达到最高峰的标志。武则天当政时，六祖慧能大师传道。唯识宗、律宗、贤首宗、密宗等宗派纷纷建立，佛教发展达于极盛。但“佛教在中唐以后，本身的发展开始向经院化、神秘化、粗鄙化发展，脱离了民间，没有适应时代发展，进行适当的宗教变革”（刘建平：《唐代排佛思潮与近代中国的转向》）。于是在武宗灭佛之中，八宗都受到了毁灭性的打击。“会昌法难”销毁大量佛教典籍，八宗中那些义理深邃的宗派自此衰败。三论宗和法相宗失传，华严宗和律宗融入禅宗，密宗并于藏密，山林佛教、大众佛教的净土宗和禅宗成为法难之后得到大发展的宗派，成为中国佛教的主流。简易性成了中国佛教的基本特征，表现为：禅宗推崇明心见性，提出顿悟成佛；净土宗推崇称名念佛。

三、唐代寺院的等级

在唐朝，佛教中国化发展过程对寺院建筑产生了巨大的影响。

唐代寺院众多，分布非常广泛。长安城传承了隋代的佛寺，佛寺遍布城坊，分布特点和规律也和隋大兴城基本相同，舍宅为寺的现象仍然兴盛。初盛唐时期长安城的佛寺数量是隋唐的顶峰，合计寺院总数为 127 座（龚国强：《隋唐长安佛寺研究》），“还有许多佛寺建在长安城郊，特别是南郊，延伸到终南山一带。住在那里即可脱离尘嚣而表现出高蹈绝尘的姿态，又便于出入都城，与朝廷、世俗社会联系。”（孙昌武《唐长安佛寺考》，载《唐研究》第二卷，1996 年 12 月）佛教十宗中的 8 个宗派的祖庭均设在长安城，寺院建筑规模宏大，装饰富丽。成为长安文明昌盛的标志。

无论位于城内还是郊外，不乏拥有庄园或者园林的寺院。一些园林向大众开放。“其中若干佛寺拥有大量庄园和水碾，并在城市里进行商业活动；而贵族官僚为了逃避国税，往往把庄园寄托于寺内。在这种雄厚的经济基础上，寺院建筑和附属艺术得以继续不断地发展和提高。”（刘敦桢：《中国古代建筑史》）

（一）唐代长安寺院的等级

唐代佛寺的布局，按级别是分有不同的规制，但都是以大殿为中心。同时也能看到当时的寺院不是随意建的，是有严格的秩序要求，是在王权严格控制之下的。

最高级的肯定是皇家的寺院。

唐代时，多数皇帝在宫城中设有佛教内道场。同时，皇城中也开始出现佛教精舍类的设施，这在唐以前似乎还没有过。……

禁内中的佛事场所等级都相当高。它们虽然名称不一，但有“寺”“内道场”“精舍”“院”“庵”“殿”“佛堂”等，规模大小也肯定不一，但作为皇家和禁军的佛教设置，即使规模再小，……也要比民间的佛堂、兰若大得多。（龚国强：《隋唐长安佛寺研究》）

至于非皇家佛寺如何划分等级，据宿白在《试论唐代长安佛教寺院的等级问题》一文中说：“寺院占地面积范围大小的不同，似可视为寺院等级差别的反映，还有主院布局较明显的变化以及主院以外各类别院的建置等。”唐长安佛教寺院“至少有大小悬殊的四～五个等级。”

文中还说：

第一、二、三级佛寺皆属唐代长安兴建的大型寺院。此属唐代大型寺院的布局，除具备重楼复殿云阁修廊等壮丽的建筑外，最重要的特点是：（一）浮图不建在主院，（二）继承甚至发展了南北朝晚期梁与北齐兴建颇多的别院。唐代大型寺院布局的来源，当然不能植根于前代佛寺的形制，但有关慈恩、西明两寺的文献记录却提出了另外的因素。《大慈恩寺三藏法师传》谓创建慈恩“像天阙，仿给园”。像天阙言其建筑之壮丽有若宫殿，主要是指其立面结构而言；仿给园应是就规划形制而言，即指寺院整体平面布局系仿效舍卫城逝多林给孤独园之设置。西明寺亦以祇园为准。

而祇园的布局，宿白依据历史图经，总结如下：

（一）寺院中院即主院，位于中门之内，有四重院落，“此中院准佛独居，不与共”；（二）第一、二两重院正中建筑为佛殿（前佛殿为单层建筑，后佛殿为说法大殿，双层建筑）；（三）第二重院院庭中间建七层浮图；（四）第二重院院庭即说法大殿前东侧建钟台，西侧建经台；（五）第三重院正中建筑为三层楼，第四重院正中建筑为三重阁；（六）第一重院院庭两侧各建一戒坛；（七）各重院正中建筑两侧各建左右对称的三或五层楼；（八）主院之外东、西、北侧各建三周房，即是众僧所处的‘明（名）僧院，三方绕佛……僧房院外三周大巷通彻无碍’；（九）主院和僧房之外四周建别院；（十）别院外东西两侧隔大路设园林厨库。

而唐代大型佛寺的布局应该只是参考了以上安排，有别于祇园，形成了中国式的以殿堂为主的布局形式。

1. 第一等级的寺院

唐代里坊制，一坊的长宽 500～900 米不等。第一等级佛寺面积为“尽一坊之地”。唐长安明确占一坊之地的三处佛寺为庄严寺、总持寺、大兴善寺，都是继承隋代的建制。

庄严寺为隋时所建的禅定寺，位于隋唐长安城的西南隅，寺院规模宏大。隋及入唐时仍以塔为中心。按照文献记载折算，庄严寺塔高约合百米，周长约合 72 米，为四边形，每边长为 18 米。当时木结构能够建高百米的塔，实在令人惊叹。而寺院中的殿堂“复殿重廊、连甍比栋、幽房秘宇”（宋咸平初赞宁撰《宋高僧传》卷一六《唐京兆圣寿寺慧灵传》记）。庄严寺和总持寺合占和平坊和永阳坊，合计面积约有 80 多万平方米。

据记载靖善坊的大兴善寺“尽一坊之地……寺殿崇广为京城之最，号曰大兴。佛殿制度与太庙同”（《长安志》卷七）。“靖善坊的面积为二十三万多平方米，大兴善寺既占有一坊之地，它的面积也应大致相仿佛”（曹尔琴：《唐长安的寺观及有关的文化》，中国古都学会第一届年会）。大兴善寺早期无佛塔的记录，中唐初年不空大师圆寂后，敕建顶骨舍利塔于寺院。不空塔建于主要殿堂翻经堂南，是别院建塔，“其位置约亦沿袭寺主院前塔后殿之传统布局”（宿白语）。

2. 第二等级的寺院

第二等级为“二分之一坊地或略强”（宿白语）。以大慈恩寺、大荐福寺、大安国寺为代表，也属于当时公认的大型佛寺。

根据记载推算，大慈恩寺约占地 14 万平方米，“建有十余院落，共有僧寮客舍一千百九十七间”（曹尔琴语）。宿白文中用大慈恩寺的例子进一步论证唐代寺院以大殿为主的格局。“值得注意的是唐高宗即位之初，对玄奘慈恩寺设计所作的一项改变，对佛教寺院布局的东方化至关重要，即将自汉末以来，我国沿用印度制度置浮图于佛寺主院的主要位置，即玄奘所拟的‘于寺端门之阳’，高宗敕令‘改就于西院’。此后，在中原地区兴建的大型寺院，大多以佛殿为主，'塔庙'形制即趋消失"。

据宿白文中所说，"大荐福寺亦多别院，初步辑录即有十一院之多，其中浮图院位安仁坊"。据曹尔琴文，"开化坊的南半部为荐福寺，安仁坊的西北部为荐福寺浮图院，寺门南开，院门北开，两门隔街相对。两者所占面积相加也近一坊之地。大荐福寺内的小雁塔至今犹存"。

而大安国寺"亦多别院，初步辑录即得十一院"，而塔位于其东禅寺院。曹尔琴文说，长乐坊"坊内的大安国寺位于东部，占去大半的地方，其面积大约二十七万平方米"。

3. 第三等级的寺院

第三等级占 1/4 坊地，以西明寺为代表。

据记载，西明寺东西宽度约占"半坊"，有约十个院。局部已经进行了考古发掘。据宿白文中记：

已进行发掘的部位在寺范围内的东北隅。系周绕廊庑，中建三座殿堂的一组建筑。从所处位置可以推知它是西明寺所属十院内位于寺东侧之一院。该院南北分三进。中殿面积最大，南殿次之。中殿和南殿之间有廊屋相接，这是现知最早的一处"工"字形殿堂平面遗迹。北殿未发掘。但此殿址北距寺北壁甚近，可推之其面积较小……应属西明寺主院东侧另一奉佛的别院……西明寺主院可据 8 世纪初在唐 18 年主要在长安学习的日僧道慈仿效西明规模设计奈良平城京左京大安寺主院的布局仿佛之。……（京大安寺）主院的布置，绕主院东、西、北三面的僧房和僧房外侧别院的情况，……有可能源于西明。

4. 第四等级的寺院

指规模较小的各类寺院，据宿白文中说，其中有一类寺院"每寺范围似不应超过各该坊面积的十六分之一，……原皆为皇室和显贵所建，为京都名寺，且都建有中门和众多别院，……当是大型佛寺建置的简化"。

（二）唐代长安以外佛教寺院的布局与等级

宿白在《唐代长安以外佛教寺院的布局与等级初稿》中将长安以外各地寺院的主院布局归纳为五种：

第一种："主院内佛塔与殿堂、层阁并重，且树塔于阁楼之前者。"

第二种："主院前两侧建双塔。"

第三种："主院中部建高阁为其特点。"

第四种："佛塔在寺院逐渐退出重要位置。"存在三种情况：塔或建于殿后，或建于别院，原位主殿前之东西塔独立成塔院。

第五种："不兴建装藏舍利和供奉佛像的佛塔的寺院。"

从规模上分，长安以外佛教寺院分为大、中、小三个等级，且"长安以外佛寺多建别院和无寺额独立的佛院、兰若、招提和普通院较普遍的兴建，应可清晰地反映出 8 世纪后期以来中国佛教日益向民间扩展的总的趋势"。

四、唐代佛寺布局与建筑类型

唐代及其以前的建筑布局主流应该都是方形或接近方形的，各个方向在总体布局中占有同等的重要性。这种四方延伸的平面与古人对天地的认识有关，从先秦两汉时期开始，流行的宇宙模式"盖天说"认识的天地就是方的，向四面伸展。《淮南子·天文》说："天圆地方"。佛寺来自宫室，陈梦家曾讨论过甲骨文中关于宫室的名称，他提出殷商时的朝宇即为"亚"形。他说："由卜辞宫室的名称及其作用，可见殷商有宗朝，有寝室，它们全都是四合院似的。"古时的宗庙即是四方形，唐代佛寺也应是方形的。

唐代没有塔的佛寺比例居多，形成了以佛殿为中心，钟楼、经楼相辅的布局形式，大殿是其中最重要的建筑。这种一殿二楼的布局在唐代后期仍然存在。据记载正殿加钟楼、经楼的形制在南朝就已出现，从敦煌壁画研究来看，隋代也是"一殿二楼"式布局。

因寺院建设大多是化缘的善款，需要不断积累资金，所以寺院是分阶段建设的。第一步要建大殿，第二步是佛像和山门，第三步建钟楼和经楼，之后根据经济情况和使用需求扩展。第一步完成大殿但里面无佛，它只是个建筑，还没有宗教的性质；

第二步建佛像和山门，就有了宗教的性质了；第三步配上钟楼和经楼，有钟楼就能控制僧团的活动时间，有经楼即有了经藏，僧团可以开始活动了。有了殿、佛、山门加上钟楼和经楼，这时对于一个寺院来讲佛、法、僧俱备，也就是“三宝”俱备，这也就是佛寺了。“一殿二楼”加一门就是寺院，“一殿二楼”是寺院最底线的要求。

初唐寺院中必备的建筑类型只有大殿、钟楼、经楼配以回廊加上山门，为什么那么简单呢？概因当时佛寺中心的佛像供奉比较简单，观音和天王信仰在唐的中晚期才开始兴起，初唐的信仰还集中在释迦佛上。佛寺只需要有佛殿和钟楼、经楼便可满足信众的需要了。

我们注意到佛寺中的殿表示佛殿，意味着只有佛才能居在殿中，这是王者之居，是帝王等级的。而其他建筑或称堂，或称楼，或称阁，都是用于僧众活动，这里有着明显的等级区别。

以这种基本的布局为主体，环建堂庑或廊房，形成了单院式的佛寺。最简单的只有一处佛殿（堂），规模大一些的佛寺采取几进纵列式的院落，更大的佛寺向横向扩展，形成并列的多院布局。

在寺院还有一座地位很高的建筑，那就是塔。塔有两种不同的功用，一是塔与经藏共置，二是塔与殿共置。后者的塔和殿是并重的，一般来讲寺院中这种功用的塔和殿存其中一种就可以了。内部藏经的“塔”，置于殿侧，并不是正规意义上的塔，而是经楼。这种造塔辅以经楼的配置早在北魏时就已出现。

唐代仍有相当比例的有塔佛寺，根据龚国强《隋唐长安佛寺研究》书中总结，有以下三种类型：

（1）前塔后殿的佛寺。以单塔为中心，中门、佛塔、佛殿置于同一中轴线上，多为单院佛寺。如隋代的禅定寺（木塔）、大禅定寺（木塔）、海觉寺、胜光寺，唐代的慧日寺、法云尼寺、资圣寺、大安国寺、大兴善寺、唐安寺、奉恩寺、胜光寺、清禅寺、宝刹寺、光明寺等。

（2）殿前两侧左右对称布置双塔的佛寺，有单院和多院禅寺，如法界尼寺、千福寺、崇福寺、大云经寺等。另外还有双塔各处一院的形式，从而与佛殿院形成三角鼎峙之势，如千福寺、崇福寺等。

（3）单塔与佛殿各处一院的多院式佛寺。佛塔偏离中轴线旁侧，独处一院。此式的寺院规模较大，如大慈恩寺、大荐福寺、静法寺、兴唐寺、宝应寺等。

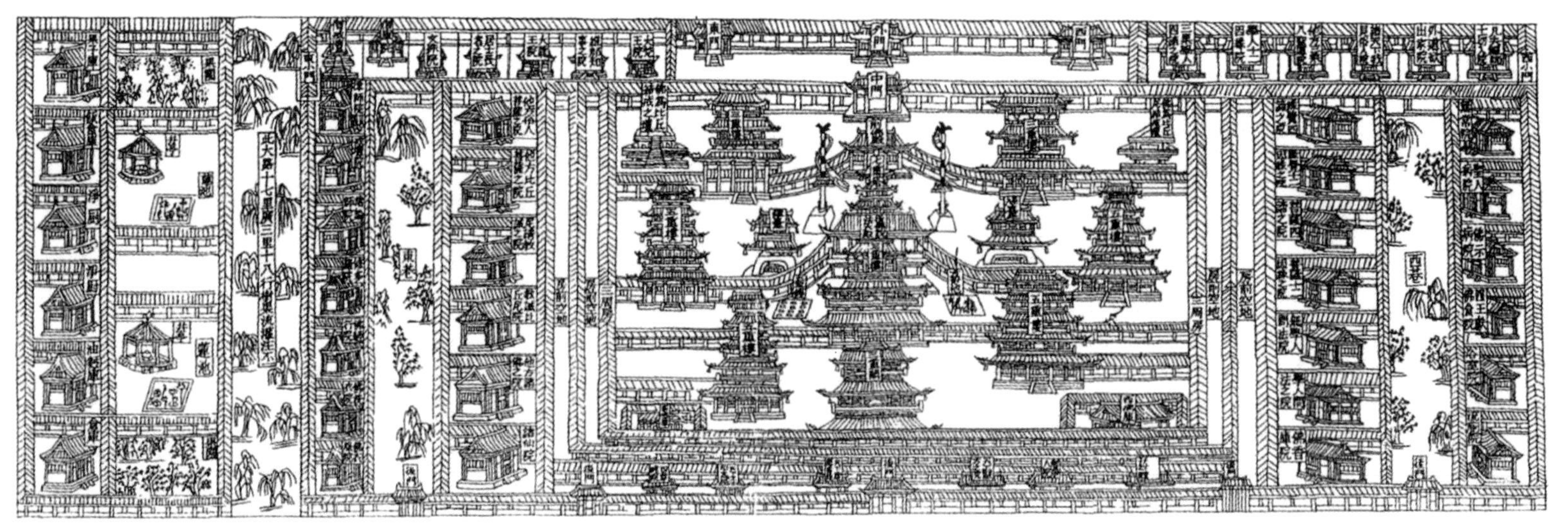

唐道宣《戒坛图经》中佛寺示意图

唐代后期，佛寺的中心逐渐由塔转变为殿或殿阁。佛塔渐渐被挤出寺院，或另辟塔院。寺院布置采用宫室型院落形式，其特点是有一条明确的南北中轴线，佛殿位于中心轴线的中心，成为整个寺院建筑群的核心建筑，因塔的形象是高耸的。为追求这种高耸感，当殿取代了塔以后，唐寺中出现了一种壮观的多层大阁，阁中置佛像。一般有大阁的寺院，大阁常会代替佛殿成为寺院的中心。这种大阁一旦供奉了佛像实际上就是“王”居其中了，也应当是一种多层的大殿，只是形象上用阁来称呼，应当是一种以阁的形式存在的“大殿”。

正定的开元寺就是这一时期的宝贵实例。开元寺中轴的最北端是一座法船殿，在法船正殿的左前方是一座唐代的钟楼，右前方是始建于唐代的雁塔。此种布局可明显看出古塔已经由寺院的中心位置移到了主殿的右侧，殿阁已经升至主体建筑的地位。

唐代中期以后佛教中出现的一些新兴信仰，比如观音信仰、天王信仰、密宗信仰等，使唐代后期寺院中的建筑类型更加丰富，增加了观音堂、影堂、天王堂、经藏、坐禅亭等，但这时佛殿还保持其中心的供奉位置，仍是以佛殿为中心的寺院布局形式。据侯圭《东山观音院》的描述，虽然寺名“观音院”，但观音堂为三间，佛舍为五间，而大阁三层七间，占据了绝对的主体地位。佛殿后置大阁，大阁供奉释迦佛，上部设经楼，常作为弘法的场所，称为万佛堂，实际上也是“王”居。

除了基本的殿、阁、钟楼、经楼，唐代寺院主体建筑根据宗派需要或者规模大小，还常有一些其他的建筑类型，如禅宗的禅堂、净土宗的净土堂和讲堂等。如李邕在《大唐泗州临淮县善光寺寺碑》中记载净土宗的善光寺有阁楼式山门、正殿、飞阁、舍利塔、净土堂、钟楼、讲堂、僧堂、食堂。

在《大唐扬州六合县灵居寺碑》中还可看出，除了净土坊，有的寺院还出现了律堂。

净土堂就是念经堂。唐代文学家柳宗元所创作的组诗《巽公院五咏》中的第一首诗《净土堂》即是描写龙兴寺净土堂做佛事的情景。

结习自无始，沦溺穷苦源。
流行及兹世，始悟三空门。
华堂开净域，图像焕且繁。
清冷梵众香，微妙歌法言。
稽首愧导师，超遥谢尘昏。

佛寺除了是礼佛场所之外，还有一个重要的功能，即是僧伽生活修习的场所，相应的是禅堂、僧堂、厨房、食堂、浴室、仓库等建筑，其中禅堂和食堂是很重要的。

唐末会昌法难后，再难恢复到盛唐时的佛寺规模，也不见恢宏气势，取而代之的是禅宗寺庙发展，以金陵为中心的禅宗牛头宗一派著名禅师道融，于天竺山建寺，并道出了明确“天人合一”的寺院规划思想:“禅师以心居中度殿，以背居后度宇，以首居高台，以足居下度室，以臂居北度廊，以手居南度门户，授(缺三字)皆约我身。规圆之,矩方之,纵度之,横(缺一字)之。上协于天，下协于地，明协于人，幽协于神。然后斯之以斧斤，督之以绳墨，审之以面势，较之以方隅，使人无所感也。”

五、唐代寺院的钟楼与经楼

(一)钟楼与鼓楼规制的形成

钟楼和鼓楼往往成对设置，钟楼居东鼓楼居西，所谓“晨钟暮鼓”。在中国古代的都邑中，它们是重要的建筑标识。而钟鼓楼的配置规制起始并不是这样，是唐代以后随着佛教的兴盛而逐渐演变成的。

在中国古代的通邑当中，设置特定的场所，用撞钟击鼓的方式来昭示时辰。最早的关于东西相对配置钟、鼓楼的记载，见于三国时期的曹魏邺城，设置于宫廷之中的报时钟、鼓楼，但之后并未形成规制。东晋时期，匈奴人在今鄂尔多斯建立的夏国都城——统万城，其残存的建筑遗迹中有钟、鼓两楼的遗迹。

北魏也有钟、鼓楼的记载，但在南北朝时期并没有形成一种通行的钟鼓报时方式。

唐代长安城沿用隋朝已经形成的制度，通过敲击钟鼓来控制城门启闭和坊市之门的开合。在宫城、皇城之内都有报时鼓，与漏刻、大钟配合使用。

宋敏求《长安志》中有关于钟、鼓楼具体方位最早的记载，在唐长安城太极殿“殿东隅有鼓楼，西隅有钟楼”。此时的记载是东鼓西钟。

钟、鼓楼的设置方位，或许是因为历史上钟、鼓作用的差异，对应晨昏的联想，另或许也与五行思想有关。《淮南子》有关记载云：“何谓五星？东方木也，……西方金也”，鼓一般是木制，钟则一般用铜铁铸成，其性属金。

（二）唐代佛寺里的钟楼和经楼

唐代佛寺一般东西有两座角楼，一个为钟楼，另一个是经楼，而不是鼓楼。猜想是因为都邑里的鼓楼是管理城门开启，佛寺就不应再出现鼓声了。经楼，又作经藏、经堂、经库、法藏、轮藏、转轮藏、藏经阁、藏殿、法宝殿等，即指收藏经文的建筑物。因寺院常有大规模的藏经，单设一藏经楼有其必要。

相应的设施，一般采取的是“楼”的形式，也有采用“台”的形式。

根据唐人段成式在《酉阳杂俎》一书中所以记述的长安城平康坊菩提寺钟楼的情况：“寺之制度，钟楼在东，惟此寺缘李右座林甫在东，故建钟楼于西。”说明寺院应建有钟楼且一般应位于东侧，与上述世俗制度相反。

在隋代应已开始在佛寺设置钟楼，至唐代寺院应当已经普遍施行这一制度，隋开皇六年（公元 586 年）上石的《龙藏寺碑》即有句云：“夜漏将竭，听鸣钟于寺内；晓相既分，见承露于云表。”

佛寺鸣钟是为僧众修习佛法、饮食起居昭示时辰。唐代僧寺鸣钟报时是很普遍的。唐代寺院有夜半击钟的做法，僧人谓之“分夜钟”。张继《枫桥夜泊》诗云：“姑苏城外寒山寺，夜半钟声到客船。”

唐人黄滔在昭宗乾宁四年（公元 897 年）撰写的《泉州开元寺佛殿碑记》提到唐代寺院的钟楼：“寺制，殿象王者之居，尊其法也。……东北隅则揭钟楼，其钟也新铸，仍伟旧规；西北隅则揭经楼，双立岳峰，两危蜃云。东瞰全城，西吞半郭。”这段记载证实唐代佛寺中有钟楼，但是在东北隅，这个东北方向应是相对大殿而言的，与钟楼相对的是经楼。

唐代佛寺中，钟楼和经藏已经作为一组对称设置的建筑物，出现在中院的两侧。……但在敦煌唐代壁画中所见，佛寺内钟楼、经藏的位置却无定制。不仅可以左右对置，且有的设于殿侧，有的骑跨于前、后廊之上，或以角楼的形式出现。现实中是否有这些做法，尚无确定。（傅熹年主编 《中国古代建筑史》第二卷）

高僧道宣所著的《戒坛图经》当中，规定在寺院钟、经台位于“后佛说法大殿”前面的“七重塔”两侧，钟台居东，经台居西。

虽然唐代都邑之内的佛寺一般不设鼓，但有记载在山林的佛寺中确有置鼓的做法。

唐代佛寺经会昌法难后，禅宗蓬发，丛林寺院大量兴起，钟楼与鼓楼相对的配置就流行开了，且由大殿的两侧向前推移。

六、以佛教寺院为中心的唐代长安城市生活

唐朝的寺院不只在佛教的宗教活动中占据着主导地位，供奉礼佛，僧众修行，也极大地影响着世俗政权和社会生活各个方面，承担城市生活的很多活动，使城市生活呈现出独特的面貌。

寺院是长安城的重要景观，作为佛教活动的中心，对城市生活产生了重要影响。正如有的学者所言：中古时代，一个寺庙就是一个信仰的集中点与传播点。寺院成为城市生活的舞台同时也是娱乐活动的重要场所，无论是在此举行的佛教节日还是国家举

行的佛事活动，都可看出各阶层人士普遍参与，表现出极大的热情，寺院布局对民众生活产生了一定影响，带来新的内容，丰富了人们的娱乐活动，成为宴赏游玩的好去处，使长安城市生活呈现出独特的面貌。（袁欣:《唐代佛教影响下的长安城市生活——以佛教寺院为中心》，载《佳木斯教育学院学报》2013 年第 3 期）

这些对唐代佛寺的建筑设置的范围要求就大大地扩大了。这一问题，实际上对当今佛教界提出的“人间佛教”要承担的社会活动是相似的，都是对寺院设置要求的扩大化。要充分考虑到这些社会活动所需要的设置，其中很重要的是根据人数的多少确定建筑空间的容量。

唐代的两京，佛教寺院星罗棋布，为城市开展与佛教有关的活动提供了场地。朝廷在这里举行佛事活动，僧众在这里举行庆典。这里是大众娱乐的场所，也是文人游览、聚会的场所。

佛教之所以能够很快在整个社会阶层中得到广泛的传播，与其本身有着密不可分的关系。佛教本身具有能够满足各个社会阶层需求的内容。统治者取其对民众的教化作用，以利于统治；文人士大夫取其精神义理以充实思想；下层百姓则更注重佛教带来的娱乐作用，以满足大众化的娱乐要求。（王早娟:《唐代长安佛教传播的社会文化心理》，载《社会科学战线》2010 年第 4 期）

僧人在寺院中举行俗讲，给百姓提供了听取佛经的机会。俗讲是古代寺院讲经中的一种通俗讲唱，流行于唐代。以佛教经义为根据，并增加故事化的成分，以吸引听众。（《辞海》）

常有各种商业活动和文娱表演的庙会在唐代繁盛起来，影响了唐代以后的娱乐生活。长安的很多大寺院设有“戏场”，参加演出的有艺僧，也有官方和民间的艺人，甚至有佛寺中的艺僧与官府艺人间“斗艺”的情况，热闹场面可想而知。

唐朝时期朝廷常常利用寺院举行盛大的仪式，如祈福消灾、祝祷、庆贺、纪念、帝王诞辰、国忌日设斋等等，对朝廷而言，这是一个严肃的国事行为，但这些活动对老百姓而言却具有更加浓郁的娱乐意味，因为这些仪式一般都是鼓乐喧天、极尽奢华的。在这些活动中，佛寺实际上只是一个公共娱乐的场所，人们在娱乐中也潜移默化地接受着佛教文化的影响。（王早娟:《唐代长安佛教传播的社会文化心理》，载《社会科学战线》2010 年第 4 期）

有些佛事活动甚至演变为固定的节日，如每年正月十五元宵节燃灯就有着佛教文化的因素。

慈恩、西明、兴善三个大寺是唐朝官营“三大译场”，规模宏大的译经中心。长安寺院也是佛教学术研究的基地，一些寺院专注于一个宗派的研究，成为该宗派的“根本道场”。同时，唐朝的寺院也是文化交流的中心。

唐代高水平的建筑、雕塑、绘画艺术，有相当大的部分集中在寺院里，有些是僧侣之手完成的。如著名的慈恩寺大雁塔，是玄奘参照西域样式修建的，今存者屡经改建，仍可窥知本来的面貌；善导擅长造像，他在实际寺时，被命赴龙门建造大卢舍那佛像，开凿了佛教东传以来最大的像龛，这就是今存雕塑史上的伟大杰作龙门奉先寺大像；善无畏长于工巧艺术，相传他制造模型，铸成金铜灵塔，备极庄严，所画密教曼陀罗尤其精妙。以这些人在当时的地位，他们的艺术成就必然产生巨大影响。

长安寺院里集中了一大批外来的僧侣，他们带来了外国和边疆各族的文化，包括实物和技艺。……所以寺院也是文化交流的场所，又像是保存文物的博物馆。这种文化交流在艺术方面的成绩尤其显著。（孙昌武:《唐长安佛寺考》，载《唐研究》第二卷，1996 年 12 月）

除了文化的吸引力，寺院还往往环境优美，与自然环境融为一体，因此颇得文人士大夫青睐。唐代文人结交高僧成为风气，而一些僧人也有很高的文学造诣，被称为“诗僧”，留下了千古名篇。

第五章　宋代佛教

一、宋代——中国文化的成熟

本文所称的“宋代”包括宋、辽、金三朝，在历经了唐末五代大动荡之后，宋代是中国封建社会的又一次相对稳定的时期。宋王朝在中原建立统一政权，而在中国北方契丹族、女真族先后建立辽、金政权。宋代的几百年，是在两宋与辽金战和相继的状态中度过的。在这种对峙中，两宋的经济文化强而军事实力弱，两宋与辽金的关系大多是宋朝以“赏赐”来换取和平。

宋代是我国社会经济文化发展的重要历史时期，由唐发展成型的“汉文化”进入定型期和成熟期，由唐代文化的开放性、动态性和多元性，趋向融合和统一，并且在艺术和技艺方面高度发展，形成了尚雅、崇理、博学、富趣的时代特征。

宋代城市迅速发展，商品经济繁荣，市民文化崛起，市民阶层形成，是我国社会发展史上的又一次巅峰。宋代出现了两种形式的民族大融合：一个是宋朝的北方汉民为躲避战乱向江浙一带迁移，甚至帝王也向江南转移；一个是北方少数民族进入北方汉地。前者，在江南形成了中国南北文化的大融合，充分表现在文学、书画、建筑、瓷器等诸多方面，使得汉文化更加成熟，艺术发展达到了高峰。对建筑而言，结构更加繁杂合理，形象更加丰富细致。后者是少数民族文化和北方汉文化的融合，使中国北方建筑形成粗犷生动的风格，并具有多民族的特点。

宋代哲学的主流，是儒教哲学的特殊形式，因主要讨论的内容为义理、性命之学，故称为理学，融合了佛、道的精华。理学以“理”（又称为天理）为万事万物的本源，同时承认事物的变化。认为宇宙万物是由“理”和“气”两个方面构成，理先气后。以格物致知为基本命题概念，讲求穷理。

佛教传入中国后受到儒家心性论的影响，把作为本体的“真如”和“佛性”落到了“心性”上，用心性来讲佛性，通过心性化实现了佛教的中国化。这种本体论的心性论又反过来影响宋明理学，成为宋明理学的基础。

宋明理学崇尚道德，重义轻利，强调自我约束，对塑造中华民族的性格起着重要的作用。其对贪心欲望的警醒，对自省节制的强调，于当今社会仍有非常重要的积极作用。

二、宋代佛教的特色

佛教自汉代传入后，由开始的粗糙至魏晋、隋唐时的精密，到宋时形成简略易行的特征，已完成中国化的演变，并进入了世俗化、平民化的时期。与此相应，其接受群体亦由统治阶级和士人这一阶层，逐渐扩展至广大平民百姓，拥有了广泛的社会影响。宋代政权给佛教以适当的保护来加强国内统治的力量，采取了一些有效的措施促进佛教传播。

虽然从佛教发展史来看，一般认为唐代是佛教的全盛时期，但宋代佛教在社会的影响层面远远超过了唐代，表现出了另一种形式的兴盛，不但其寺院和僧尼的数量超过了唐代，而且出现了居士佛教这一具有中国近世佛教特色的现象。

在早期，宋代佛教大体上可分为律宗和禅宗两大主要派别，所谓“东西分祖，南北异宗。以摄戒名律，以见理名禅”。起初北方多律宗，南方多禅宗。由于灵活和简易的特性，禅宗得到了很大的发展，从而逐渐往北方渗透，进而取代律宗的地位，成为当时佛教在中国的代名词。唐代禅宗已具有相当的规模，其立教标榜“不立文字”，看重当下的了悟，因而不尚经义研习和记诵。禅宗的教义和修行方式促进了中国佛教从出世转向入世，适应了中国的文化特征和社会需要。净土宗因教义简单、修行目标更具体化、修行方式简单，同样具有平民色彩。印刷术的发展，使大规模刻印经论成为可能，也大大推动了佛教的普及。

佛教在辽、金、西夏的盛行更是大大超过宋朝。辽佛教宗派以华严宗、密宗和净土宗为主流，禅宗势微。金佛教宗派中流行禅宗，华严宗、净土宗、密宗和律宗也各有一席之地。西夏佛教以喇嘛教的影响为主。

宋代形成了规模宏大的居士佛教，其“之所以引人注目，是因为官僚士大夫参禅活动的全面展开，从而造成一种经久不衰的社会风气”(潘桂明:《宋代居士佛教初探》,载《复旦学报》(社会科学版)1990年第1期)。居士是在家学佛修道的教徒的俗称，中国历史上所说的“居士”，通常指其中较有资产和社会地位的那部分人，往往属于官僚士大夫等上层阶级。他们为佛教提供在政治和经济上的支持，同时亦凭借自身的文化底蕴，探究佛法，深耕教义，与儒、道融通，因此“甚至连那些以反佛排佛标榜的理学家们也几乎普遍受到佛教影响”。

宋代居士佛教因深刻的社会原因而表现出热闹的场面和阔大的规模，不但反作用于当时的政治生活和经济生活，而且对整个封建社会后期的思想史产生过重要的影响。

首先，宋代居士佛教的广泛开展，促进了佛教的全面世俗化，并使它最终成为我国民族传统文化的一部分。

其次，宋代“居士佛教”还促进了佛教内部各宗的融洽，实现向净土信仰的“殊途同归”。(潘桂明:《宋代居士佛教初探》，载《复旦学报》(社会科学版)1990年第1期)

佛教作为中国文化的重要组成部分，对中国文学也产生了重要影响。禅的体验“与士大夫所向往的精神生活十分合拍，故而很容易成为对两宋文人的有力诱惑。……他们通过参禅的生活，丰富诗画艺术的题材和意境，寄托对世事变幻、人生苦痛的感受。……与此同时，禅僧也乐意以诗文相酬。……通过诗文唱和，士大夫和禅僧在生活作风、思想意趣方面更趋接近”(潘桂明:《宋代居士佛教初探》，载《复旦学报》(社会科学版)1990年第1期)。

三、宋代佛教建筑

佛教的兴盛有力地推动了寺、塔、经幢等佛教建筑的建设，宋、辽、金、夏都留下了遗迹。如河北正定的隆兴寺、河北定县的开元寺塔、河南开封的祐国寺塔、浙江杭州的六和塔、浙江宁波的保国寺等是宋朝所建，天津蓟县的独乐寺和山西应县的木塔是辽朝所建，山西大同的善化寺和华严寺都是辽朝始建而金朝重修。

受禅宗思想的影响，宋代的美学崇尚朴实、内敛，所以其佛教建筑不再像唐代追求宏大、浑厚，而是呈现出一种自然轻柔的感觉和精微灵动的艺术表现，建筑物的屋脊、屋角有起翘之势，柱子造型变化多端，窗棂、梁柱与石座的雕刻与彩绘的变化十分丰富，体现了平民和文人的气质。

(一)建筑布局

“宋代佛教建筑总体布局有以塔为主体、以阁为主体、前殿后阁、以殿为主体、七堂伽蓝等式。不但讲究布局，而且注意环境建设。”(郭黛姮:《十世纪至十三世纪的中国佛教建筑》，载《建筑史论文集》第14辑)与唐代不同，宋代佛教是沿着轴线排列成若干院子的组群式布局，纵深发展特征明显，较为重视建筑的组合方式和空间层次，一般不再建设规模巨大的建筑单体。

宋代著名的以塔为主体的寺院有:山西应县佛宫寺、庆州释迦佛舍利塔佛寺、锦州大广济寺等，几乎均建于辽。这些寺院大多“山门之内即为大塔,周围有廊庑环绕,塔后为佛殿。……还有的寺院出现双塔并立于佛殿之前，如苏州罗汉院;……也有将双塔置于中轴群组之外的，如泉州开元寺。塔在寺院中位置的调整，在宋代寺院中尤为突出，这正反映了把塔作为宗教象征的观念在宋代佛教文化中正在淡化”(郭黛姮:《十世纪至十三世纪的中国佛教建筑》，载《建筑史论文集》第14辑)。

蓟县独乐寺是以高阁为主体的寺院的代表，也是辽代为多，"辽代佛寺中这种前高阁后佛殿的寺院，以供奉观音高大立像的佛阁为中心，与辽代皇室尊'白衣观音'为家神的信仰不无密切关系"（郭黛姮《十世纪至十三世纪的中国佛教建筑》，载《建筑史论文集》第 14 辑）。

河北正定隆兴寺不但是前佛殿、后高阁的布局的代表，而且其布局结构代表典型的宋代佛教寺院特征。整个寺院由多重院落组成，纵深方向展开，院落纵横变化、开合有度，随建筑高低错落，殿宇重重，气势深远。整组寺院建筑群的高潮是佛香阁与周围的转轮藏、慈氏阁等所形成的院落，佛香阁为全寺中心。这种布局方法，源自中唐以后兴起供奉高大的佛像，寺庙的主要建筑逐渐演变为采用高大的楼阁式，而与之组合的次要建筑也相应增高。

以佛殿为主体、殿前或殿后置双阁的布局以山西大同善化寺、大同华严寺、南京大昊天寺为代表。

七堂伽蓝式为禅宗佛寺的特征，下文会详细叙述。南宋时期，依附于大寺院的小型寺院，也有采用七堂伽蓝的形式。

（二）寺院环境与园林

作为文化艺术的重要部分，宋代的园林艺术不但繁荣，也反映着时代的艺术特征。

两宋时期的园林不仅数量多，而且质量有了很大提高，是继唐代全盛之后又一次新的跨越。无论是皇家园林、私家园林还是寺观园林，都已具备了中国古典园林的主要特点，即源于自然而高于自然，建筑物与自然山水完美地融合，并将诗情画意写入园林，从而使园林能表物外之情，言外之意，蕴含着深邃的意境。园林艺术从北宋初期继承唐代写实与写意并存的创作方法，经过百余年的发展，到南宋已完全写意化，促成了以后写意山水园的大发展。私家园林中文士园林尤其兴盛，风格简素、优雅，寺观园林文士化。宋代园林随着佛教禅宗的流传

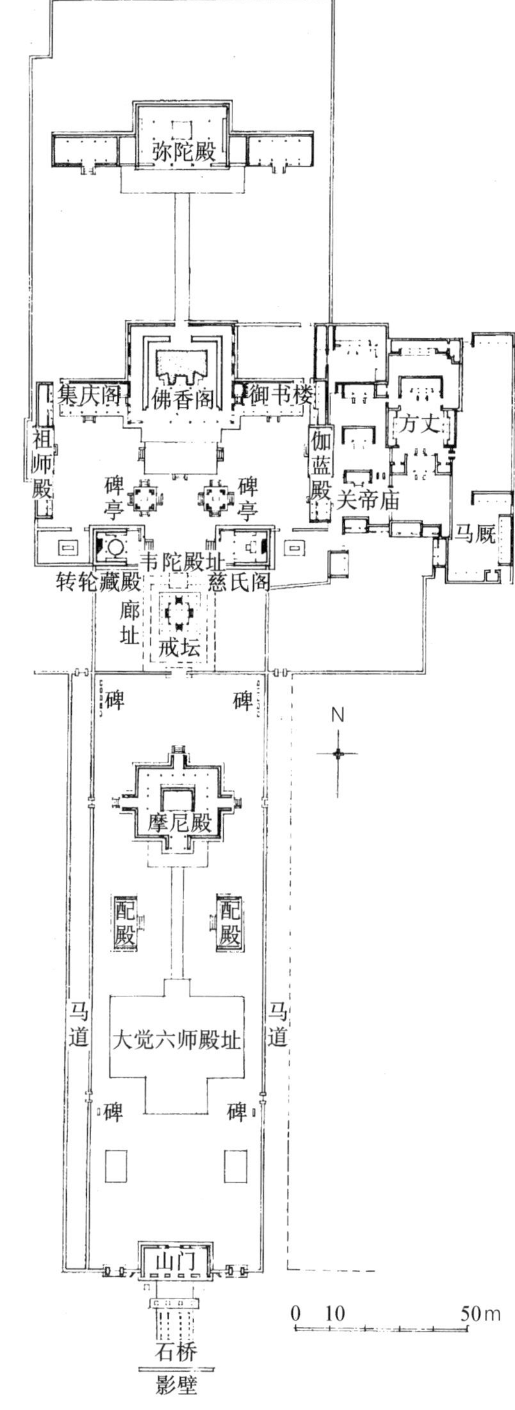

河北正定隆兴寺总平面图

来源：郭黛姮主编《中国古代建筑史》第三卷　宋、辽、金、西夏建筑（第二版）

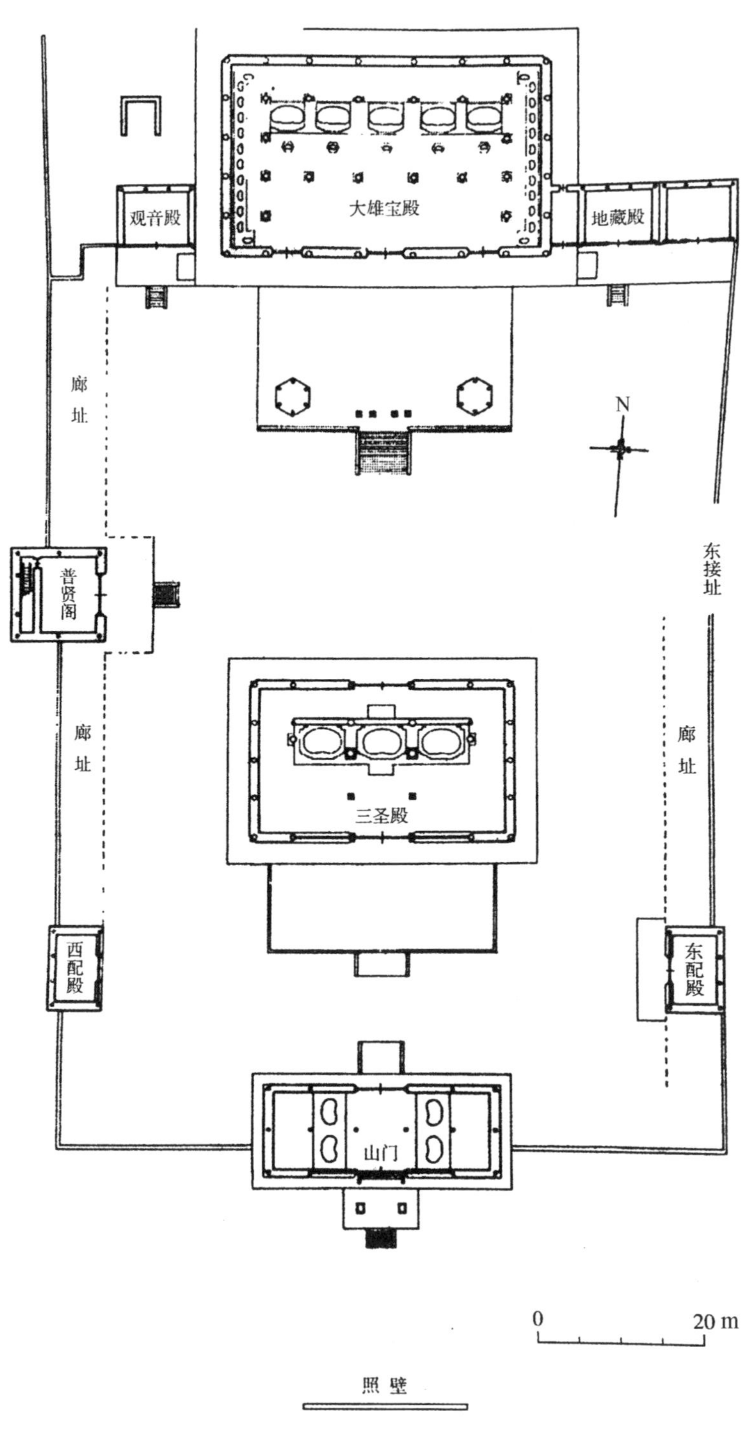

大同善化寺平面
来源：梁思成、刘敦桢《大同古建筑调查报告》

东瀛，对日本禅僧造园有着相当的影响。（郭黛姮《伟大创造时代的宋代建筑》，载《建筑史论文集》第 15 辑）

寺院园林遍布全国各处，往往位于优美独特的自然环境中，宋赵抃诗道："可惜湖山天下好，十分风景属僧家。"人工景观与天然景观圆融合一，内外渗透，山水的经营传递出恬淡无我的精神气质，成为中国自然山水园独特的一流。而建筑组群部分吸收儒家文化，园林部分吸收道家文化后，宋代禅宗寺院园林环境又出现了新的境界。这时期，出现了著名的"禅院五山"，即杭州灵隐寺、净慈寺，余杭径山寺，宁波天童寺、育王寺。一些寺院以松林做凡圣的过渡，如"二十里松林天童寺""十里松门国清寺""九里松径灵隐寺"。一些寺院以溪流作空间的引导，"如灵隐、天台乃至山西高平开化寺。溪上架桥，建亭，成为参拜之路的若干小憩之处"（郭黛姮:《十世纪至十三世纪的中国佛教建筑》，载《建筑史论文集》第 14 辑）。

（三）伽蓝七堂制

"伽蓝七堂制"据传是禅宗的寺院规制，但尚存疑。按照百丈清规，禅宗寺院"不立佛殿，唯树法堂"，但在宋代，佛殿再次出现在禅寺中。所以宋代"七堂"一般指山门、佛殿、法堂、方丈、僧房、浴室、便所。规模较大的寺院还有讲堂、禅堂、经堂、塔、钟楼等。

北宋（公元 1102 年）修订的"禅苑清规"中设立专务佛殿事宜的"知殿"，可见佛殿又在禅寺中普遍存在了。佛殿的活动则随着法堂职能的减弱而增强。至宋代末期，佛殿逐渐成为禅寺的中心。……其次，祖堂之设也应是源于禅宗，按《禅苑清规》中"新住持入院节"言，祖堂应在五代，即禅宗分为五个支派之际产生于禅寺的。至宋代，祖堂在禅寺内已成为普遍的定制，且祖堂与伽蓝堂的格式也在此时形成。宋代祖堂与伽蓝堂当置于禅寺法堂两侧，在某种意义上显示了早期法堂的重要地位。此时，还存在“东钟楼、西经藏”相峙的格局。经藏在禅寺的存在与禅宗的“禅教合一”思想相一致，按佛家“尊经以尊佛也”，又佛、法、僧被视为佛教三宝，其中法即指经，是与佛同须尊供起来的。（赵文斌:《中国佛寺布局演化浅论》，载《华中建筑》1998 年第 1 期）

禅宗“五山十刹”多是这种类型，代表性的为杭州灵隐寺、宁波天童寺等，佛寺通常坐北朝南，以中轴线布置宗教礼仪性的主建筑群，日常生活使用的附属建筑分设两边。轴线上的殿堂建筑大致按以下顺序排列：山门—弥勒佛殿—大雄宝殿—本寺主供佛殿—法堂—藏经楼（阁）。大型的寺院在中轴线东西两侧还对称建造配殿和附属设施，配殿通常有钟楼（东）、鼓楼（西）、伽蓝殿（东）、祖师殿（西），附属建筑包括客堂、禅房、斋堂、寝堂、浴堂、寮房、西净（卫生间）、放生池等，寝堂等生活设施按内（出家人）东，外（居士）西的原则安排。有的寺院还有一条以大僧堂为核心的与中轴线垂直的轴线，形成十字形轴线布局。按照这个秩序，寺院形成了一组规模宏大且排列有序的建筑群。

佛殿居中心，道忠（日僧无著道忠）把这中心位置比作人体的心；僧堂是僧人日常坐禅的场所，僧堂与佛殿的布局关系，正可比喻成人的头脑与心脏的关系，僧众通过在僧堂和佛殿内修行而将佛法了然于心，进而修炼成佛。

禅宗寺院出现这种布局，与其主张“心印成佛”的教理恰好吻合，因此南宋禅宗寺院平面正是禅宗哲学思想的反映，是中国佛教寺院中最直接表达宗教教理的布局形式，具有重要的理论意义。（赵文斌:《中国佛寺布局演化浅论》，载《华中建筑》1998 年第 1 期）

第六章　元代佛教建筑

一、元代佛教

蒙古人于公元 1279 年消灭南宋，征服整个中国。蒙古是多种宗教信仰并存的帝国，“元朝虽以藏传佛教为国教，但对其他宗教如汉地佛教、儒教、道教，乃至外来的回教、基督教等，也不排斥，取宽容姿态。汉地佛教与藏传佛教有许多共同点，作为佛教一般均为历代帝室所崇尚”（任继愈:《中国佛教史》)。

从成吉思汗时起，蒙古统治者就试图把喇嘛教作为联系西藏上层的重要纽带。西藏归顺蒙古后，忽必烈特别支持萨迦派的发展。建都燕京后，以八思巴为国师、帝师，统领天下释教，推动了喇嘛教在藏、蒙和北方部分汉民地区的传播。在大一统的国家内，空前密切了藏蒙、藏汉等各族之间的思想文化交流，加强了西藏和中央政权的联系。

从八思巴开端，终元之世，历朝都以喇嘛为帝师。新帝在即位之前，必先就帝师受戒。帝师也是元中央的重要官员，领中央机构总制院事。总制院后改称宣政院，是中央管辖全国佛教和西藏地方行政事务的机构。因此，帝师不只是喇嘛教和西藏地方的领袖，而且也是全国佛教的首脑。此外，中央又在南宋都旧杭州设置江南释教总统所，任命喇嘛僧统理，直接管辖江南佛教，后并入宣政院。喇嘛教统治着全国佛教。

喇嘛僧在元代享有各种政治、经济特权。……喇嘛教上层实际上成了元代的一个特殊阶层。……元王朝最终也陷进了喇嘛教的腐败之中，其中内宫丑闻迭出，是表现之一。

元统治者之所以大力扶植喇嘛教，最初的用意在于把它作为沟通西藏关系，羁縻边远居民（包括畏兀儿等）的手段。……事实上，信仰的成分甚少，主要是出于“因其俗而柔其人”的政治目的。另外，元王朝作为少数民族上层建立的政权，也有意使喇嘛教在控制汉民族中起作用。（任继愈:《中国佛教史》)

由国家出资修建的皇家寺庙，即所谓敕建佛寺大量兴建，规定每寺住僧约 300 人，并将大量田地给予寺院。敕建佛寺在元代政治中有着重要地位，朝廷的很多仪式活动都在此举行，还有定期性的仪式接纳各阶层民众普遍参与，从而也肩负了社会整合的功能。

汉地佛教以禅宗为主，盛行江南，另还有天台、华严、白云、白莲等宗派并行。

在元代，佛教虽然受到尊崇，教义却没有获得长足的发扬。而寺院经济在短时期内的畸形蓬勃发展，“由于帝室对佛教的多方庇护，一些寺院大量兼并土地，甚至公然侵夺公田、民户。……元代寺院除经营土地，也从事各种商业、手工业活动，各地当铺、酒肆、碾硙、货仓、旅店、邸店等多为寺院所有，比之宋代还要活跃”（任继愈:《中国佛教史》)。

二、元代佛教建筑

元代经济、文化发展趋于停滞，建筑业退步明显。蒙元建筑继承金代，工程技术水平低，更加减省木构架结构，多用原木材料，且依赖汉人工匠营造，大部分建筑简单粗糙，再与民族性格相结合，遂造成粗放不羁的建筑特点。蒙古人喜好白色，故白色琉璃瓦为一时之风。

随着元朝统治扩张，外来的佛法及佛教建筑及艺术形式在内地蔓延开来。据孙悟湖在《元代藏传佛教对汉地佛教的影响》一文中所说：

尼泊尔人阿尼哥随八思巴来到内地传播佛法，留下了许多尼泊尔式和藏传佛教式的建筑杰作。如北京的白塔，就是阿尼哥设计建造的。元代在北京建造有圣寿万安寺、大天寿万宁寺、大护国仁王寺、大崇恩福元寺、大承华普庆寺、大天源延圣寺、大觉海寺、大寿元忠国寺等藏传佛教寺院10余座。此外，“西及成都，南至杭州”，都有“西藏化的佛殿佛像”。

因此，元代的佛教建筑便成为汉、藏、蒙为主的多种文化、习俗因素综合影响的结果，成为元代佛教建筑特色所在，为后世留下了不少汉藏合璧的佛教建筑群落。著名的遗迹有上述北京的白塔寺，是藏传佛教格鲁派寺院，面积达16万平方米。还有北京护国寺，为北京八大庙之一，寺前后五进。院中碑刻甚多。

元代建设的佛教寺院既受藏传萨迦系寺院的影响，又受汉地寺院伽蓝格局的影响，于是形成两种不同的形式：一种是和其他佛寺类似的合院式木建筑；另一种是来自于西藏的碉房式石建筑。雍和宫和东、西黄寺属于前者，颐和园后山的一组喇嘛寺属于后者。

合院式木建筑佛寺平面布局受汉地寺院影响较大，有些局部的变化，例如北京雍和宫的后部采用万福阁、永康阁、延宁阁三殿并列的布局，用复道将三个高大的楼阁连接，气势十分恢宏。木建筑的喇嘛寺大殿以后的部分常有高大而雄伟的建筑，可以说是元代的特色。

另有与汉地禅寺不同的布置是寺院主持居所的位置。禅寺的主持居处称为方丈，往往位于寺院中轴线的北端。据姜东成在《元大都敕建佛寺分布特点及建筑模式初探》一文中所说：“在藏传佛寺中，活佛住所称为拉章，并不在寺院轴线上，如萨迦南寺中仁钦岗拉章、拉康拉章皆在寺院中央大佛殿之东南方。”

另有些佛寺传承藏传佛教寺院的曼荼罗空间图式。曼荼罗是印度教与佛教独有的神秘空间图式，意译为“坛”“坛场”“坛城”“轮圆具足”“聚集”等，具中央集聚之义。在藏传佛教中，曼荼罗指修炼、做法的场所。

按照曼荼罗空间图式布局的佛寺，如上述姜东成一文中所说：

寺院中央多为一座高大宏伟的大佛殿，象征曼荼罗空间中央之须弥山，四周十字对称地布置诸佛菩萨殿堂，象征世界四大部洲，四角布置四塔象征须弥山周围的四大护法天王。创自8世纪的吐蕃前弘期中心佛寺桑耶寺，是最早体现曼荼罗宇宙图式藏地寺院。其后藏传佛教寺院虽布局各异，但均为曼荼罗的三维表现。

藏传佛寺佛殿形制一般都按“都纲法式”进行设计，都纲法式是曼荼罗宇宙图式的程式化表现，体现“聚集”与“道场”之义。按都纲法设计的殿堂平面多呈方形，由一个中心空间向四周层层扩展。

元大都大崇恩福元寺、大承华普庆寺的佛殿布局与形制均按曼荼罗空间图式进行设计。中央大佛殿内供奉主佛，象征宇宙中心须弥山，在四隅各有一座佛殿，内供四方佛，象征四大部洲。四隅佛殿间四座八角楼，象征四方、四色、四智及四天王等。

大崇恩福元寺四隅佛殿“四出翼室”，属围绕中央空间层层环聚的空间格局，与藏传佛教寺院殿堂“都纲法式”形制完全一致。

在元代佛寺中出现了一些有时代特色的建筑单体或元素。

如藏传佛教寺院极具特色的标志，亦称作嘛呢杆的番竿，番竿高耸入云，上悬驱邪镇魔的嘛呢幡。

寺庙中设置角楼也是元代兴起的，不但始建于至元五年（公元1339年）的萨迦派宗教圣地萨迦南寺方形城垣的四隅设有角楼，而且据《元代画塑记》记载，大圣寿万安寺、大崇恩福元寺、大天源延圣寺等寺院四角也都建有角楼。四隅角楼据说代表四大天王，可从印度早期的寺院形式找到根源，后来成为藏传佛教的传统。

元大都的宫殿与敕建寺庙中出现了“水心阁”的做法，即水中立阁，或立亭，或立殿，这种形式在以前的汉、藏佛寺中均未见，但在元大都兴圣宫、隆福宫及西御苑中都出现了。据姜东成的推测：“元大都大内宫殿与敕建佛寺中都有水中立殿宇亭阁的做法，可能与蒙古民族逐水草而居的生活方式有关。”

元朝佛寺中还出现了一个特殊的建筑——九曜殿，也是以前的汉、藏佛寺中没有的，是蒙古的祭天习俗与藏传佛教融合产物。九曜殿即为祭天的场所。

喇嘛塔又名覆钵式塔、藏式塔，俗称和尚塔，是由印度的窣堵坡演化而来的，形式不同于其他佛塔。元代以前，中国佛塔的建造以楼阁式、密檐式、亭阁式为主，元代时这种喇嘛塔大规模兴建，是中国现存数量较多的一种古塔。北京的妙应寺白塔就是一座由尼泊尔工匠设计建造的喇嘛塔。

藏传佛寺兴建同样重视风水，选址要由精通天文历算的喇嘛根据风水来完成。元朝的佛寺多建于山水佳美、生气旺盛的自然环境中。而敕建佛寺的选址还迎合了游牧民族渔猎游乐的喜好。

在元代，除了建筑以外，藏传佛教的绘画、雕塑等其他艺术形式在传播中也与内地的艺术融合形成独具特色的风格。佛像塑造及雕刻艺术由汉式佛像转为梵式佛像，并由北方流传至江浙一带。佛像中喇嘛教题材造像丰富多彩，其中作男女相抱形的“欢喜佛”是喇嘛教艺术所独有的形象。而菩萨造像也形式多样，有文殊、普贤狮子吼观音、救度母等，多作多面广臂式。

第七章　菩萨道场

菩萨是“菩提萨埵摩诃萨埵”的略称，“菩提”是觉悟，萨埵是“追求者”，摩诃萨埵是伟大的人，即追求觉悟的伟大人之意。

部派佛教中的菩萨具有特别意义，因为菩萨是已经具备成为佛陀条件的人。普通人不能称为菩萨，一旦达到菩萨的高度，应该完成修行，入涅槃。

大乘佛教就不一样，菩萨是已经完成修行的人，但为了救济众生，继续留在人间。在这样的思想背景下，大乘佛教创造了成千上万的佛和菩萨的世界，这给佛教建筑和艺术提供了很多新题材。

一、佛教四大名山——菩萨道场

中国佛教的四大名山是在历史中形成的，五台山为文殊菩萨道场，峨眉山为普贤菩萨道场，九华山为地藏菩萨道场，普陀山为观音菩萨道场。它们并称为“佛教四大名山”应是明代之后的事。宋代官方认定的作为高等级寺院的“五山十刹”经元一代的动乱已经衰竭，到明代，国家稳定社会经济发展，汉传佛教信仰需要朝圣之地，四大名山应运而生。四大名山并没有规划在先，凭借很多代僧人、信徒的经营，凭借时间的打磨，佛教文化、建筑与自然融合成不可分割的独特场所精神，也形成整体性的布局特征，其中考虑到了游人香客的参拜游览路线，考虑到了食宿的配置。

因多是以舍宅为寺发端，且要顺应自然地势地貌，所以四

菩萨像1

菩萨像2

菩萨像3

菩萨像4

大名山的佛教建筑都是不刻板于规制的。院落布局的寺庙以内向聚合的布局，获得在崇山峻岭中的安全感和归属感。由于香客游人多居于庙中，所以寺院兼具了“宗教性的空间”和“世俗生活的空间”。以上种种反而造成了一种灵动的气质和丰富的体验。

但在现代中国的语境中，更多地被作为文化旅游地去对待，所以每个山都有所谓的“规划”，在这些规划中，佛教建筑是吸引游客的旅游资源，佛教的氛围是风景区的文化特征。和历史上相比，宗教性被一定程度地削弱。

（一）五台山——文殊菩萨道场

文殊是文殊师利的简称，意为“妙德”“妙吉祥”。《文殊师利涅槃经》中说：他是释迦牟尼的大弟子，本是舍卫国一个婆罗门贵族家中的公子，离家投奔释迦牟尼学道，修成菩萨身，被尊为菩萨之首。文殊又被称为“大智”，代表智慧。常与普贤菩萨并列于佛祖两侧，合称为“华严三圣”。文殊本尊形象为金色童子形，所以亦称文殊师利童子，坐骑为青狮，表示智慧之威猛；手持宝剑，表示智慧之锐利。

据传东汉摄摩腾、竺法兰在中国传佛教，途经清凉圣境五台山，见其山形地貌与释迦牟尼佛的修行地灵鹫山相似，返回洛阳后就奉请汉明帝在五台山上修建寺院，遂开始五台山作为佛教道场的建设。

五台山被肯定为文殊菩萨应化的道场，最早的根据是晋译《华严经》卷二十九《菩萨住处品》。经文说：“东北方有菩萨住处名清凉山，过去诸菩萨常于中住，彼现有菩萨名文殊师利，有一万菩萨眷属，常为说法。”（隆莲：《五台山》，载《法音》1981 年第 2 期）

据《古清凉传》所载，五台山最早的寺庙是北魏时建的佛光寺、清凉寺和大孚图寺（即今显通寺）。“推测五台山的开发似在佛光建寺以后。以入山的远近论，三寺的建立，应先佛光，次清凉，后大孚。三寺皆北魏孝文时（公元 471—499 年）建，当时五台的佛教已很盛。”（隆莲：《五台山》，载《法音》1981 年第 2 期）经历代修建，五台山成为佛教四大名山之首，寺院多达 360 多座，至今保留 68 座。主要有唐代建筑南禅寺、佛光寺、罗睺寺，宋代建筑洪福寺，金代建筑延庆寺、岩山寺，元代建

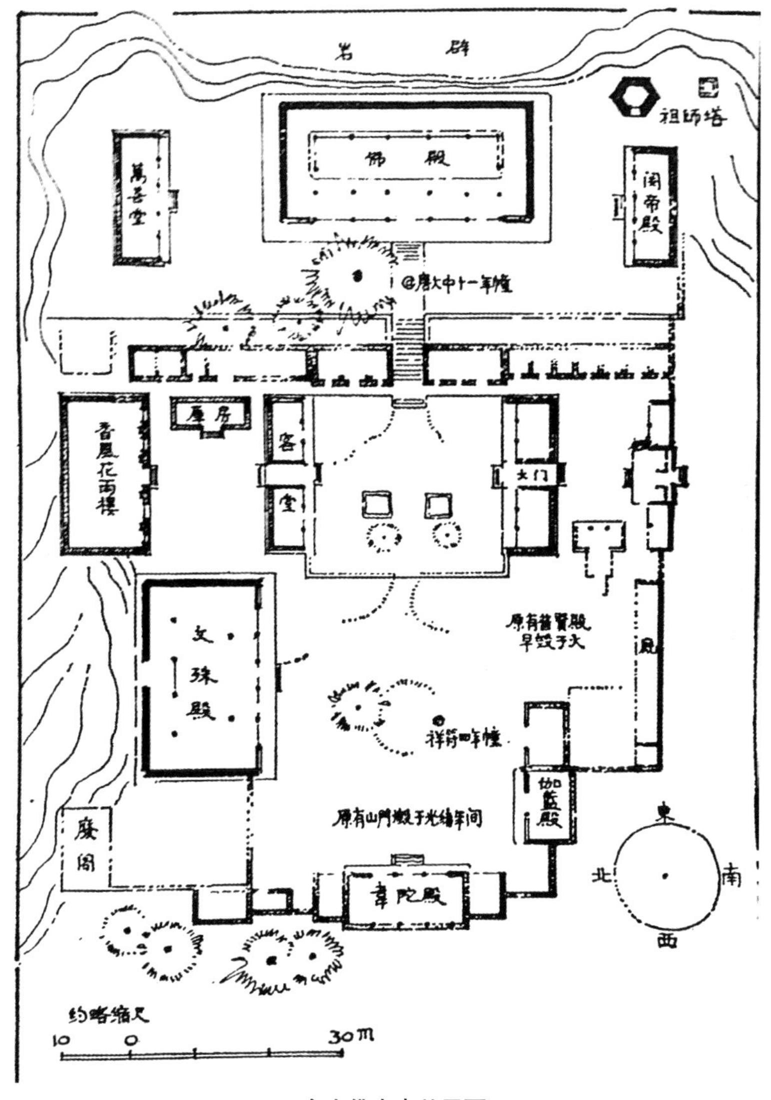

五台山佛光寺总平面
来源：《梁思成文集》

筑广济寺、三圣寺，明代建筑殊像寺、显通寺、塔院寺、圆照寺、碧山寺，清代建筑菩萨顶、镇海寺，民国建筑南山寺、普化寺、龙泉寺、金阁寺、尊胜寺等。历史上的几次灭法，五台山也无法幸免。

五台山的佛教建筑群是历经千年形成的，在时间的长河中，建筑也经历着生、住、灭的轮回，但佛教建筑群与自然群山共同构成的五台山，其佛教圣地的位置至今屹立不动，而在世俗世界中，其人文文化遗产的地位也得到极大的尊崇。

（二）峨眉山——普贤菩萨道场

普贤菩萨，梵音译三曼多跋陀罗菩萨、三曼陀菩萨，又作遍吉菩萨，是将妙善、妙德、贤德普施一切众生之意。普贤菩萨通常供奉于大雄宝殿释迦牟尼佛右边。文殊又被称为“大行”，代表愿行。《华严经·普贤行愿品》卷四十，说普贤十种广大之行愿，即：礼敬诸佛，称赞如来，广修供养，忏悔业障，随喜功德，请转法轮，请佛住世，常随佛学，恒顺众生，普皆回向。

《华严经·普贤住处品》中记载：“西南方有处名光明山，从昔以来，诸菩萨众于中止住。现有菩萨名曰贤胜（普贤）与其眷属3000人，常在其中而演说法。”峨眉山与《华严经》所记普贤住地十分相似，从东晋时便被当作普贤菩萨道场，至宋代由朝廷钦定为普贤菩萨的应化之地。普贤的坐骑白象，是愿行广大，功德圆满的象征。

峨眉山是大峨山、二峨山、三峨山的总称。位于四川中南部的峨眉境内。主峰古佛顶之金顶海拔3099米，山下的平原地区海拔400余米，相对高度在2600米以上。

峨眉山不仅是一座佛教名山，还是道教有名的“洞天福地”之一。峨眉山所以成为天下名山，这与佛、道二教在1000多年间用心经营分不开。

峨眉山寺庙建筑，盛极时曾有大小寺庙70余所，目前尚残存20多所，多系明、清建筑。100多平方公里的区域，整体布局虽是自然慢慢形成的，但具有内在的合理性，考虑到人可能以最少的路径参拜到各个庙宇，几天的行程不但食宿无虞，且每天的体验也不重复枯燥。

自报国寺至金顶是以道路（线）来串联各个大庙（点）；大庙间又串联了若干个小庙（如雷音寺、遇仙寺等）；大庙本身又分别连系若干个风景点（如仙峰寺连系九老洞、天皇台）。从而形成了以大庙为中心，景色各异的自然景区（面）。“庙以景胜，景因庙异”。无论大、小庙都是朝山者食宿和顶礼膜拜点。（沈庄：《峨嵋山建筑初探》，载《建筑学报》1981年第1期）

一些寺庙选址于有特征的自然景物，如清泉、巨石、古树、深穴旁，或凭借古迹，“因形取势，借物立意”（沈庄语），寺庙建筑精巧的与“境”相和，如遇仙寺以岩洞立意，神水阁尊泉石布局；或引取佳境，“借景得景，收嘉屏俗”（沈庄语），建筑通过空间布局得以充分而巧妙的纳入美景、美音。同时野境荒山也因建筑而有了人文气息、产生了场所感。

（三）九华山——地藏菩萨道场

地藏菩萨梵音译为“乞叉底蘖沙”，据《地藏十轮经》载，地藏的名号来自于“安忍不动犹如大地，静虑涂密犹如宝藏”。在所有菩萨当中，地藏菩萨代表着宏大誓愿和自我牺牲的精神，他的坐骑名叫谛听，是通灵神兽。佛经中说他受释迦牟尼的嘱托，在释迦圆寂入灭后而弥勒佛尚未降生之前，教化六道轮回中的众生，拯救一切苦难。因被赋予“幽冥教主”的身份，且与中国传统文化的孝道完全一致，所以地藏信仰在中国广泛流行，在民俗化的信仰中成为尤其重要的膜拜对象。

由地藏菩萨发展出地藏信仰是一个比较长的历史过程，“地藏菩萨名在公元三世纪中叶已传入中国，至少在四世纪末五世纪初已成为一个比较重要的菩萨，……在实物方面，中国有确切纪年的地藏菩萨像出现于公元七世纪中叶”（尹富：《地藏菩萨及其信仰传入中国时代考》，载《四川大学学报》（哲学社会科学版）2006 年第 2 期）。地藏菩萨造像在敦煌、龙门中屡有出现。隋唐时期的三阶教曾以地藏菩萨为主尊。李白即曾作过《地藏菩萨像赞》。盛唐以后，特别是密宗兴起后，地藏菩萨像渐多。

大约唐末宋初，以地藏菩萨作为主尊的地藏殿较广泛地出现于各宗派佛寺中。较大的寺院，在地藏殿的两侧还要塑出“阴间十王”的形象。地藏殿一般位于佛寺的后部，主供地藏菩萨，是佛寺的重要配殿之一。一般寺院的钟楼内也供奉地藏菩萨。中国佛寺中地藏菩萨像一般是结跏趺坐，右手持锡杖，表示爱护众生，也表示戒修精严，左手持如意宝珠，表示满足众生的愿，也有的是立像。侍立在地藏菩萨左右的是闵文公、道明父子。

九华山位于皖南山区北部，濒临长江南岸，面积 100 多平方公里，9 座主峰如莲花盛放，最高峰海拔 1342 米。据传地藏菩萨化身原为新罗国王族，唐代时渡海来到中国，幽栖九华山中，因此九华山作为地藏菩萨道场而闻名于世。

九华山中最古老的寺庙建于东晋，至唐末，陆续修建了九子寺、妙峰寺、圆寂寺、净倍寺、崇圣寺、慈仁寺等 13 座寺庙。高僧有胜瑜、道明、智英、道济、超永、卓庵等。晚唐时禅宗传入九华，南宋道济即禅宗高僧。宋代，九华山寺院已达 50 余座。明、清二代，九华山佛教进入隆盛时期，寺庙多达 300 余座。

九华山的寺院布局依山就势，利用九华山，“东为背，西为面，天台为首，化城为腹，五溪为足”的地理风貌，从五溪开始，以九华盆地为中心，经闵园直至天台正顶。

九华山的寺庙少有规模庞大的，庙宅合一的多见，采用皖南地区的传统建筑手法和材料，风格受皖南民居的影响，即便是规模较大的寺院，仍保持着民居的格调。“一些规模稍大的寺庙，因主殿开间进深较大，为了采光及通风的需要，亦采用皖南民居的传统手法，在主殿前设开敞式的内天井，殿前不设门窗槅扇，佛殿与进门的前厅贯通一体，取得了互相借用和扩大空间的效果。如九华街的龙庵及天台途中的古拜经台等均属此例。”（张振山：《九华山建筑初探》，载《同济大学学报》1979 年第 4 期）

我国寺庙建筑一般均强调庄严、雄伟、轴线对称的布局，但九华独未沿袭，而根据复杂的地形，不同之坡向，当然还掺杂了一些“风水”迷信等因素，因地制宜地进行了精心而大胆的安排，造成丰富多变的布局和地方格调相结合的统一体。（张振山：《九华山建筑初探》，载《同济大学学报》1979 年第 4 期）

寺院布局的轴线巧借山体，依山就势，殿堂选址充分利用台地，建筑高低错落、疏密有机。如祇园寺“由灵宫殿、弥勒殿、大雄宝殿、客堂、斋殿、库院、退居寮、方丈寮和光明讲堂 9 座单体建筑组成，分别部署在四层台基上，第一层台基高 5 米，建设灵宫殿、弥勒殿、客堂、斋堂和退居堂，第二层台基高 2 米，建筑大雄宝殿，第三层台基高 6 米，建有方丈寮和库院，第四层台基高 3 米，上筑光明讲堂。其虽按山门—天王殿（弥勒殿）—大雄宝殿—其他配殿格式布局，但手法有变，该寺院山门、天王殿偏离大殿的中轴线，因地形而异，转折弯曲，渐次升高，整体建筑鳞次栉比，布局紧凑，群层次分明。”（张邦启：《九华山寺庙古建筑群建筑特色》，载《池州学院学报》2009 年第 1 期）

前山部分以九华街组织寺庙，所以其沿街的寺庙或正面向街道，或以山门由轴线扭转以迎向街道，或由九华街入口开始构建曲折的流线而寺庙轴线自成一体；而著名的华成寺，则面对九华街设不大却开敞的以放生池为中心的寺前广场。

因九华的自然地貌特点，重岩叠嶂，与山岩的巧妙结合成为九华寺庙令人耳目一新处。一些寺庙建于山巅或峭壁，“上百岁宫庙址位于山巅，大小演示凹凸散立，后部又嵬岩直下，地形变化甚多，营建者把整栋建筑屋顶采用同一高度，但墙基线则随山势的高下附着于岩石，远望天际轮廓整齐，墙身挺拔有力，犹如一座厚重的实体覆卧于蜿蜒峰巅之上……其内部空间及层数顺随着山势而异，南入口在山巅，大雄宝殿为一层，但穿过数进，随山势逐渐向下，出后门回首仰望竟有四五层之高，其内部空间变幻亦甚自然”（张振山：《九华山建筑初探》，载《同济大学学报》1979 年第 4 期）。还有一些寺院就将山岩围入室中，用作墙壁、水池甚至便所，颇合佛法的“随缘”和“不着相”。

（四）普陀山——观音菩萨道场

观世音菩萨简称为观音，又称观自在菩萨、光世音菩萨。观世音菩萨是西方极乐世界教主阿弥陀佛的左胁侍，其主导的大慈悲精神，被视为大乘佛教的根本。观世音菩萨无论在大乘佛教还是在民间信仰，都具有极其重要的地位，来到中国后，经过漫长的过程，到唐宋时形成了汉化观音菩萨。

在中国大乘佛教信仰圈中，观音是最为著名的菩萨，观音菩萨的信仰千百年来早已在中国广泛流传，“家家弥陀佛，户户观世音”。观音是中国化程度最深的一位菩萨，所以全国各地都有观音道场。

普陀山系舟山群岛中的一个小岛，形似苍龙卧海，面积近 13 平方公里，素有“海天佛国”“南海圣境”之称，是我国最著名的观音道场，佛教圣地。

据传晋太康年间已有佛教信徒登临普陀山，因其自然环境与佛教诸经所载观音胜地相似，历史上不断有人登山寻访圣迹。历史上著名的日本僧慧锷三次入唐，第三次在五台山请得观音圣像一尊，途经普陀山，遇风涛舟不能行，在此地建寺院——“不肯去观音院”。

后历代在皇家和民间的资助下，不断兴建香火日旺。全盛时期，曾有近百家庵院，过百家茅棚，僧民近 5000 人，普陀山成为观世音之胜地。每年农历二月十九观音诞辰日，六月十九观音得道日，九月十九观音出家日，四方信众集聚普陀山，大兴佛事，绵延千余年，使普陀山积淀了深厚的佛教文化底蕴。

普陀山有普济寺、法雨禅寺、慧济禅寺等著名寺院。普济、法雨两寺更是堪称“伽蓝七堂”的经典。

普济禅寺，又名“前寺”，前身即是原建在潮音洞上的“不肯去观音院”，后梁贞明年间迁到灵鹫山麓。寺始盛于宋代，占地近 2 万平方米，建筑面积超过 1 万平方米。

普济寺背靠峻峭山岭，自南向北有六进殿堂贯穿在一条中轴线上，共有殿宇等各类建筑计 200 多间。因寺前地势开阔平坦，为彰显曾作为“教院五山十刹”之一中华名寺的气派，寺庙前部建筑延展，寺前放生池也大于其他寺院，池上并列三桥入寺，主桥中建御碑亭。寺的主体建筑顺山势渐次升高，且建筑规制很高，多是重檐歇山屋顶。山门面宽五间，正山门平时关闭，

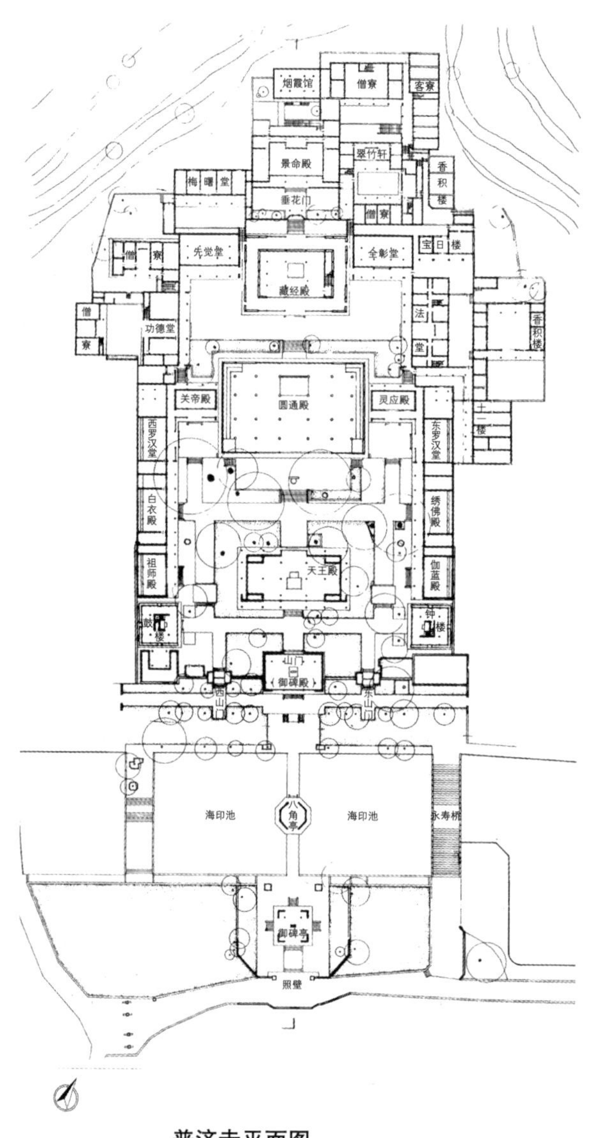

普济寺平面图
来源：孙大章《中国佛教建筑》

僧众从东山门进出。僧人圆寂后由西山门出寺。第二进天王殿，面阔五间。两殿之间东侧钟楼，西侧鼓楼。第三进即普济寺主体建筑圆通殿，殿堂宽大，面阔七间，进深六间，据称可容千人。主殿两旁建有配殿，文殊殿居东，普贤殿居西，两侧回廊是罗汉堂。圆通殿几乎采用了宫廷建筑之外的中国建筑顶级规制。主殿后的二层楼阁兼法堂与藏经楼。其两侧又有配殿，普门殿居东，地藏殿居西。再后依次为东、西客堂，五开间的方丈殿，殿东为库房，殿西为办公室，功德殿及斋堂、僧舍等。院落组合结合地形地势和功能活动，张合有度。正山门至藏经楼之间，是一个缓坡，建筑间距比较大，形成了较大的院落空间，以便佛事活动的开展。而僧人的生活区，活动空间不需开阔，建筑排列就相对紧凑。

法雨禅寺创建于明万历年，占地也有 1 万多平方米，现存殿宇近 300 间。整座寺庙依山势，分为六层台基建设，入山门后逐层升级，中轴线上列有天王殿、玉佛殿、观音殿、御碑殿、大雄宝殿、藏经楼、方丈殿。天王、玉佛两殿之间左右有钟鼓楼。

其中的观音殿又称九龙殿，面阔七间，屋顶为重檐琉璃顶，上檐九踩斗栱，下檐五踩斗栱，是普陀山建筑规格最高的殿宇，在国内寺院中也属翘楚。

慧济禅寺，俗称佛顶山寺，初建于明代，坐落于普陀山最高处——佛顶山上，原为慧济庵，清代扩庵为寺。寺占地 6000 多平方米，寺因山制宜，因此平面布局不规则，呈江南园林特色。有殿四座，堂七所，楼阁七幢，以及方丈室，库房等共 140 余间。简朴的山门后，是硬山顶的天王殿，后依次为大雄宝殿、大悲殿、藏经楼、玉皇殿、方丈室等。

除了三大寺，普陀山的传统佛教建筑很多是所谓“庵堂”形式。

庵堂，是普陀山传统建筑形式之一。根据分布特点，可以认为庵堂是普济、法雨两寺文化辐射作用的结果。它往往由寺庙出资或寺庙僧众社会化缘筹资建造，与寺庙存在从属关系，但又相对独立。庵堂有庵院和堂室两种形式，区别在于前者基本功能以供佛为主，有独立佛殿。后者以僧寮（出家师父居处）为主，没有独立佛殿，只是在正屋明间辟出佛堂供佛。……（普陀山传统庵院）一般由山门、佛殿及两侧厢房围合成院，多取山前台地为基，前后空间往往受到局限。即便后续有拓展要求，也只得向两侧发展。个别地势开阔，或开发佛殿后山坡地形成前殿后堂三进两院格局。（陈舟跃:《海天佛国普陀山历史建筑》，载《中国文化遗产》2011 年第 1 期）

民国前，庵院佛殿建筑的规制是受到严格限制的，“只能采取面阔三间、双坡硬山形式”，以示等级低于官方认定的寺庙。

普陀山还有所谓的“茅蓬”，不是用来在野外避世苦修的小茅草屋，而是类似民居的小型佛教建筑。“茅棚建筑形同民居，式样各异，有一屋一院，也有数屋成院。建筑多半采用穿斗结构，青瓦屋面。明间佛堂，次间、厢房起居。……茅蓬建筑民间筹资，民居形式。虽然后期由普济、法雨两寺发给供养，统一管理，但其文化渊源仍在民间。”（陈舟跃:《海天佛国普陀山历史建筑》，载《中国文化遗产》2011 年第 1 期）

普陀山观音信仰文化实际是以舟山海域环境特点决定的舟山民间信仰文化为基础，结合中国佛教文化，植入朝廷为代表的官文化这三种文化元素的结合体。与之对应，普陀山历史建筑呈现出茅蓬、庵堂、寺庙三种形式。文化背景不同，建筑规制迥异，之间等级森严。（陈舟跃:《海天佛国普陀山历史建筑》，载《中国文化遗产》2011 年第 1 期）

二、其他观世音崇拜的佛教建筑

（一）中国香山寺

据佛教经典记载，佛教创始人释迦牟尼出生地迦毗罗卫国城附近有座山名叫香山，是大悲观世音菩萨得道之地，遂有“香山”之名，并随着佛教传入中国。因此，中国以观音崇拜为主的佛寺都称为香山寺。香山寺遍布中国各地，形成了一种独特的“香山寺”文化现象。

全国主要香山寺的大致分布见表 7-1 所列。

全国主要香山寺　　表7-1

省别	寺名	始建年代	备注
河南	平顶山香山寺	东汉	已恢复
河南	洛阳龙门香山寺	北魏	已恢复
河南	洛宁香山寺	东汉	现存多为清代建筑，且保存较为完整
河南	安阳香山寺	唐	历代均有修缮
河南	获嘉香山寺	未知	已恢复
河南	方城香山寺	未知	已无
河南	渑池香山寺	北魏	白居易曾重修，现恢复
陕西	铜川大香山寺	东晋	已恢复
陕西	陇县香山寺	唐	已恢复
陕西	周至香山寺	宋	已恢复
山东	东阿香山寺	金	仅存遗迹
山东	济南历城香山寺	唐	恢复中
河北	涞源香山寺	明	已恢复
山西	和顺香山寺	北宋	历代均有修缮，保存较为完整
山西	河曲香山寺	明	历代均有修缮，保存较为完整
山西	闻喜香山寺	明	历代均有修缮，保存较为完整
北京	北京香山寺	金	已恢复
黑龙江	宾县香山寺	清	已恢复
甘肃	安西香山寺	未知	未知
甘肃	天水香山寺	未知	未知
甘肃	平凉香山寺	宋	已恢复
内蒙古	赤峰香山寺	辽	历代均有修缮，保存较为完整
湖北	京山香山寺	未知	未知
湖北	赤壁香山寺	明	已恢复
湖南	宁乡香山寺	唐	历代均有修缮，保存较为完整
湖南	怀化香山寺	明	已恢复
贵州	遵义香山寺	未知	已恢复
贵州	安顺香山寺	未知	未知

续表

省别	寺名	始建年代	备注
贵州	江口香山寺	清	只剩局部
安徽	潜山香山寺	清	已恢复
四川	射洪香山寺	明	已恢复
江苏	镇江香山寺	明	已恢复
江苏	张家港香山寺	汉	已恢复
江苏	苏州香山寺	唐	已恢复
江苏	江阴香山寺	南宋	已恢复
江苏	扬州香山寺	东汉	未知
重庆	黔江香山寺	清	已恢复
浙江	绍兴香山寺	明	已恢复
浙江	温州香山寺	北宋	历代均有修缮，保存较为完整
浙江	武义香山寺	五代	已恢复
浙江	义乌香山寺	南朝	易址重建
浙江	宁波香山寺	唐	已恢复
广东	德庆香山寺	唐	仅留部分遗址
宁夏	中卫香山寺	明	已恢复
福建	翔安香山寺	北宋	已恢复
福建	福鼎香山寺	明	已恢复
福建	仙游香山寺	唐	仅留部分遗址
福建	清流香山寺	东晋	已恢复
江西	庐山香山寺	未知	已恢复
江西	广昌香山寺	未知	现存
江西	德安香山寺	未知	现存
云南	楚雄香山寺	未知	现存
云南	大理香山寺	未知	现存
台湾	彰化香山寺	1947 年	现存
广西	全州香山寺	唐	已恢复
广西	宜州香山寺	元	已无

观世音汉化过程完成的标志就是唐高僧道宣律师天人对话，感应观音肉身应化之地在河南平顶山香山，并讲述汉化观音的宿世因缘，在汉化佛教历史上具有一定的权威性。因此平顶山

香山寺也成为汉化佛教认定的“观世音得道证果之圣刹”。后来，随着佛教由中原向外传播，香山寺也在各地相继建立。

天竺佛教中的男身男相观音像进入中国后，起初是男身女相，后以女身女相的女菩萨定型为汉化观音。汉化观音有很多变化身，如千手千眼观音、四臂观音、四面观音、十一面观音、马天观音、准胝观音、如意轮观音等。其中千手千眼观世音作为重要的观音形象，在中国民间影响最大。中国的大部分香山寺供奉的是千手千眼观音。

海内最著名的香山寺有平顶山香山寺、北京香山寺和洛阳香山寺等。

（二）其他观世音道场

民间的“南普陀，北红螺”之称中，提及北方著名的观世音道场——北京红螺寺。拉萨的布达拉宫俗称“第二普陀山”，“布达拉”又译作“普陀罗”或“普陀”，或译“普陀珞珈”，意为舟岛，是具有鲜明的藏式风格、规模庞大、气势雄伟的藏区观音道场。另外著名的还有四川的广德寺和灵泉寺，厦门的南普陀。

四川的广德寺和灵泉寺被民间誉为“中国观音故里”。广德寺建于唐朝，曾获唐、宋、明朝 11 次敕封，被誉为“西来第一禅林”。现存为明代重建并经清代多次扩建所成。寺庙依山而建，以大雄宝殿为中心，左右对称，主次分明，有宋代布局风格。中轴线上有殿宇九重，东西配殿独自成院，大小殿阁塔坛共有 20 余座。中轴线上主要建筑有哼哈殿（山门）、圣旨坊、碑亭、天王殿、大雄宝殿、佛顶阁等。寺内现存文物有明代木构圣旨坊、唐代幽骨塔、北宋善济塔及建于宋、明、清几代的石碑。灵泉寺位于灵泉山，与广德寺隔江相望，始建于隋代。全寺为上、下两寺。下寺建有大雄宝殿、天王殿、文昌殿、古佛殿等 10 余座殿堂。上寺建有观音殿、祖师殿、眼光殿、观音阁等 10 余座殿堂。寺内林木苍郁，建筑宏伟。

南普陀寺位于厦门鹭岛山五老峰前，背山面海。始建于唐末五代，初称泗洲院，明重修改名普照寺。明末诗僧觉光和尚迁建于山前，殿堂院舍齐备，住僧常达百余众。清初又毁，康熙年间修复，增建大悲阁奉观音菩萨，更名为南普陀寺。

南普陀寺历来是临济喝云派的子孙寺院，民国时在内创办闽南佛学院，是国内最早的佛教学府。当代高僧太虚大师曾任方丈，主办学院。“文革”被毁，近恢复。

南普陀寺规模宏大，占地约 25 万平方米，建筑面积 2 万多平方米。有天王殿、大雄宝殿、大悲殿、藏经阁、钟鼓楼、功德楼、海会楼、普照楼、太虚图书馆、养正院、万寿塔等众多建筑，还有 7 座白玉如来佛塔和 2 座 11 层高的万寿塔。

第八章　弥勒信仰和阿弥陀佛崇拜的佛教建筑

一、弥勒信仰的佛教建筑

弥勒思想在中国始自南北朝时期，之后逐渐盛行。由于唐代后《阿弥陀》的译出，发愿往生西方净土的人越来越多，阿弥陀佛信仰超过了弥勒信仰。但弥勒思想一直影响到中国近现代。中国的弥勒信仰分为两派：一派为上生信仰，信仰现今于兜率天说法的弥勒菩萨，期待往生兜率天；另一派为下生信仰，相信弥勒将来下生到此世界时，于龙华树下三会说法以救度众生，而自己亦能生于此世界，于龙华树下听受说法而成佛，故有龙华三会之说。早期弥勒造像保持着印度风格，多是菩萨装，随着弥勒信仰的弘传不断向世俗化和中国化发展，演化出现在的大肚弥勒佛像。

隋以后，佛教各宗相继成立，弥勒信仰与各宗相互影响交融。弥勒信仰与弥陀信仰的主要内容都是净土信仰，而由于弥勒信仰内容过于庞杂，同时净土宗崛起，在一定程度上造成了弥勒信仰的衰微。而这一变化直接影响到弥勒造像的减少，影响到

弥勒雕像

未来佛雕像

佛教寺院弥勒像的位置和殿堂设置。

二、阿弥陀佛崇拜的佛教建筑

净土宗根源于大乘佛教净土信仰，是佛教的基本信仰，虽然源自古印度佛教，却是在中土才形成一个专门的宗派，为汉传佛教十宗之一。净土宗专修往生阿弥陀佛极乐净土，以信愿念佛为正行，肇始于汉晋时代的慧远大师，经唐代善导法师发扬光大，至今已绵延十三祖。自唐代后流传于中、日、韩、越等地，至今不衰。江西省九江市庐山东林寺被认作第一祖庭。

（一）庐山东林寺

东林寺位于江西九江市庐山西麓，周围群山环抱溪水回流，寺前是著名的虎溪。过虎溪桥，北行约百米，进第一道山门，可见传为慧远所植的罗汉松。过内院正门为护法殿，后为大殿。

东林寺建于东晋，是当地官员为慧远大师所立，其甘露坛为中国佛教重要戒坛。慧远大师在东林潜心佛学，广弘佛法，阐扬佛理，著述佛书，形成众僧云集，四海同归的局面。在公元 390 年创立中国佛教第一个社团——白莲社。

东林寺在唐代达到鼎盛，寺院规模宏大，据称曾有殿、厢、塔、庑共有 300 余间，门徒数千人，收藏经书万余卷，诗碑林立。鉴真大师第六次东渡前，至东林朝礼，将净土宗教义传至日本。

（二）苏州灵岩山寺

灵岩山寺地处太湖之滨，位于高 220 米的山上，耸立在青山绿水树间。据称灵岩道场的开端始于东晋司空舍宅为寺。南朝梁武帝年间，西域梵僧来寺开山，宋初改为禅院，明清均曾重修，后成为印光法师最后卓锡之地。

寺内主要建筑有山门、天王殿、大雄宝殿、念佛堂、藏经阁、灵岩寺塔、智积殿、钟楼、香光厅、印公塔院等，山门高耸。大雄宝殿内供奉高 50 多尺的佛像。念佛堂正门悬挂着印光法师手书“净土道场”四字，堂内供奉弥陀、观音、势至西方三圣像，周围是僧人打坐念佛的禅凳，楼上是藏经阁。灵岩寺塔是寺内最有特色的古建，为砖砌楼阁式，八面七级，始建于梁南宋重建，塔内空心，每层窗口各有石佛。

（三）山西交城玄中寺

玄中寺始建于北魏，是净土宗的发源地之一。

北魏时期，高僧昙鸾晚年移住玄中寺，宣传净土宗要义。隋末唐初名僧道绰、善导都曾主持玄中寺。唐代寺内所建“甘露无碍义坛”，同西都长安的灵感坛、东都洛阳的会善坛并称为全国三大戒坛。寺庙在宋、金时期多次毁于战火，元代重建，并得“玄中寺”之名。住持惠信重兴寺院，并广有土地山林，曾经下院多达 40 余处。明、清时期寺院多次得到重修和扩建，光绪年间沦为废墟。

玄中寺的现存建筑，除建于明代的天王殿和牌楼外，其余为清代或现代新建。中轴线上由南到北依次分布着天王殿、大雄宝殿、七佛殿和千佛殿等，从低到高，与山势融为一体。大雄宝殿面阔五间，单檐歇山式，正中供奉着阿弥陀佛木雕立像。七佛殿供奉释迦牟尼佛及在其以前出现的六位佛陀。千佛殿内供奉着 600 余尊小型坐式佛像。正中供奉“旃檀佛”。祖师堂内正面悬挂着昙鸾、道绰、善导三位法师的画像。寺内的墓塔为宋代遗物，塔高 2.31 米，是四方形的单层亭阁式石结构，直径 1.5 米的莲花塔基座上置须弥座式的金刚宝座，上起塔身，塔顶为四阿顶的传统形式。寺内现存历代碑碣 48 通，有北魏、北齐和隋朝的造像碑和唐的戒坛碑等。

中篇

中国古代佛教建筑

第九章　中国佛教石窟建筑

中国的石窟起初是仿印度石窟的制度开凿的，多建在北方的黄河流域。

古印度石窟介绍见附录 B。对于印度石窟的中国化，李崇峰先生有系统的论述，见附录 C。本书中重点介绍中国的著名古代石窟。

中国佛教石窟的开凿起始时间基本处于佛教初传中土的南北朝时期，以后各石窟延续开凿时间各不相同，但最少的也有几百年。南北朝时期佛教初传，人们得知“因果报应”，所以“北土佛图深怵于因果报应之威，汲汲于福田利益之举。塔寺遍地，造像成林”(汤用彤语)，开窟不绝。石窟主要分布在新疆地区(即古代的西域)、甘肃西部(即古代河西地区)、黄河流域和长江流域。按风水观点分析，石窟的发展起源于天山的龙脉上，从西向东推进。

新疆是中国接受佛教较早的地区，最早的拜城石窟——克孜尔石窟就在此地。新疆现存石窟寺遗址十分丰富，主要分布在天山以南自喀什向东的塔里木盆地北沿一线，大多数位于古代东西交通要道“丝绸之路”沿线，重要的有拜城克孜尔千佛洞，以及库车的库木吐拉石窟、森木塞姆石窟、火焰山胜金口石窟等。

敦煌位于甘肃，在古代的中国，一度是对外开放和交流的重镇。利用当地有利的地形地貌，从大约公元 4 ~ 14 世纪，经过十几个朝代的开凿，敦煌莫高窟不仅成为一处佛教圣地，河西走廊地区的佛教中心，也成为世界上现存规模最大的佛教艺术宝库。另外甘肃著名的佛教石窟还有天水麦积山石窟、永靖炳灵寺石窟、庆阳北石窟、安西榆林石窟、酒泉文殊山石窟、肃南金塔寺石窟等。

魏晋南北朝时，中原各个地区开始出现佛教石窟，窟型主要是禅窟、中心塔柱窟和殿堂窟。彩塑有圆塑和影塑两种。

黄河流域散布着众多的汉传佛教石窟，黄河上游地区有宁夏须弥山石窟、延安万佛洞石窟、志丹承台石窟等。黄河中下游地区大部分石窟是从北魏起开凿的，具有比较明显的时代特征，可以看出逐渐汉化的趋势，著名的包括太原天龙山石窟、河南洛阳龙门石窟、巩县石窟、浚县千佛洞石窟、山东济南千佛山石窟等，此外还有山西大同云冈石窟、益都云门山石窟、河北邯郸响堂山石窟、隆尧宣雾山石窟。

长江流域地区也有丰富的佛教石窟，如浙江杭州西湖区的石窟、江苏南京栖霞寺千佛岩石窟等，其中四川境内石窟遗址最为丰富，如大足北山石窟、宝顶山石窟、广元皇泽寺石窟、千佛崖石窟、巴中石窟、安岳石窟、夹江县千佛崖等。

西南地区的重要石窟有云南大理剑川石窟、广西桂林北山石窟等。

佛教石窟开凿与分布的地域与佛教传入中国汉地的路线大致吻合。随着佛教的传播与逐渐中国化，佛教石窟寺的汉民族文化特色在逐渐增强，与汉地民众的审美情趣与社会道德伦理风尚互相影响，也推动了汉文化的发展。这个相互影响的过程对弘传佛教起了很大的推动作用。

一、龟兹石窟

古代龟兹是以今新疆库车为中心的地区，是佛教东传在中国首先经过的地方。龟兹是在西域各国中最早派僧人来中国传播佛教的。龟兹的佛教艺术后来对中国如敦煌等地的佛教艺术产生了深远的影响，对中国佛教艺术追本溯源往往会落在此地。龟兹拥有庞大的石窟群，包括克孜尔石窟、库木吐拉石窟、森木塞姆石窟、克孜尕哈石窟、玛扎伯赫石窟等。作为龟兹石窟的代表，克孜尔石窟自公元 3 ~ 4 世纪开始开凿，到公元 9 世纪结束，先后持续长达五六百年之久，是规模最大、保存壁画最多、兴建最早的窟群。它的早期壁画以犍陀罗艺术为核心。

随着佛教东渐，其佛教艺术也传入中原西北地区，为其之后佛教石窟的开凿提供了样板，并推动中原西北地区古代艺术从世俗性逐步走上了宗教性的道路。

根据考证，龟兹石窟的建造即是为礼拜、供养等宗教仪式提供场所，也是为僧尼的苦修提供适宜的环境。因此克孜尔石窟的基本形制有两种：一种是供佛教徒礼拜的佛殿，即所谓支提窟；另一种是供僧尼修行的僧房，即所谓毗诃罗窟。在克孜尔千佛洞有236个已编号石窟，其中有64个僧房和172个佛殿，由于年代的久远，历经掠夺和破坏，现在只有75个石窟保存的比较完好。支提窟有大像窟、中心柱和方形窟等多种类型。毗诃罗窟往往凿于支提窟旁，组合成一个单元，主室为长方形或方形，横券顶，前壁凿明窗，侧壁凿有壁炉和灶坑，是安心修佛的起居之所。

克孜尔大量开凿中心柱窟，中心柱窟又称塔庙窟，在洞窟的中央设有塔，以塔作为柱子支撑窟顶，因此塔又被称为中心柱。早期窟内中心塔柱左、右、后三面满绘舍利塔或塔中坐佛。现有一遗迹的前室、主室和后室三部分保存较好，唯前室多残毁。主室壁画以当时龟兹石窟极为流行的造像题材——“帝释窟”为主要题材，雕塑绘刻年代约从公元3世纪末到8世纪下半叶。后室壁画以涅槃图像及其相关内容为主要题材。此外，克孜尔早期还盛行大像窟，大像窟主室高大、后壁贴塑立佛，往往气势宏伟。

克孜尔石窟中保存着面积达1万多平方米的壁画，有关专家说，这在世界上是仅次于敦煌的艺术宝库。壁画表达了丰富的佛教艺术题材，还有大量反映当时龟兹人生活情况的作品。龟兹石窟壁画存在许多裸体人物，估计与佛教是从热带和亚热带的印度传来有关。

二、甘肃敦煌莫高窟

敦煌古称沙州，坐落在河西走廊西端，是丝绸之路上的重镇。敦煌石窟始建于十六国的前秦时期，此后法良禅师又继续在此修洞修禅，之后在十六国、北朝、隋、唐、五代、西夏、元等历代都有兴建，规模逐渐增大，到今天存有洞窟735个，壁画4.5万平方米，泥质彩塑3000尊，是世界上现存的最大和最丰富的佛教艺术圣地，1987年被列为世界文化遗产。敦煌石窟是该地石窟群的总称，包括艺术风格统一的若干石窟：莫高窟、西千佛洞、瓜州榆林窟、东千佛洞、水峡口下洞子石窟、肃北五个庙石窟、一个庙石窟、玉门昌马石窟等。

其中最著名的莫高窟，共有492个石窟现存壁画和雕塑，主要是在北朝、隋、唐、五代和宋、西夏和元这几个时期开凿的。北朝统治者多崇信佛教，快速地推进了石窟开凿。隋唐时期，佛教兴盛，丝绸之路繁荣，洞窟达到千余个。之后渐趋衰落直至冷落荒废。

敦煌石窟的营建，伴随着中国历史由分裂割据走向民族融合各方统一，再到唐宋盛世，直至逐渐式微的一千年。这一历史的长河中，中国艺术的程序、流派、门类、理论也经历了形成与发展。而佛教与佛教艺术传入后，也在这一漫长的历史时期内，建立和发展了中国的佛教理论、佛教宗派与佛教艺术，最终完成了佛教的中国化。

莫高窟在敦煌城东南鸣沙山东麓的崖壁上开凿而出，上下分布1～4层不等，绵延在南北方向1600多米长、15～30多米高的断崖上，是一座融绘画、雕塑和建筑艺术于一体，以壁画为主塑像为辅的，有众多不同大小的洞窟组成的大型石窟寺。它分为南、北两个区，南区是礼佛活动的场所，现存洞窟492个，内存丰富的历代壁画和彩塑，珍贵的建筑有唐宋时代的5座木构窟檐、20余座历代莲花柱石和舍利塔，以及民国初经过重新修缮的九层楼。北区是僧侣修行居住、掩埋的场所，现存洞窟243个，内有土炕、灶炕、烟道、壁龛、灯台等修行和生活设施，大多没有内饰壁画。

莫高窟的洞窟最大的面积达200多平方米，最小的只有不到1平方米，洞窟形制各异，主要有禅窟、中心塔柱窟、佛龛窟、佛坛窟、涅槃窟、七佛窟、大像窟等。彩塑形式有圆塑、浮塑、影塑、善业泥等，往往是塑绘结合，表达佛、菩萨、弟子、天王、力士像等内容。

敦煌石窟艺术中有十分丰富的建筑史资料。保存了不同时期、不同形制的800余座洞窟建筑遗迹，具有极高的研究价值。从石窟的演化可以了解到，古代建造者在接受、消化和吸收古印度文化的同时，以智慧和劳动推动着其向中国民族形式靠近。而敦煌壁画也是千年丰富的建筑资料，具体介绍见后文“彩塑和壁画艺术”。

（一）历史沿革

莫高窟记载着中国佛教石窟的历史沿革。到隋唐时期，禅窟和中心塔柱窟逐渐消失，大量出现了殿堂窟、佛坛窟、四壁三龛窟、大像窟等形式，其中以殿堂窟最多，塑像都为圆塑，风格向中原地区靠拢，并开始出现高大塑像。壁画题材更加丰富，场面宏伟，色彩瑰丽，美术技巧达到空前的水平。

五代和宋时期的洞窟多为改建、重绘的前朝窟室，形制主要是佛坛窟和殿堂窟。塑像和壁画都沿袭了晚唐的风格，并向公式化发展。从晚唐至五代，因统治者崇信佛教，出巨资支持佛教，壁画中出现了很多供养人画像。

西夏和元代的洞窟也多为改造和修缮前朝洞窟，洞窟形制和壁画雕塑基本沿袭前期风格，一些西夏中期的洞窟出现了回鹘王的形象，而到了西夏晚期，又出现了西藏密宗的内容。现存8个元代洞窟全都是新开凿的，出现了方形窟中设圆形佛坛的形制，壁画和雕塑基本上都和西藏密宗有关。

明朝嘉靖年间敦煌被废弃，此后200年成荒漠之地。到1900年才偶然被重新发现，很快吸引来许多西方的考古学家和探险者，大量珍贵典籍和壁画流失海外或散落民间，对莫高窟和敦煌艺术的完整性造成了巨大的破坏。

（二）彩塑和壁画艺术

开凿敦煌石窟的山体为砾岩，是一种碎屑岩。石窟内的塑像题材丰富、技艺高超，堪称佛教彩塑博物馆。塑像多为木架结构，但一南一北两座巨大的佛像是石胎泥塑。塑像表面多为彩塑，形式丰富多彩，有圆塑、浮塑、影塑、善业塑等，表达的题材有佛、菩萨、弟子、天王、金刚、力士、神等。彩塑尺度各异，范围跨度从2厘米高到35米左右高。

石窟内的壁画也是富丽多彩，表达的题材广泛，涉及佛经故事画、建筑画、山水画、花卉画等，呈现了1500多年间的民俗风貌和历史变迁。

敦煌壁画内的建筑画从建筑史的角度非常有价值，画中有佛寺、城垣、宫殿、阙、草庵、穹庐、帐、帷、客栈、酒店、屠房、烽火台、桥梁、监狱、坟茔等，已成院落布局的组群建筑和单体建筑都有呈现。很多壁画还详细地描绘了当时流行的建筑部件和装饰，如斗栱、柱坊、门窗等，甚至描绘了施工工艺，可以说是长达千年的建筑形象资料馆。尤其其中反映北朝至隋唐400多年间建筑面貌的壁画，更是填补了此时期建筑资料缺乏的空白。

三、云冈石窟

云冈石窟位于山西大同市西部武州山南麓，依山而建，东西方向绵延1000米。现存主要洞窟45个，大小窟龛252个，石雕造像51000余座，是中国规模最大的古代石窟群之一。石窟的开凿从北魏开始，共用了60多年初创规模。其后未有大项工程，直到辽，才对武州山石窟寺进行过延续10年之久的大规模修整。修建了十座大寺，并对1000余尊佛像进行了整修。但不久金兵攻占大同，“寺遭焚劫，灵岩栋宇，扫地无遗”（《大金西点重修华严寺碑》）。20年后，住持法师禀慧重修灵岩大阁，“自是、山门气象，翕然复完矣”。到明代，大同云冈再度荒废。清代顺治年间得以重修。

云冈石窟的造像气势宏伟、题材丰富，是中国石刻艺术的瑰宝。

按石窟形制、造像内容和样式的发展，云冈石窟佛教艺术可分为早期、中期、晚期三个阶段。

早期石窟：即今所称昙曜五窟，可以说是揭开了云冈石窟开凿的序幕。根据《魏书·释老志》（卷114）记载："昙曜白帝，于京城西武州塞，凿小石壁，开窟五所，镌建佛像各一，高者七十尺，次六十尺，雕饰奇伟，冠于一世。"文中记述昙曜法师建议当时的皇帝开凿石窟，兴建佛像。所以平面为马蹄形、穹隆顶、外壁满雕千佛的昙曜五窟颇有帝王气度。作为主要造像的三世佛，高大挺拔、丰满圆润，风格劲健、浑厚、质朴。在吸收并融合古印度犍陀罗、秣菟罗艺术精华的基础上，创造出一种独特的艺术风格。

中期石窟：指在孝文时期——北魏最稳定最兴盛的时期所雕琢的石窟，是云冈石窟的鼎盛阶段，有12个代表性石窟。当时凭着帝王的威权，以国力为保证，雕琢出惊世绝伦的大窟大像。此一时期洞窟平面多呈方形或长方形，壁面布局多上下重叠，左右分段，窟顶多为平基或藻井。造像题材更加广泛，出现了护法天神、伎乐天、供养人行列等形象，以及佛本行、本生、因缘和维摩诘等故事，特点是释迦、弥勒佛地位突出，开始流行释迦、多宝二佛并坐像。佛像面相丰圆适中，衣饰多为褒衣博带式。自此，掀起了佛教石窟艺术中国化的过程，殊异于早期石窟的浑厚质朴，这个时期雕刻艺术繁复、精美，产生了气派和富丽的太和风格。

晚期石窟：北魏迁都洛阳后，大规模的开凿基本停止，但还是出现了大量的中小型洞窟，经过30年的开凿，布满崖面约有200余座。这些中小型洞窟大多以单窟形式出现，造像题材多为释迦多宝或上为弥勒、下为释迦，风格清新典雅、秀骨清像，石窟的布局和装饰，已经有鲜明而浓郁的中国式建筑装饰风格。对中国石窟寺艺术发展产生了深刻的影响。

四、龙门石窟

龙门石窟位于洛阳市南郊，密布于伊水两岸龙门山与香山的峭壁上，南北长达1公里，现有石窟1300多个，窟龛2345个，题记和碑刻3600余品，佛塔50余座，造像10万余尊。造像尺度迥异，小到2厘米高，大到17.14米高。龙门石窟开凿于北魏孝文帝迁都洛阳前后，之后又连续营造了400年，北魏洞窟占30%，唐代占60%，其他朝代仅占10%。龙门石窟不但是石窟艺术的珍贵遗产，而且集中反映了中国古代一段时期政治、经济、宗教、文化等许多领域的发展。

和云冈石窟造像的粗犷、威严、雄健的特征不同，北魏开凿的龙门石窟有着较浓郁的生活气息，以活泼、清秀、温和为特征。

北魏时期雕琢的众多洞窟，反映出北魏时期举国崇佛的历史面貌，其中以古阳洞、宾阳洞、莲花洞、石窟寺为代表。洞窟中的北魏造像，大多瘦削而质朴。据记载宾阳洞是用了24年才完成的，其洞内有11尊大型佛像，体态端详，面容清瘦，衣纹刻划周密，带有明显的西域艺术痕迹。窟顶雕有飞天，挺健飘逸，是北魏中期石雕艺术的代表。唐代雕琢的石窟中以长宽各30米的奉先寺为最大，洞中佛像面形丰满，两耳下垂，形象生动，神态安详亲切，体现了唐代的艺术特点。

五、麦积山石窟

麦积山石窟位于甘肃省天水市东南约45公里，开凿于峭壁之上，其所在的麦积山是秦岭山脉西端小陇山中的一座孤峰。山上洞窟密集，层层相叠，洞房所处位置险峻，洞窟之间全靠架设在崖面上的凌空栈道通达，形成一个宏伟壮观的立体建筑群。在东崖保存有洞窟54个，西崖有140个。

麦积山石窟始建于后秦（公元384～417年），在北魏年间大量开凿，后又陆续有所发展，是当年丝绸之路的一个圣地。经唐、五代、宋、元、明、清各代不断的开凿扩建，成为中国著名的石窟群之一。

其第四窟是全国各石窟中最大的一座仿中国传统建筑形式的洞窟。其中最具代表性是宏伟壮丽的七佛龛，位于东崖距地面约 80 米。建筑分为前廊和后室两部分，前廊采用七开间的庑殿式结构，建筑高约 9 米，面阔 30 米，进深 8 米。柱子为八棱大柱，覆莲瓣形柱础；后室由并列 7 个四角攒尖式帐形龛组成，龛内以浮雕表现出柱、梁等建筑物构件，无论真实的建筑构件还是浮雕都非常精细，体现了北周时期日臻成熟的建筑技术。

六、炳灵寺石窟

炳灵寺石窟位于甘肃省永靖县西南约 40 公里处，开凿于积石山的崖壁上，上下 4 层，高约 60 米，长约 200 米，存有窟龛 183 个，以位于悬崖高处的唐代“自然大佛”以及崖面中段的众小型窟龛构成其主体。共计石雕造像 694 身，泥塑 82 身，壁画约 900 平方米。

炳灵寺石窟开凿于西晋初年，耗时百余年于西秦完成。唐中叶，大批吐蕃移民在炳灵寺石窟建造了无数雕像和壁画，并对佛龛进行了重修和重绘，开启了藏传佛教对这一区域的影响。元代这一影响深化，佛教造像艺术在炳灵寺得到兴盛发展。萨迦派、噶举派、格鲁派都在炳灵寺有一定的传播和影响。这样的历史沿革，形成了炳灵寺石窟汉、藏佛教并存的独特风貌。

清顺治年间，炳灵寺确立了藏传佛教活佛转世体系，寺内佛殿经堂密布，僧舍遍沟，僧众云集，盛况空前。历史上遗留下来的造像、雕塑、壁画等得到了良好的维护。

七、巩县石窟

巩县石窟位于河南省巩县西北 2.5 公里的洛河北岸，开凿在邙山岩层上。现存大窟 5 个，摩崖大像 3 尊，佛龛约 1000 个，摩崖造像窟 238 个，造像 7700 余身，铭刻 186 米。巩县石窟始建于北魏晚期，建设过程一直延续至唐代。其总体风格与龙门石窟相似。石窟分东西两区，5 个窟中 3 个窟为方形中心柱窟，柱四周凿龛造像，窟顶雕支分格或平棋。第一窟门内两侧雕的“帝后礼佛图”反映了皇室的宗教活动，为中国现存浮雕中比较完整的经典，其余石窟佛像、佛传故事等题材丰富，佛像神态宁静、衣纹疏朗。

八、响堂山石窟

响堂山石窟坐落在河北省邯郸市鼓山南麓，滏阳河北岸，石窟分南北两处，相距约 15 公里，现存有石窟 16 座，雕像 5000 多尊，摩崖造像 450 余龛。最初开凿于北齐时代，之后至明各代均有增凿。是研究中国佛教、建筑、雕刻、绘画及书法艺术的重要遗产。

响堂山石窟最珍贵之处是其封存北朝晚期洞窟 11 座，它们多具仿木结构窟廊，有些是很有特色的塔形窟，有些窟门外观装饰华丽，是研究北朝建筑难得的实物资料。

石窟的形制种类有中心方柱塔庙窟、三壁三龛佛殿窟和四壁设坛窟，多是方形平面、平顶，结构严谨。

石窟的雕刻美观大方、雕艺精致，窟外、内壁和柱多有佛教故事的浮雕或者佛造像，有的石窟外壁有精美的大型雕刻。响堂山石窟是中国古代石窟艺术从大同云冈到洛阳龙门过渡的一个重要阶段。

第十章 佛教寺院

一、佛教寺院的演化

佛教寺院是供奉佛、法、僧三宝的场所，具体地说其功能为：安置佛像、典藏经卷、安养僧众、弘传佛法。佛教寺院的建筑功能分配以此为根本，供奉佛像的地方有佛殿；典藏经卷的地方有经楼与法堂；安养僧众的地方有僧房与禅院。

作为出家人进行宗教活动的场所，佛寺最早出现于印度，音译为毗诃罗、刹、僧迦蓝摩、阿兰若等。毗诃罗指的是住处，汉译为精舍、僧坊；刹是以佛寺前的“刹”来代指佛寺；僧伽蓝摩指的是僧众共住的园林，汉译为众园、丛林；阿兰若指的是野外适宜修行的清净场。还有另外9种名称也常用来代指佛寺：净住、法同舍、出世舍、精舍、清净园、金刚刹、寂灭道场、远离处、亲近处。窟、院、林、庙等也更是经常用作佛寺之名。

在汉语里，“寺”本是指官署，西汉建立“三公九卿”制，“三公”的官署称为“府”，“九卿”的官署即称为“寺”，九卿中有鸿胪卿，主管外事蕃务，其官署称为“鸿胪寺”。公元67年（东汉），竺法兰、摄摩腾二僧携佛经来华，落脚点就在洛阳“鸿胪寺”。由此“寺”后来成为中国佛教建筑的代名词，而“庙”原来在中国是指称供奉和祭祀祖宗神位的宗庙，逐渐寺庙演化为对所有宗教活动场所的统称。

佛教史上的第一座和第二座寺院是释迦牟尼佛在世所建，分别是王舍城的竹林精舍和舍卫城的祇树给孤独园。古印度的佛教建筑主要是由塔与石窟这两种建筑形式组成，印度佛寺多处于从石窟向塔寺演化的过程中间，即所谓“塔院”，并未形成很定型的建筑模式。在佛教刚传入中国时，基本是建造沿袭印度形式的“塔院”和“石窟寺”。塔院建筑布局一般是塔踞中心，塔中供奉佛舍利，四周建廊、殿形成院落；石窟寺是以石窟为中心，在窟内雕塑佛、菩萨像，石窟两壁开凿僧房，或将石窟与殿堂构成一体，将佛像供奉其中，形成窟寺一体的寺院形式。

佛教自东汉初期传入中国，经魏晋到南北朝得到大力的发展，兴建了很多的寺院。

将宫殿、官府、宗庙等改建为佛寺，是佛寺汉化的发轫，中国的第一个寺院白马寺即是用中国的官署改造的。之后新建的寺院也逐渐按照中国统一的礼制和建筑形式来完成。

魏晋南北朝时期，中国佛寺得到了快速发展，石窟寺和塔院仍有兴建，同时舍宅为寺之风盛行，社会上的大量私宅、府邸变为佛寺。这些佛寺的基本布局是以前厅为佛殿，后堂为讲室。随着佛教日趋中国化，原来印度风格的寺院逐渐趋于中国化，佛寺建筑由以塔和石窟建筑为主向以殿堂为主演变。中国的早期寺院也很快从廊院式布局改变为中心轴线式布局形式。

隋唐时期的寺庙，受当时在印度佛教造像形成高潮的影响，供奉佛的殿堂成为寺院的核心建筑，基本已没有了以塔为中心的布局，或再另设塔院，或大殿前置双塔，或塔阁并峙。

大量的、典型的布局则多受唐初道宣和尚所著《戒坛图经》的影响，普遍的形式是前殿后堂，围以廊院，廊院正面是山门，四隅有角楼。另以这个廊院为中心，两侧布置小院。此时佛殿已成为院主体。（赵文斌：《中国佛寺布局演化浅论》，载《华中建筑》1998年第1期）

这时的院落布局并不很严谨，突出的是木结构的寺院大殿，大殿檐下有风格鲜明的逐层向外挑出的柱头斗栱，凸显建筑的宏大气势。

唐代禅宗兴盛，怀海制定丛林清规，规范僧团管理。由以法堂代佛殿到宋代禅院中佛殿再次出现，并随着世俗对于佛教的神性的崇拜，到宋末佛殿终于成为禅寺的中心。提倡“伽蓝七堂”制，七堂为佛堂、法堂、僧堂、库房、山门、西净（卫生间）、浴室。其中：佛堂即是指大雄宝殿、观音殿、钟鼓楼等安置佛和菩萨像的殿堂；法堂是弘法的殿堂，一般是两层楼建筑，常将经堂置于法堂的上部；僧堂即是禅堂，是众僧打坐习静的场所。"伽蓝七堂"常用来指称堂宇齐备的大寺院。

明代佛寺更加讲究中轴线的绝对对称，"山门或天王殿内布置钟鼓楼，然后是大雄宝殿，此时更加强调大殿的中心地位，而法堂、方丈则随之势微，有些佛寺在正殿前，山门之后增设金刚殿、天王殿两座，在空间序列上也加强了对正殿的渲染作用。"（赵文斌：《中国佛寺布局演化浅论》，载《华中建筑》1998 年第 1 期）

清代以后，伽蓝制度基本定式，殿堂、塑像大抵一致，佛寺殿堂的布局大致是以南北为中轴线，自南往北，依此为山门、天王殿、大雄宝殿、法堂、藏经楼；配殿则有伽蓝殿、祖师殿、观音殿、药师殿等，有的在山门还内设金刚殿。配殿分布在中轴线的左右两侧，并对称布置，通常钟楼（东）、鼓楼（西），伽蓝殿（东）、祖师殿（西）。

僧团用房则在庙院东侧另辟一个院。这个院也是南北向布置，包括僧房（宿舍）、香积厨（厨房）、斋堂（餐厅）、茶堂（接待室）、职事堂（库房）、云会堂（禅堂）。另外在寺庙区的西侧常有居士院。这样，寺庙就成了一个规模宏大而排列有序的建筑群。沿着中轴线，整个寺庙建筑群显得庄严浑厚，行观其间，能真切的体验到强烈的节奏感和流动美。

中国的佛教寺庙有建于城市的，以接近大众；也有筑于山林的，以满足隐修苦行的目的。

佛寺进入山林讲究的是与自然山水环境的关系。将山水自然与佛殿视为一个整体来考虑。因此中国文化中的风水理论便被纳入佛寺的选址和建筑。佛寺建筑与群山峻岭、松柏翠峦、山渠流水、瀑布险崖相应，院落随山势而走，殿堂与山峦相对，或气势恢宏，或含蓄温蕴，展示出自然与建筑组合的庄严、宁静与和谐的韵味。

寺庙布置的大格局基本相似，传统寺庙都是含有礼忏的庙殿部分和僧团的生活修行两大部分。礼忏活动的殿堂基本上类似，以殿堂为基本元素，组合出层次分明的院落。殿堂的地位是崇高的、神圣的、威严的。把佛像及礼佛活动安置在佛殿中。以佛堂为中心，这对佛教寺院建筑布局产生深远的影响。今天，随处可见中国各地的佛教寺院，几乎都由众多的庄严的殿堂组成，其中必有高大的佛殿。

在中国建筑格局上，根深蒂固的支配性思想是中国文化的阴阳宇宙观和儒家礼制的格局影响下的对称的中心轴秩序，以及稳定的审美心理，这些也对中国佛教寺院产生了本质性的影响。

个别寺庙也会根据自己宗派及环境的需要对部分殿堂配置加以调整。若依宗派，佛寺则又分为教院（天台宗、华严宗）、律院（律宗）、禅院（禅宗）、讲寺（从事经论研究的寺院）等。现在专门培养僧众和佛教人才的学校称为佛学院。有条件的城市常建有居士进行佛教活动的场所，一般通称为居士林。如果称为"庙"的那一定含有礼忏拜佛的祭拜场所。

控制佛寺建筑的因素包括几个层面：

（1）佛寺所处的自然环境和风水格局的要求，形成寺庙的特殊性和生动性。

（2）随着时代的变化，寺庙建筑随着整个建筑的变化而进行同步的变革。

（3）不同佛门宗派的特殊性形成了寺庙的不同格局。

（4）殿堂布局不同形式的不同变化。

（5）根据寺庙僧团的活动方式不同而带来形式的变化。

（6）因寺庙规模大小、集合的人数、僧团的人数多少而出现的寺庙变化。

中国佛寺所采用的殿宇、厅堂、楼阁、廊庑等建筑形式完全是中国古建筑形式，没什么特殊的。屋顶的形式、木构架的结构、交错的梁柱、支撑的斗栱、人字形两坡顶、上铺的青瓦、琉璃瓦或鎏金铜瓦乃至门窗，所有这些均与其领域里的古建筑形式相同。随着时代的变化也同样进行着变化。中国佛教寺庙的建筑形式是中国总体古建筑形式的一部分，与中华文化中的传统观念紧密结合。

佛寺也有特属于自己的建筑，即佛塔与佛像。这两者都是来源于古印度。印度的佛寺以塔为主，汉地寺庙最初是照印度形式，以塔为中心，而后塔殿并重，再以后，佛殿因供奉佛像，其地位越来越重要，逐渐成为寺院的核心。而塔这种非中华文化的崇拜方式，在寺庙中的位置越来越边缘化。正定的天宁寺、广惠寺、临济寺都是建于唐代的寺院。虽然经过历代维修，但至今仍保留了早期寺院的塔为中心的格局，在塔的前后又分别建有前殿和后殿，僧舍则在两边。但随着大乘佛教在中国兴起，塔开始退居次要位置，有些寺院将塔建在寺的一侧。宋朝佛寺造巨像成风，塔完全被殿堂所取代，佛塔渐渐被挤出寺院，或另辟塔院、置于寺前后或两侧。宋朝以后，多数寺庙已不再建塔了。

综上所述，汉地寺庙经历了以塔为中心，至塔殿并重，最后形成佛堂为中心的历史演化。

二、佛教寺院的等级

西汉的建筑已经确定了等级，皇帝住九开间的房，王爷住七开间的，官员住五开间的，百姓住三开间的。以开间多少确定建筑规制，并组织四合院。汉朝给佛寺定的是与太庙一样的规制。正如傅熹年在《中国古代建筑十论》指出："神的居所规格是由皇帝来规定的。例如：屋顶的最高规格是庑殿顶，是为皇宫主殿及佛殿专用；斗栱只许皇宫、寺观和王府使用；黄琉璃瓦只有宫殿及佛殿可用，而王府及菩萨殿只能用绿琉璃瓦。可见诸神受到皇帝颇高的礼待，但他们并不能凌驾于皇威之上，其规格在都城没有超过皇宫，在郡县没有超过王府和衙署。从另一个角度理解，神的居所与人的居所一致，其实皆表明乐土就在现世，在人间，天人合一，人神同在。"

太庙的规制用“七”，即七个开间。寺院可与太庙一样，红墙绿瓦。红为大红，绿为深绿，屋顶为歇山顶。太庙可以和宫殿一样为正南北朝向，所以佛寺也应是正南北的朝向。而臣子和老百姓的房屋朝向则必须是正南偏东 7 ~ 15 度。

佛寺中的“明数”和“暗数”都有讲究，顾名思义，明数指的是显明处使用的数字规律，而暗数指的是局部、内部、细节使用的数字规律。佛寺的明数为：台基是三七的比例，房屋是七个开间，七步台阶等。“暗数”如勾、心、斗、昂、翘等可以用九五规制和尺寸。

关于门楼的设定——皇帝门楼开五个门，太庙、王府的门楼开三个门，中间的门是留给皇帝用的。有的王府自建成后中间的门从来未开过。佛寺也同太庙一样，门洞开三个门。只有皇帝来了才钟鼓齐鸣山门大开，平时中间门是不开的。门上的大钉，皇帝是 9×9 为 81 颗，而佛寺门是 7×9 为 63 颗，或 7×7 为 49 颗。

皇宫享受的是三宫六院，三宫在前是前殿、中殿和后殿，最后是六院，主殿是中殿。寺院同太庙、王府一样是三宫三院，主殿也是中殿。寺院的中殿是中心建筑所以安排为佛殿，佛殿（中殿）必须是 3×7 的台基，7 个开间的柱网，进深可以是一个进深也可以是三进深。主殿等三座殿必须在中轴线上，组成主院；其他附设的院落则在两侧。

斋堂、禅堂、客堂等建筑没有规制。寺院中方丈的等级如同大臣，住的房子应是五开间，一进深，卷棚顶，青砖青瓦，一道门。僧众和居士的住房应是三开间或四合院，青砖青瓦、硬山屋顶，一道门，享受百姓待遇。寺院围墙大红色，绿顶，高度用奇数。

寺院前面设一座门楼，也可以设牌楼。寺院正门开三门，门内设钟楼、鼓楼，可以设一座后门，可以开三门也可以开一门，或两厢各开一门。还有的寺院设角门。

总之中国的寺院建筑，也纳入了中国传统的建筑规制，这个规制延续了千年。

中国寺院的建筑规制中，对塔的位置进行了调整，塔不再是寺院的中心建筑，只建在两厢或后边。

塔是空心的才有灵气，即连通天地的气，才能聚来风水，所以塔要建在最高处，最显眼处，有些空心塔中每层设佛龛安置各种坐、立佛。塔的台基也是3、7的数，低的7步台阶，高的台基为3段7级台阶。层高每层按奇数，飞檐斗角按偶数。

寺院的附属建筑包括以下各类：

1. 碑楼、碑廊、碑亭

碑楼一般建在大雄宝殿的两侧，为重檐歇山寺顶。数量可以是1～3对。也可以在前面两侧建碑廊。有的寺院不建碑楼、碑廊而建碑亭，多为方形，建在寺院前，或后院两侧，或寺庙的四角。如果是皇帝赐的御碑，那就只建一座高大碑亭，放在中轴线上。

2. 亭台

供香客休息的亭台形状可以用方形、六边形、八边形，一般建在前院或后院的两侧。

3. 廊院与群房

廊院是指用回廊组成院落，其形式有：

（1）周廊式。主体建筑围在其中，四周有廊。是唐代的寺庙最为常见的廊院形式。

（2）断廊式。东西南北都有房屋，房屋的拐角处用廊衔接。

（3）游廊式。与断廊的建筑方式相近，区别是断廊的两边有墙隔断，从外面看不见廊内，游廊两边没有墙，可见廊外风景。

（4）连廊式。两殿之间用廊衔接，又称工字殿。

群房是指建在院子四周，僧人生活、工作的用房。有的寺院还把群房作为法堂、念佛堂、历史文物陈列室。小型寺院还用来充当斋堂、僧舍等。

4. 放生池

建在寺院的门前。是天台宗智者大师创立，以示佛门好生之德。唐代皇家诏令天下寺院皆设放生池，后成定规。

5. 经幢

寺院建筑中一种石质立式小品。一般由三部分构成：下部为基座，中部为幢身，上部为出檐。檐子顶端为幢刹。如果幢身为二层、三层，则在每一层加平座。幢身上刻有经文，所以叫经幢。经幢多为六面或八面的，也有的没有文字、图案，叫“无字幢”，起奉献供养作用。

6. 石灯

又叫长明灯、续明灯、长命灯，为石质，一般高2～5米，主要根据大殿规模来确定高低。石灯八角形截面，有底座，灯柱常被做成龙柱，顶部为点灯处，方形，四面有灯窗，燃灯供佛。

7. 旗杆

寺院每逢初一、十五或举办法会，都要在寺庙大门前的旗杆上扯旗。旗杆一般为木制，上细下粗，大部分是用黄花松材，下面用夹杆石固定。也有的寺庙用铁、石、铜旗杆。

三、佛教殿堂

殿堂是中国佛寺中重要屋宇的总称。殿是安置佛像、菩萨像以供礼忏朝拜的场所，堂是供僧侣说法行道的场所，殿堂的名称依所安佛像及其用途而定。安置佛像、菩萨像的殿有大雄宝殿（大殿）、毗卢殿、药师殿、三圣殿、弥勒殿、观音殿、韦驮殿、金刚殿、伽蓝殿等。供僧侣说法行道使用的堂有：藏经楼、开山堂、祖师堂、影堂、罗汉堂、法堂、禅堂、板堂、戒堂、念佛堂、云水堂等，供生活用的有斋堂、客堂、寝堂、茶堂、延寿堂等。

主要殿堂一般建于寺院南北中轴线位置上，其余则作为配屋而建于正殿前后的两侧，组成层层的院落。至宋代方有关于佛殿中如何布置佛像、菩萨像的记载。如宗鉴《释门正统》卷三《塔庙志》说：“今殿中设释迦，文殊，普贤，阿难，迦叶，梵王，金刚者，此土之像也。……盖若以声闻入辅，则文殊居左，普贤居右。今四大弟子俱列者，乃见大小乘各有二焉耳。梵王执炉。请转法轮；金刚挥杵，护卫教法也。”在大雄殿中，主尊释迦牟尼像居中，出现了多种佛像布置方式，常见的佛像排列有一佛二弟子的形式，左右为阿难和迦叶；一佛二菩萨的形式的，左右为文殊和普贤；阿难、迦叶、文殊、普贤都在的一佛四弟子的形式。另还有不同佛像并置的，常见的有供奉不同代表不同方位的横三世佛——药师佛（东）、释迦佛（中）、阿弥陀佛（西）；代表不同时间的竖三世佛——燃灯佛（过去佛，东）、释迦佛（现在佛，中）、弥勒佛（未来佛，西）；代表释迦牟尼三身的三身佛——卢舍那佛（左）、毗卢遮那佛（大日如来，中）、释迦佛（右）；代表密宗金刚界思想的五方佛——阿閦佛（东）、宝生佛（南）、大日如来（中）、阿弥陀佛（西）、不空成就佛（北）。另还有的供奉过去七佛——迦叶佛、拘留孙佛、尸弃佛、毗婆尸佛、毗舍浮佛、拘那含牟尼佛、释迦牟尼佛（由东至西）。净土宗寺院也常在主殿供奉阿弥陀佛（坐像）或接引佛（立像），大一些的殿堂，还会在东西两侧陈列十八罗汉像或二十诸天，佛背后塑一堂观音。

但自宋代以来，较大的佛殿堂以“三佛同殿”形式为主流。有的是以弥勒居中，以释迦、弥陀位于左右，或以无着、天亲二菩萨为弥勒胁侍，如杭州金刚宝乘寺及开封殷圣禅院等；有的是以释迦居中，以弥陀、弥勒位于左右，或以迦叶、阿难二尊者为释迦胁侍，如天台山国清寺、大慈寺、泗州乾明禅院、开封太平兴国寺、五台山真容院等；有的供奉释迦、药师、弥勒三尊者，这时以药师代替弥陀坐于左位（东方）。对于以弥勒与释迦、弥陀并列，后来渐有异议，遂以药师代之。宋以后，另设弥勒殿供奉弥勒佛。

宋、辽时代佛殿，也有供五佛乃至七佛的。如大同华严寺、善化寺及泉州开元寺等都各供五佛，亦称五智如来或五方佛。义县奉国寺大殿则供过七佛。元代的大型佛寺大多有前后两个佛殿，前殿供奉三世佛，后殿供奉五智如来。到明代则以供奉三世佛为主了。

明代以后，伽蓝规制已经有了定式，所以佛殿中的塑像也基本一致，一般为一佛二弟子或四弟子。若供奉药师、弥勒二佛，则少见胁侍。较小的佛殿，仅供奉释迦与二胁侍尊者，而将药师、弥陀另殿供奉。佛殿两侧，多塑十八罗汉像。罗汉的尊数本为十六尊，其后加庆友与宾头卢，或加迦叶与君屠钵叹，或加庆支与贯休，藏式造像则加达摩多罗与布袋和尚二尊者，遂成十八罗汉。在佛坛的背后常设观音，手持杨枝水瓶立于普陀洛迦山海之间，其四周则塑《华严经》善财五十三参中的人物，或《法华经普门品》中救八难的景象。

（一）大殿

大殿指寺庙中安置本尊佛而成为寺院中心的正殿。唐代僧人义经净译《根本设一切有部毗奈耶杂事》卷 26 云：“西方各佛所住堂为健陀俱知。健陀是香，俱知是室。此是香室、香台、香殿之义。不可亲触尊颜，故但唤其所住之殿，即如此方玉阶、陛下之类。然名为佛堂、佛殿者，斯乃不顺西方之意也。”可见，印度称佛殿为健陀俱知，即是香室的意思，是对佛住处的尊称。

大殿一般特指大雄宝殿，即供奉释迦牟尼佛的地方。大殿是佛寺的核心建筑，常据中心轴线的中心位置，也是寺院中最庄严宏伟的高大殿堂。至唐后期禅门兴盛后，对大殿要求逐渐减弱。《敕修百丈清规》卷 8《古清规序》云：“不立佛殿，唯树法堂者，表佛祖亲嘱授当代为尊也。”说明禅宗初期以不设佛殿为本规。而后因七堂伽蓝制兴起，佛殿遂与法堂成为禅宗伽蓝的中枢。

历史上最著名的大殿有晚唐建的五台山佛光寺大殿和南禅寺大殿，也是至今仅存的唐代佛寺大殿，作为建筑本身并没什么特殊性，是常规中国古建的形式。

佛光寺大殿是中国现存规模最大的唐代木构建筑暨第二早的木结构建筑。大殿坐东朝西，面阔七间，进深四间，单檐庑殿顶。高大雄健，出檐深远，屋面坡度较平缓，是唐代形制。大殿外表朴素，柱、额、斗栱、门窗、墙壁，全用土红涂刷，未施彩绘。正面中五间装板门，尽头两间则装直棂窗。结构、构造、装饰也都是典型的唐时期建筑特征。

南禅寺大殿是中国现存最早的木结构建筑，位于山西省五台县李家庄，也是建于中晚唐。南禅寺的寺院坐北朝南，有山门、龙王殿、菩萨殿和大佛殿等主要建筑，围成一个四合院形式，只大佛殿为唐代原物。大殿面积较小，殿内无柱，受等级约束，使用厅堂型构架，使用较低级的屋顶形式。平面正方形，面阔进深各三间。殿前月台宽敞。前檐明间壁板门，两次间为破子棂窗。舒缓的单檐歇山顶，雄大疏朗的斗栱，简洁明朗的构图，建筑的唐代特征显著。在殿内中心稍后，有高 0.7 米的宽大的“凹”字形佛坛，约占室内面积的 1/2。坛上有唐代原塑佛殿造像 17 尊，是中国除敦煌外稀有的中唐彩塑，具有很高的艺术价值。

（二）天王殿

天王殿又称弥勒殿，一般面向北，在寺院殿中是第一重殿，正面进门面南而坐者为弥勒化身的布袋和尚坐像，以弥勒佛的满面欢喜迎接众生，背后设手执宝杵现天将军身的韦驮天像，左右分塑四大天王。

弥勒佛在大乘佛教经典中常称为阿逸多菩萨摩诃萨，是释尊的继位者，娑婆世界的下一尊佛，被唯识学派奉为鼻祖。弥勒佛以超世间的忍辱大行于世。弥勒在兜率天，即弥勒净土，是天上的理想世界。同时弥勒净土，也和我们这个世界一样，同在欲界，离我们很近，因此往生这个净土也就比较容易。

四大天王为印度十六善神之属，其名常见于大小乘经论，也称为“护世四天王”。即东方持国天王，塑像白色，手持琵琶；南方增长天王，塑像青色，手持宝剑；西方广目天王，塑像红色，手绕一龙；北方多闻天王，塑像绿色，右手持伞，左手持银鼠。

韦驮天为南天王部下八将之一，在四天三十二将中以武勇著称，常于东、西、南三洲巡游，守护佛法，凡建寺必奉之为守护神，其形象是青年武将，白脸或金脸，全身盔甲，手持金刚降魔杵。或以杵柱地，或双手合十，将杵置于肘间。以杵柱地，表示本寺不接待外来和尚；杵置于两个肘间，表示欢迎四方游僧前来投宿。

（三）金刚殿

金刚殿也称二进山门，并不很普及。殿内塑二密迹金刚力士像，称为二王。此二力士执金刚杵分立左右，守护佛刹。二力士神情愤怒，左像以金刚杵作打物之势，右像平托金刚杵。

（四）法堂

法堂也称为讲堂，是演说、讲论佛法的殿堂，象征着三宝中的法宝，是禅寺中非常重要的一个场所。一般位于佛殿之后，地位仅次于佛殿。记载中最早的法堂，为晋道安、昙翼在上明东寺所造。隋唐以前的法堂建制已具规模。到了百丈怀海禅师创制《清规》，提出“不立佛殿，唯树法堂”，一个道场只有一个法堂和修行的生活设施，不建佛殿等，将法堂置于崇高的地位。所以一些禅宗寺院是只有法堂没有佛殿的。

法堂的建筑一般是楼阁式的，楼下是讲法的厅堂，上层为藏经楼。法堂之内应有佛像、法座、罘罳法被或板屏及钟鼓等。法座亦称狮子座，于堂中设高台，中置座椅。法座前摆放讲台，台上供奉小佛坐像，下设香案，供置香花。法座后设置罘罳法被，或板屏，或挂狮子图以象征佛陀说法。两侧列置听席。还有左钟右鼓，用来上堂说法时击响。后来建制有所改变，中央的高台消失，法座后方以板屏为主。

（五）禅堂

“禅”是“禅定”的简称，是一种佛教修行方法。其本质是洞察人生本质，解放心灵，最终获得超越性的自由。

坐禅，又称结跏趺坐，是佛教中最基本的修炼方式，相传由中国禅宗初祖菩提达摩由印度传到中国。无论显教和密教都很重视坐禅，道教和儒家也修此功。“中国禅”不同于“印度禅”的一个重要特征，在于中国禅不断从神通向学理转化，并和儒家达成互相的参照。

在中国禅宗的发展史中，对于坐禅的观念经历了相当复杂的“典范转移”，形成了不同类型的坐禅观念。这些不同类型的坐禅观念间既有内在的思想联系，也存在异质性的变化。

禅宗可以说是中国本土的佛教，分为北宗禅和南宗禅。大致而言，北宗禅门下的禅师都重视以“坐禅”入道的方式来表示禅法的根本，而南宗则“在悟不在坐”。在禅宗六祖慧能影响下，南宗禅把禅引入了日常生活，如慧能所说："于一切时中，行、住、坐、卧、常行直心。"禅定的意义并不局限在形式上的坐定，而是指内在心念上的道境。

禅堂，古代也称为僧堂或云堂，在禅宗丛林中，是禅僧昼夜行道的场所，与佛殿和法堂同为重要的堂宇，一般对外不开放。"百丈立制，裒所学众，无论高下，尽入僧堂之中，依夏次安排。"（《中国佛教仪轨》）如今丛林定式，斋堂在东，禅堂在西，禅堂位于寺院中心偏西的静僻处。

禅堂最好位于一个封闭式的院落，禅者的生活及打坐都在里面。禅堂的整个院子有回廊联系，正对禅堂的廊子还要加一道门。以保证禅堂的安静。院落以打坐的禅堂为中心，禅堂尺寸以 12 米见方为好，根据坐禅的人数也可以更大些。正对禅堂的是院落入口的一个厅，厅内供奉韦陀菩萨——是整个禅堂院落的护法。禅堂的东西两侧为生活用房，包括洗盥间、卫生间、斋堂及住宿等。传统的禅堂，修禅者是住在禅堂内的，位于东西禅坐的后面。禅坐后面向外延出了三米为床，睡觉的人头与脚相互交叉，三米的长度能让交互睡眠人的脚在相邻人的腰以下，减少互相的影响。

禅堂中设置长连床（长大而连坐多人的大床），并摆设挂放道具的衣架。堂中还要设安奉圣僧像的圆龛。圣僧像可以是阿若憍陈如，可以是宾头卢，或者是文殊师利及大迦叶菩萨。在古代，僧堂还兼做食堂，此时圣僧像多是宾头卢尊者或者文殊师利菩萨。后世禅堂不再兼做斋堂，如明徐一夔《灵谷寺院》所说："以禅为食，不可混于一也，故食堂附于库院。"（《金陵梵刹志》卷三）于是在寺院布局中另设斋堂，斋堂在东，禅堂在西，成为丛林定制。而在禅堂中仍留圣僧像，也有的禅堂改设毗卢佛像，将宾头卢像设于斋堂，以香灯供奉。

禅堂室内空间应高一些，一般不应低于 3.5 米，宜在顶部设有天窗以提供较好的空气对流。

修禅者沿四面靠墙坐，为了保持坐禅时不会感到后背冷，后背的靠墙应是木板的，并且木板后面要有保温层；同时在坐禅时不应有风吹，不应阳光直射，所以后背的靠墙要高 1.8 米以上才能开窗。禅堂中间供佛的空间尺寸为 2 米见方，供奉的是释迦牟尼的第一大弟子摩诃迦叶。禅堂地面应铺 40 厘米见方的青砖，按方砖的划分布置禅凳和行禅活动。

禅堂有四大法器：钟板、香板、散香、慧命台上坐木鱼。禅者的生活，不用语言，每天在单纯的号令下，井然有序。

钟板是禅者每日行坐参修的主要引导。钟板悬挂于香桌上方，钟上板下，规格随禅堂的大小而有所不同。禅门沩仰、法眼、云门、曹洞、临济五宗的禅堂里挂着形状尺寸各不相同的各家钟板。沩仰宗钟板样式为半月形，字句为"天下太平"；法眼宗为三角形钟板，字句为"三类化身"；云门宗为八角的圆形钟板，字句为"圆满报身"；曹洞宗为直式钟板，字句为"立地登天"，后来改为"顶天立地"；临济宗为横式钟板，字句为"横行天下"，该宗后学改为"横遍十方"。钟板用于禅堂大板香、起香，挂二板讲开示、止静及扬板。禅修则是以燃香时间为标准。

催板靠近钟板，是挂在墙上的一块较小的板，用于跪香中站板及讲开示后催促再次跪香。而放置在维那香桌上的木鱼，用于起香、抽解、小香止静、开静。

香板用以警策修行，是一块形如宝剑的木板。监香香板，是在禅七时使用的。

引磬是如碗状的小钟，用小铁枹打击，用于大板起香、扬板与钟板三结三交及开静、问讯出堂。

叫香，是指以两片长方形木块互击出声，用于集众进堂、跑香中催香以及抽解小净后，警示进堂坐香及开静后维那示意下坐。

释迦牟尼佛坐在一棵菩提树下冥想修行，在七七第四十九天终于悟出了佛道。这可以说是佛教坐禅的起始。之后演化出禅七这个佛门中精进修行的仪规，通长以七天为单位，可连续七个星期，长达四十九天。在禅七中，方丈和领禅者都有单独的位置。禅修者只能在吃饭、大小解时离开禅堂。

禅堂的门应是有木轴的门，门的声音很重要。禅修者进禅堂礼拜就座后，会听到第一道木门轴磨动和关门声，这时外门就关闭了，和外部隔绝了，心就应当静下来。第二道木门轴磨动和关门声是禅堂的，这一声应当很响亮，接着是用木杠的顶门声，这时对外一切都已经了断，开始禅修。

中国佛教禅堂的平面布局似乎有古印度石窟寺的影子。如西印度阿旃陀第一窟、第十七窟等，平面呈四面围合，有一条主轴，轴线的正面为佛龛，对面为石窟的出入口，中间是一个开放的场地，四周有回廊，回廊外为坐禅区，再外侧有一圈环绕的小型僧房。两相比较，中国禅堂中央也是宽阔的场地，四周为坐禅区，再外也有僧人住的地方，不同的是佛的位置不在禅堂的北面而是禅堂的中央。

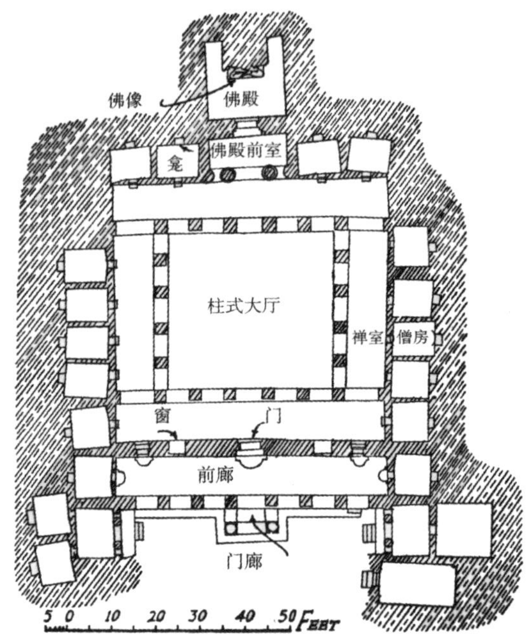

阿旃陀第1窟平面
来源：李崇峰《佛教考古——从印度到中国》

（六）毗卢阁

毗卢阁是在明代佛寺中常建的殿堂。多为双层楼阁式，其上下层设置的佛像略有不同。据明姚广考《无界寺毗卢阁碑》说："阁成，上供法、报、化三佛及设万佛之像。左右度以大藏，诸经法匭。后建观音大士，示十普门。下奉毗卢遮那如来，中坐千叶摩尼宝莲花座，一叶上有一如来，周匝围华。旁列十八应真罗汉，二十威德诸天。珠缨宝幢，幡盖帷帐，香灯瓜花之供，靡不毕备"。（《金陵梵刹志》卷十六）由于阁中供奉有许多佛像并常常用来收藏经卷图书，毗卢阁有时也被称为万佛楼或藏经阁。

（七）转轮藏殿

据传转轮藏由梁代傅翕（善慧大士）所创。根据《释门正统》卷三《塔庙志》的说法：傅翕怜悯信奉佛教的世人，有不识字者，或者虽然识字却因为其他原因无暇批阅者，取法轮常转之意开创了转轮之藏，即一种中心立轴可以回转的佛经书架，对佛法有信心的人推一圈，就相当于阅读了经书。"从劝世人有发于菩提心者，能推轮藏，是人即与持诵诸经功德无异。"殿前面供奉大士宝像，及八大神像，称作天龙八部。

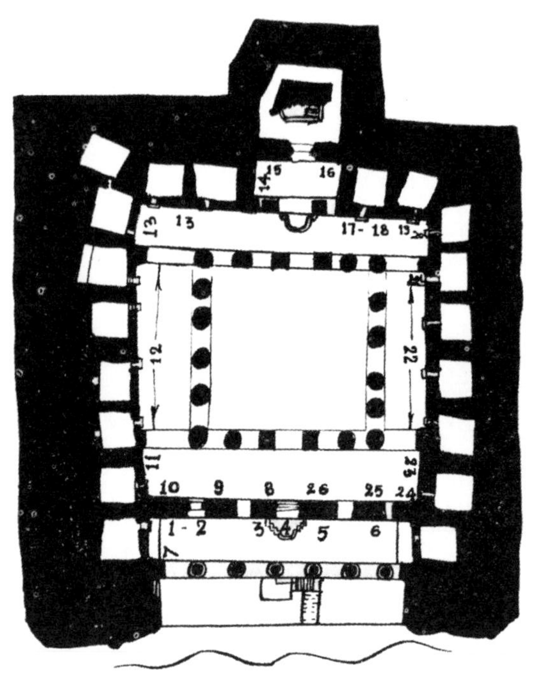

阿旃陀第17窟平面
来源：李崇峰《佛教考古——从印度到中国》

转轮藏的机械构造非常先进，唐代后转轮形制更为精美，安放佛龛，悬置彩画和镜子，并环藏敷座。白居易《苏山南禅院千佛堂传藏右记》:“堂之中，上盖下藏。盖之间:轮九层，佛千龛，彩画金碧以饰。环盖悬镜六十有二。藏八面，面二门，丹染铜锴以为固。环藏敷座六十有四。藏文内转以轮，止以棍。径幽二百五十有六。经卷五千五十有八。”(《全唐文》卷六百七十六)

转轮藏殿即为转轮藏设立的专殿。首创于江浙一带，南方寺院较为盛行，尔后推及至北方地区。现存的最古老的转轮藏位于河北正定隆兴寺转轮藏阁。规模最大的转轮藏殿当属北京颐和园内万寿山之前的转轮藏建筑群，为帝后礼佛诵经之处，正殿为两层楼阁，两侧各有双层八角形配亭。亭内有木塔贯穿楼阁，储存经书佛像。塔中有轴，地下设有机关，可以转动。

(八)伽蓝殿

伽蓝殿供奉守护伽蓝土地的神像，在古代又称为土地堂。它位于佛殿的东面，寺院的守护神有十八位。现在一般在殿内供奉最初设施造祇园精舍的给孤独长者、祇陀太子及其父波斯匿王三像。

(九)祖师殿堂

相对伽蓝殿，祖师殿堂位于佛殿西侧，多供奉达摩或当寺开山祖师。宋白云守端说:“天下丛林之兴，大智禅师之力也。祖堂当设达摩初祖之像于中，大智禅师像西向，开山尊宿像东向，得其宜也。不当止设开山尊宿，而略其祖宗耳。”(《林间录》卷二)现在一般佛寺的祖师殿堂，达摩祖师像居中，慧能像居左，百丈像居右，三像并坐。

(十)浴室

浴室以安置跋陀婆罗(善守菩萨)像为传统，可能因为《楞严经》中记载跋陀婆罗以水因有所悟，“于浴僧时，随例入室，忽悟水因，既不洗尘，亦不洗体，中间安然，得无所有，宿习无忘;乃至今时从佛出家，令得无学”。现在佛寺中的浴室，又叫作“宣明”，也与《楞严经》中“彼佛名我跋陀婆，妙融宣明，成佛子住”的说法有关。

(十一)香积厨

香积厨指规模比较大、历史比较久远的寺庙中的厨房。最初安置被视为佛寺中监护僧食者的洪山大圣菩萨像。自元代以后，则多供奉大乘紧那罗王菩萨像。

(十二)大斋堂

大斋堂指在寺院中众僧人集体就餐的场所。僧人用斋的规仪是要先唱供养偈，然后过斋。因为佛教提倡众生平等，所以僧人就餐并不因地位有所区分。大的寺院有时要供上千的僧众用餐，其灶房的大锅甚至一次可以煮饭50斤以上，烧菜等百斤以上。

(十三)钟鼓楼

寺院中的钟鼓楼在山门后相对而立，左(东)为钟楼，右(西)为鼓楼。多采用顶部为重檐歇山式的建筑形式。

钟楼俗称钟撞堂、钟堂、钟台，为伽蓝七堂之一。钟楼中的钟是寺院中重要的法器，源于印度祇园精舍无常堂所悬挂的颇梨钟，有独特的形制，用来召集大众或早晚报时，分别称为唤钟和梵钟，叩钟时要唱念叩钟偈。有的钟楼下面供奉地藏王菩萨，道明为其左胁侍，闵公为其右胁侍。

鼓楼顶部的鼓也是用来僧众集会和报时。寺院早晚也要敲鼓，与钟声相互应和，顺序是早上先敲钟后接鼓，晚上先敲鼓后接钟，所以称为晨钟暮鼓。有的鼓楼下面供奉的是文殊菩萨;也有的寺院供有伽蓝神关羽，关平为其左胁侍，周仓为其右胁侍。

四、中国佛塔

(一)佛塔信仰

在佛教史中，释迦牟尼佛涅槃后，上座部与大众部分裂，佛教僧团形成不同的部派，直至大乘佛教兴起前，此一时期称为部派佛教。部派佛教以出家人为中心，重视戒律，以释迦牟尼所说的“法”为核心，以通过修行得到这个法，获得解脱为目的。而佛陀是法的化身，他完成了普通人做不到的事情，所以具有超乎常人的力量，但部派佛教并不将他视作是救济众生的“神”。大乘佛教，被视作大众部的延伸，在笈多王朝时期得到深化和发展，出现重要的大乘经典和宗师，对佛陀的理解也有了新的发展，诞生了大乘佛教特有的三身说，也是重要的佛陀观。“大乘”意为大的乘载物或广阔的道路，自称能运载无量众生从生死苦恼的此岸到达觉悟解脱的彼岸，修行者除了自我解脱外，也关心众生之苦，所以在大众中广泛流传，无法避免的出现了“救济信仰”，认为佛陀具有救济众生的愿望和力量。“救济佛”的观点是对在家信徒的关照，在家信徒不需要遵守非常严格的戒律，以虔诚的信仰，仰赖佛陀的大慈大悲得到救济。

佛塔是佛教早期纪念释迦牟尼的标志性建筑，对佛教来讲是重要的礼拜对象。阿育王等人在各地建塔，推动了佛塔信仰盛行。大乘佛教中重要的“救济佛”信仰，和佛塔礼拜相结合。早期的在家信徒没有组织，围绕着佛塔形成了交流的场所，并逐渐形成自己的团体，发展成与出家僧伽不同的信仰集团，后来发展成大乘佛教集团，可以说在古印度佛塔是以在家信徒为重点的。就《大般涅槃经》等记载，释迦牟尼临终时交代阿难，出家弟子不要参加处理遗体的仪式。释迦牟尼去世后，处理遗骸的是拘尸那揭罗的末罗人，而分舍利后建舍利塔的也都是在家信徒。据估计当时佛塔有专门的不是出家人的管理者。根据《四分律》《五分律》《摩柯僧祇律》等律经记载，佛塔和精舍属于不同的系统，精舍是“僧物”即归僧伽所有，但佛塔是“佛物”，僧伽不能随便处理。

古印度的佛塔有二种：一种是埋葬佛骨舍利的称为窣堵坡；另一种是无舍利的称为支提。窣堵坡和支提组成古印度佛教道场的最基本的建筑。古印度佛塔的原型为覆钵形的坟墓式建筑，由基座、覆钵、平台、相轮和宝顶五部分组成（参考释惠如：《中国佛塔》），其典型特点是顶端的正中立一根串有许多圆盘的“刹”。基台象征着大地，半球形的覆钵表示苍天，这和中国古人认识宇宙的模式是相同的。中国古人认为大地是方的，向四方延伸；天是覆半球状的，所谓“天圆地方”。竖立的柱杆表示世界无形的轴线，天地万物围绕着中心轴被组织了起来。华盖是各种世界和统治着上天的诸神的象征。平台中的遗物是佛陀的现世显现，整个佛塔即是表示印度佛教的宇宙观，把今生世界结构和宇宙的结构接连为一个整体，把宇宙的概念和意义带给现世。

佛陀涅槃后 200 年，阿育王时代，佛教在印度发展至巅峰，佛塔建筑随之进入空前繁荣时期。据传阿育王在位期间，共建造 84000 座佛塔，并分别遣使到尼泊尔、斯里兰卡、缅甸、克什米尔，直至地中海等地传教建塔。可以说，是佛塔的兴建，推动佛教由一个地方教派发展成为最早和最大的世界性宗教。

释迦牟尼在信众中有一个由圣人敬仰到佛陀崇拜的过程。起初舍利是构建佛塔的前提和核心，也是佛塔意义之所在。但是随着佛塔的大量建造，佛陀遗物、遗发等象征物也用来建塔，从而出现了“箭塔”“发塔”“牙塔”“齿塔”“骨塔”“衣塔”“钵塔”“瓶塔”“爪塔”等。凡是能引起对佛陀思念的物品，均可以用来建塔。在佛教思想中，拜见佛陀舍利就如同拜见了佛陀真身。佛塔具有无比的庄严和神圣性。所以开始的佛塔并不展示佛陀的形象，随着信仰对于崇拜行为的接纳，开始供奉佛陀形象，直至中国出现供奉佛像的大殿逐步代替了佛塔。

在佛教传入中国以前，中国没有“塔”这种建筑。印度的“塔”传到中国，常被意译为“方坟”“圆冢”，又被音译为“塔婆”“浮图”“佛图”“浮屠”等。

佛塔随着佛教一同传入中国。佛塔进入中国后即刻就转换为中国式的建筑元素来表达，即重叠楼阁的形式附加了一些印度佛塔的元素，如藏于内的舍利（或遗物）、塔顶的柱杆与华盖。中国的佛塔组成包括地宫、塔基、塔身、塔刹四部分。中国阁楼式的塔体现了与印度佛塔相同的宇宙观，具有相同的意蕴。只不过中国的塔用层数的奇数代表天，用平面图形的偶数代表地，用垂直向上的空心塔代表沟通天地诸神灵的通道。中国人认为地是四方的，所以早期的塔平面大部分是四边形的。佛塔一般是 7 ~ 13 层，7 层即金、银、琉璃、砗磲、玛瑙、真珠、玫瑰，宝塔之名由此而来。

地宫是汉塔独有的，这与中国人“入土为安”的墓葬习俗有关，佛舍利（遗物）就安置在地宫中。初期的塔基低矮而稳固，唐代后，逐渐升高分出基台和基座两部分。塔刹由印度塔移植而来，是最具佛教象征意义的部分，分成刹座、刹身、刹顶三个部分。刹座即印度的须弥座或仰莲座；刹身的相轮汉化为奇数，且多为十一轮；刹顶装饰华美，由圆光、仰月、华盖、宝珠构成，皆象征着佛。

藏传佛教进入内地后，藏传佛教的塔也在汉地兴起。但从历史的趋势看，在汉传佛教中，塔的地位逐渐被大殿所取代，直至在寺庙里成为附属的建筑。

我国现存的最古老的佛塔，是建于北魏的河南登封嵩岳寺塔。现存檐数最多，塔身最高的佛塔是建于宋代的河北正定开元寺塔，高度达 84 米。

（二）佛塔种类与中国佛塔的技术成就

1. 中国佛塔的种类

中国佛塔在漫长的历史中形成了众多的形制，分类方式也多种多样：按层级分；按形状分；按所纳藏之物分；按建筑材料分；按性质意义分；按塔排列位置之样态分；按样式分等。从常见的外表造型和结构形式上来看，大体可以分为以下七种类型：

（1）楼阁式塔。是吸收了中国古代的楼阁形式，形成的汉民族所特有的佛塔建筑样式。南北朝的云冈和敦煌石窟的雕刻中即可见楼阁式塔。楼阁式塔的塔身平面有方形、六角形、八角形和圆形四种，唐代均为方形，五代之后出现其他形状。楼阁式塔往往体形比较高大，层数比较多，多为自下而上逐渐减小。塔身的层数与塔内的楼层往往是一致的，相邻两层之间外部设腰檐，为叠涩出檐或斗栱承托出檐。塔内一般设有砖石或木制的楼梯，可以攀登，很多塔在每一层外墙设门窗，有的还有平座和栏杆，供人凭栏远望。楼阁式塔在历史上出现过多种类型的结构形式，唐代以前多为单层塔壁的空筒式，外筒为砖石，内设木制楼层、楼梯。宋、辽、金时代，在塔的中心砌砖柱，形成柱和筒的双层结构。宋代开始将楼层楼梯也用砖石制，与塔身融为一体。宋代以前的塔座多不用基座，宋代开始设简单台基。隋唐以后，出现了砖石仿木结构的形式。我国现存的楼阁式塔中，江南地区的塔多为砖身木檐，斗栱承托出檐深远，飞檐挑角，层层设平座，多有栏杆；北方地区的塔多用砖砌叠涩出檐，出檐较短，很少有平座和栏杆。很多著名的中国古塔都是楼阁式塔，比如唐代的大雁塔，五代的妙乐寺塔、云岩寺塔，北宋的开元寺塔，南宋的六和塔，辽代的应县木塔、庆州白塔等。

（2）密檐式塔。是在外观上具有密檐结构的楼阁式塔，是由楼阁式的木塔向砖石结构发展时演变而来的。密檐式塔形体一般也比较高大，第一层很高大，而之上各层的层高却大大缩小，各层的塔檐紧密重叠，形成密檐的效果。塔身的内部一般是空筒式的，或者实心的，往往不能攀登。塔身外墙多设假门和假窗，无平座栏杆。密檐式塔在唐代及唐代之前是主流，之后建设的也多为仿唐塔，因此塔身平面大部分都是正方形的；而辽代则在唐式密檐塔的基础上融合契丹风格发展出辽式密檐塔，一度成为北方佛塔的主流。著名的中国古代密檐式塔有南北朝的嵩岳寺塔，唐代的小雁塔，宋代的宝光寺塔、无量宝塔，金代的白马寺齐云塔、宝轮寺塔等。

（3）亭阁式塔。是最早出现的佛塔类型之一，塔身的外表就像一座单层的亭子，在顶部增加了塔刹作为佛教的标志。这种塔一般不会建得很高，最高的实例也不过 15 米左右。由于结构简单、费用低廉、易于修造，僧尼墓塔往往采用这种类型。亭阁式塔流行于南北朝至唐代，金代之后逐渐衰落。早期的亭阁式墓塔多作空心结构，内设塔室供奉佛像、舍利等，中唐之后多做实心结构。塔身平面有方形、六角、八角和圆形四种。材质有木、砖、石。从外形上来看，可分为单层单檐和单层重檐两种类型，极少数有三层檐。另外还有一些亭阁式塔在第一层塔檐上部加建了一个小阁。虽然亭阁式塔的数量远不及楼阁塔和密檐塔，但艺术品质却往往比较高。

（4）覆钵式塔。覆钵式塔来自于印度古老的传统的窣堵坡佛塔形制，在中国很早就开始建造了，主要流行于元代以后。不论体形大小，覆钵式塔的基本造型是相同的。自下而上是须弥座、覆钵式塔身、小须弥座、相轮、伞盖、流苏和宝瓶。相轮为圆锥形，最多有十三层，被称为“十三天”。因其流传与元代大兴喇嘛教有关，在中国覆钵式塔又被称之为喇嘛塔。覆钵式塔主要是用来做舍利塔，后被用作僧人的墓塔，明代以后发展成为了僧人墓塔的一种普遍形式。全国现存最大的覆钵式塔是北京的妙应寺白塔，建于元代，是元世祖忽必烈请尼泊尔的匠师阿尼哥设计并主持建筑的。覆钵式塔在传入中原后，经历了三个不同时代的演变，形成了三种不同的艺术风格。元代的塔形粗壮，覆钵粗大，相轮上下直径的变化很大，伞盖直径的变化相对较小，风格粗犷；明代的塔身逐渐减瘦，相轮上下直径的变化减小，风格秀气；清代的塔覆钵加高，相轮减细，伞盖小巧，风格清秀华丽。

（5）花塔。花塔又名华塔，以独特的造型表现华严宗的莲花藏世界。塔的下部为单层亭阁式塔身，上部为圆锥形塔冠，塔的高度能到 20 ~ 30 米。塔冠装饰繁复的花饰，密布着各种精细的浮雕和佛龛，往往佛龛多达百余。花塔出现于唐末，盛行于宋、辽、金时期，到元代基本绝迹，仅存在了约 300 多年。国内现存花塔仅十几座，著名的有北京万佛堂花塔、镇岗塔，河北的广惠寺花塔、庆化寺花塔等。

（6）金刚宝座式塔。金刚宝座式塔供奉佛教中密教金刚界五部主佛舍利，在中国流行于明朝以后。以在一个高大的台座上建造五塔为基本特征，发展出多样的具体形制。往往台座中设可以攀登的梯级，五塔中的一塔居中较为高大，四角的塔较为矮小。五塔的形制并没有一定的规定，有的是密檐式的，有的则是覆钵式的。各塔的须弥座上，分别雕刻着大象、狮子、孔雀、金翅鸟王等动物图案，象征着金刚界五部主佛，即五方佛。中国现存的金刚宝座塔仅十几座，且均建造于明代以后。著名的有北京真觉寺金刚宝座塔、四川彭州市的金刚宝座塔等。

（7）过街塔和塔门。过街塔属于藏传佛塔的体系，是喇嘛教常见的建塔方式。顾名思义，它修建在街道上，下有门洞可以穿行；塔门形式与过街塔类似，只是不一定建在街道上，门宽一般只容行人经过。元统一全国后，把这两种塔带入中原，所以门洞上所建的塔一般都是覆钵式的，有一塔、三塔并列、五塔并列等形式。门洞上的塔就是佛祖的象征，那么凡是从塔下门洞经过的人，就等于是向佛进行了一次顶礼膜拜，这是建造这类塔的初衷。过街式塔主要集中在蒙、藏地区，至今保存下来不多。我国现存著名过街塔有西藏拉萨过街塔、三座白塔，西藏阿里神山冈仁波齐下的过街塔，青海塔尔寺塔门，居庸关关城内过街塔，承德普陀宗乘之庙五塔门，镇江云台山过街塔等。

此外还有造像式塔、宝箧印式塔、无缝塔、多宝塔等其他形制。还有一些佛塔的造型非常别致，难以归类。

2. 中国佛塔的技术成就

在汉代末年，佛塔就已经风行全国了。据《后汉书》记载，汉末三国时期，丹阳人笮融“大起浮图。上累金盘，下为重楼，有堂阁周回，可容三千许人”。浮图即是佛塔，浮图的称呼一直到隋唐才改成为塔。

我国佛塔的建筑材料可分为木塔、砖石塔、金屋塔、琉璃塔等。两汉南北朝以木塔为主，塔本身就是一种木结构高层建筑。木材料质轻，强度高，抗拉，抗弯，抗剪性能好，但木材易腐烂，易失火。受雷电影响较大。

建于辽清宁二年（公元 1056 年）的山西应县木塔是木结构佛塔的典型，由内柱和外柱构成双层套筒结构，采用具有弹性的木榫卯构造，可以避免剧烈的损伤。这个塔的结构和构造采用了中国高超的木结构技术，以一组完整坚固的框架体伫立了近千年。

北魏中期，砖的出现，使砖塔逐渐取代了以前的木塔。新技术叠涩砌砖法的出现，使得砖石仿木结构的楼阁塔为可能。

唐宋时砖石塔得到了发展。

我国砖木结构的塔都在江南，北方只有一个孤例，就是河北省正定县城里的天宁寺塔，结构和构造均非常特别。塔为八面九层，塔身下部四层用砖造，上部五层用木造，各层砖面砌出柱梁枋斗十分简洁。在塔的内部沿袭已近绝迹的古制，设有塔心柱一根。而江南一些大砖塔基本都有刹柱，刹柱较短，仅从顶层向下伸入二或三层，是由塔心柱发展而来。

河北武安常东寺塔，为北宋时代建造，是至今还保存完好的砖塔。塔平面八角形，十三层，高 40 多米。塔分内外两层，塔心为一个八角形实体，内外层之间有回廊环绕，拾级而上可达十三层。各层塔心柱体有佛龛，中供佛像。从下仰望全塔各层都出现密密麻麻的斗栱，显得构造非常复杂，造型玲珑，外观挺秀。

早期的木塔来源于楼阁，其平面也与楼阁相一致，大多为四方形。所以从南北朝以后，隋唐两朝的古塔都是方形平面。出于使用和坚固两方面的考虑，古塔截面发生了变化，由方形演变为八角形（八面），六角形（六面）等。古塔截面的变化是古塔发展上的又一次创新。古塔平面改变八角形后有效地扩大了视野，同时还有利于减少风力。

（三）汉、南北朝时期的佛塔

除河南登封嵩岳寺塔外，现今已无此一时期的佛塔的遗迹。但可从石窟、绘画和文献以及出土的小型石塔中有所了解。云冈石窟中一些有塔心柱的石窟，就表现了北魏以塔为中心的佛寺造型。南北朝时建造的北魏洛阳永宁寺塔，据记载高达 100 多米，堪称中国历史上最高大的佛塔。

嵩岳寺塔为砖筑密檐式塔，总高近 40 米，由地宫、塔基、塔身、塔刹四部分组成。平面为十二边形，创造性地采用筒体结构。下部塔身高耸，挺拔，中上部则是十分密集但又柔和的塔檐。其造型风格对后世塔影响很大。

从文献资料可以看出，这一时期的都城中，可以说是佛塔遍布，极大地影响着城市的氛围和气质。

舍利塔雕像

印度佛塔

佛塔作為佛涅槃的象征，佛的象征產生于印度。釋迦牟尼死後，遺體火化變成各色舍利，八國分取舍利建塔供養。八國在佛祖一生中最有意義的八個地方：誕生、悟道、成佛、初輪法輪、降伏外道、從忉利天宮返回人間、平息佛教從中部爭論、測算壽數、涅槃等處建造八大最有意義的佛塔。還有一種說法是釋迦以身飼虎，留下舍利、使母虎復活而哺育七只虎崽。舍利是構建佛塔的核心，佛教從也用佛陀遺物來建塔，出現有髮塔、發塔、牙塔、齒塔、骨塔、衣塔、鉢塔、瓶塔、爪塔等。拜見舍利如同拜見佛陀。見塔如見佛，這即是建造成千上萬座佛塔的思想基礎。古印度佛塔的原型是半球形的坟墓，建築頂上正中立一根串有許多圓盘的刹，後此建築形式逐漸發展，成為由基台、覆鉢、平台、柱桿和華蓋五部分組成的佛塔。基台象征着大地，半球形的覆鉢表示蒼天，豎立的柱桿表示世界無形的軸，天地萬物圍繞着中心軸被組織了起來，華蓋是各種世界和上天諸神的象征，平台中的遺物是佛陀的現世显現，整個佛塔是印度佛教宇宙觀的象征，呈現着死到生的辯証關系，承接佛和宇宙的象征。

印度桑奇大塔（焦毅强 绘）

塔也稱浮屠佛經中有云本師釋迦牟尼親自向阿難尊者教示造塔之法規并以袈裟疊為四層正方上置覆鉢及錫杖以示在大藏經中有許多造塔規格及意塔大致都依佛示而建塔表佛之三身三界及五大安奉聖者舍利經書聖物以合緣塔頂禮者集功德佛塔基台表十善業三階表三寶獅座表法住於世蓮座表六度基座四角表四無量心整塔表含三十七道品在內的六十名數

甲午年龍泉賢首頂禮

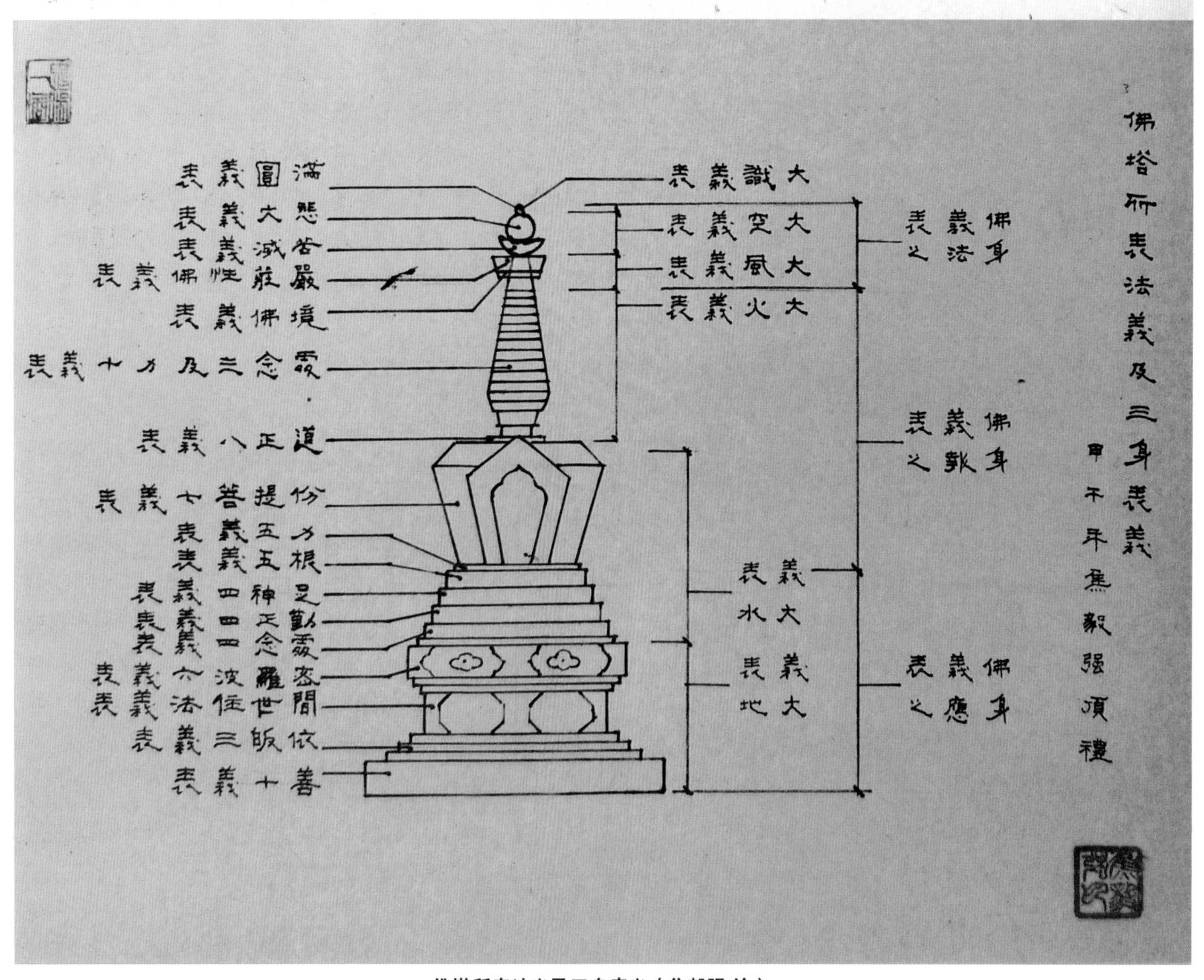

佛塔所表法义及三身表义（焦毅强 绘）

塔刹其本身就是一座完整形式的小佛塔被視為佛法的宗高象征位于塔的最高處是觀表全塔和塔工最显着的標設由刹座刹身刹頂和刹桿組成刹座一般為須彌座形仰蓮瓣形忍花葉形或素平台座有的刹座內還有刹穴以存舍利佛像佛經刹身主要由刹桿相輪及華蓋組成相輪為單數最级為十三級刹頂由仰月寶珠式火焰寶珠組成中國塔的含意擴大形式為塔刹與中國本土建築的結合甲午龍泉賢笠

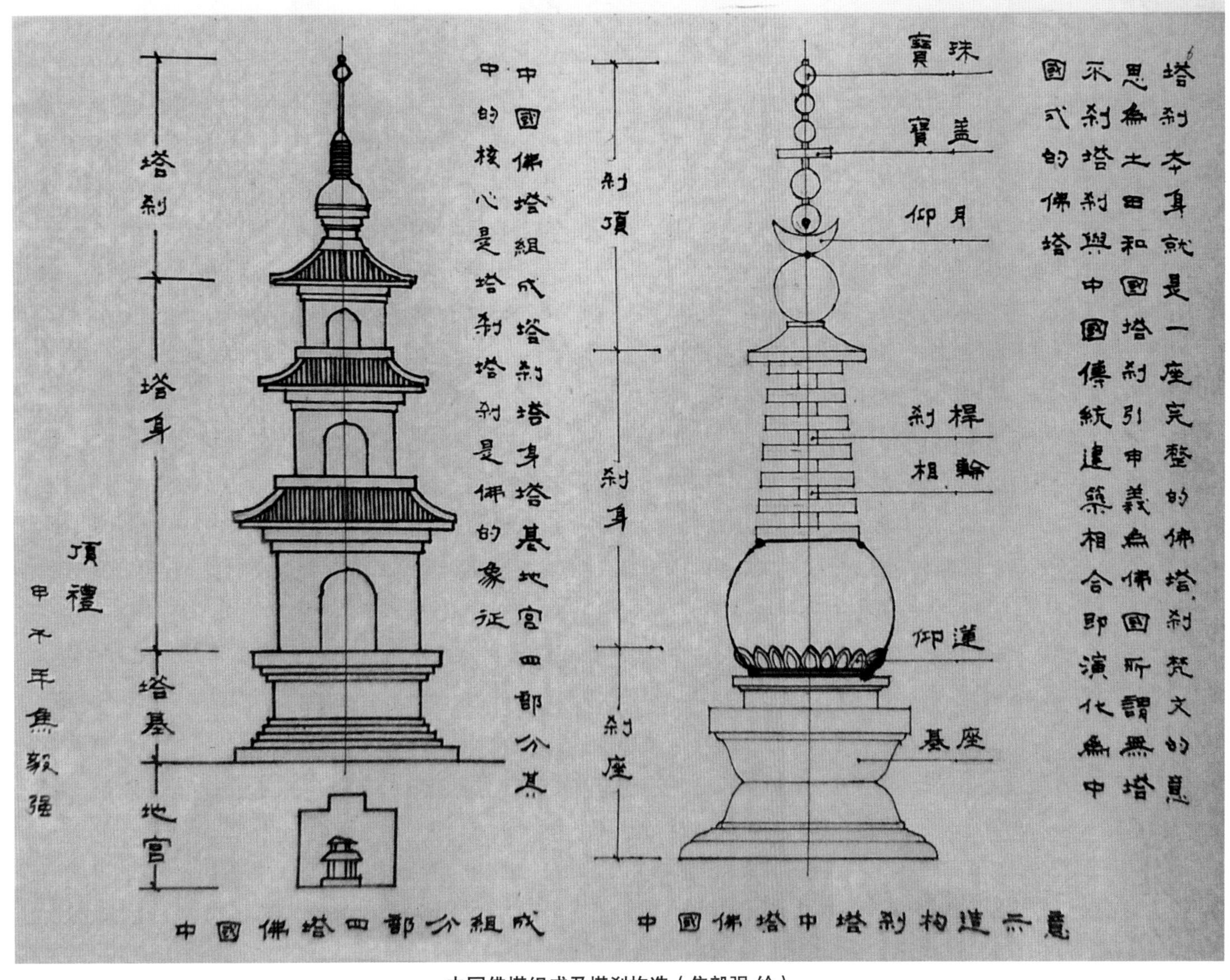

中国佛塔组成及塔刹构造（焦毅强 绘）

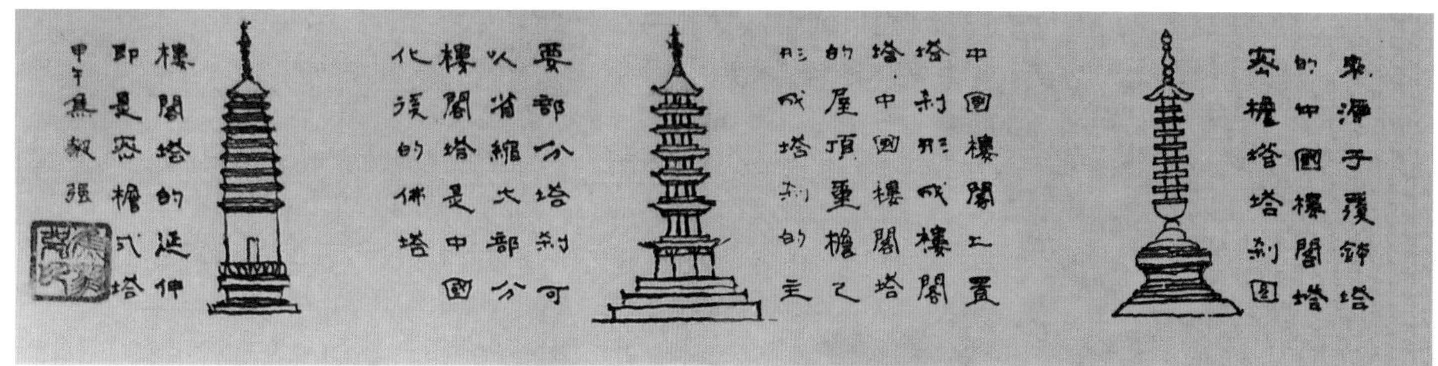

漢代隨著佛教傳入中國，佛塔建築在東漢末年就之風行全國。漢末三國時期，丹陽人笮融大起浮屠，上累金盤，下為重樓，有堂閣周回，可容三千許人，這些描述真實地記載當時佛塔建築的宏大與華麗。佛塔隨佛自一世紀傳入中國後，中國人將印度原有的覆鉢式塔的造型及深刻的宗教喻意與中國傳統樓閣及深刻的本土儒道精神相結合，便產生了樓閣式的佛塔，繼而由樓閣式衍生出密檐式塔。唐以前及江南本樓閣式通過塔剎這種覆鉢塔形式的濃縮提練佛教塔建築的核心精神，形成中國樓閣建築與塔剎的完美結合，就象西方建築結合了十字架就視教堂一樣，唐以後尤其在磚塔中，樓閣的本體及中心柱可視為剎桿，重檐即是相輪了，樓閣的基座調整為須彌座，中國的樓閣建築已經含有塔剎的基座、剎桿、相輪等主要內容和喻意，從此，中國樓閣式佛塔的塔剎進一步減化了，出現了多種形式，一是部分塔剎已無覆鉢部分塔剎已無相輪，大部分塔剎均無基座，剎已經中國化了。中國幅員遼闊，不同地區具有不同的地域文化特點，因派生出各種不同風格式樣的佛塔，佛塔的內容還被延伸，比如風水塔、燈塔、瞭望塔等。中國立在寺院中的塔是由覆鉢式發展演變而來的。早期的佛塔基本上都是中國建築形式的樓閣式塔，其次有密檐式、覆鉢式、金剛寶座式、五輪式塔等等。密檐式塔的第一層較高，以上各層驟變低矮，高度面闊亦漸縮小，且愈上收縮愈急，各層檐緊密相接，整體輪廓是炬彈形。覆鉢塔為藏傳佛教常用。金剛寶座塔仿印度菩提迦耶精舍而建，大方台上建五個正方檐密小塔。五輪五解脫輪法界塔。甲午龍泉賢答

楼阁式、密檐式塔及其塔刹示意（焦毅强 绘）

楼阁式——鸡鸣寺塔（焦毅强 绘）

密檐式塔——楞严塔（焦毅强 绘）

覆鉢式或稱喇嘛式金剛寶座式五輪式或稱亭閣式這三种形式佛塔也在中國流行這三种形式中國本土化較少覆鉢式與窣堵坡基本相同元代後大量在漢族地區出現如北京妙峰山石塔白塔慶塔五台山大白塔圖照寺喇嘛塔呼和浩特席力圖召喇嘛塔遼寧延壽寺塔沈陽护國法輪寺塔河南林州惠明寺塔西藏桑耶寺塔等五輪式塔流行于宋遼金時期如少林寺法玩禪師塔普通塔北京妙香亭塔等龍泉贊答

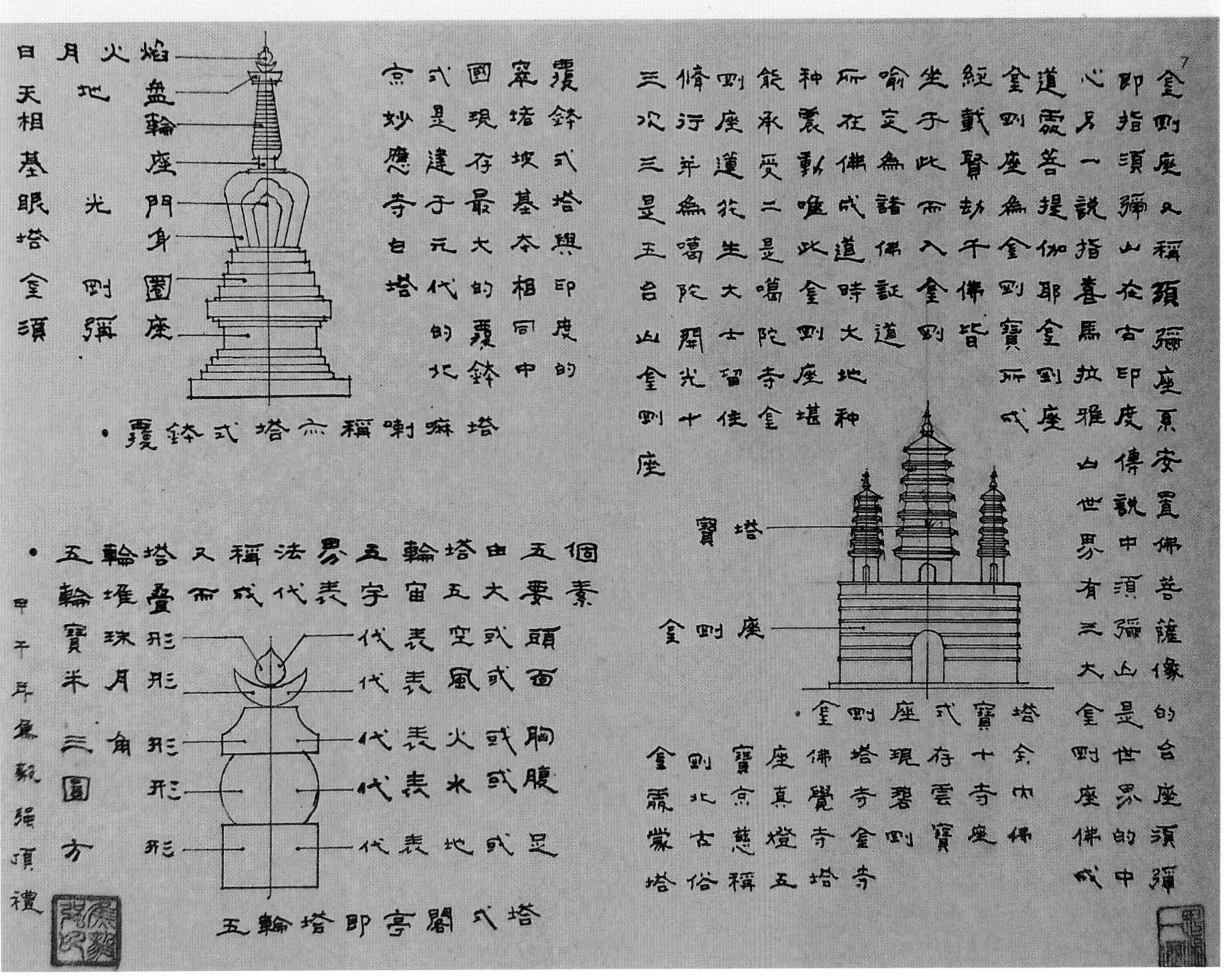

覆钵式、金刚宝座式塔示意（焦毅强 绘）

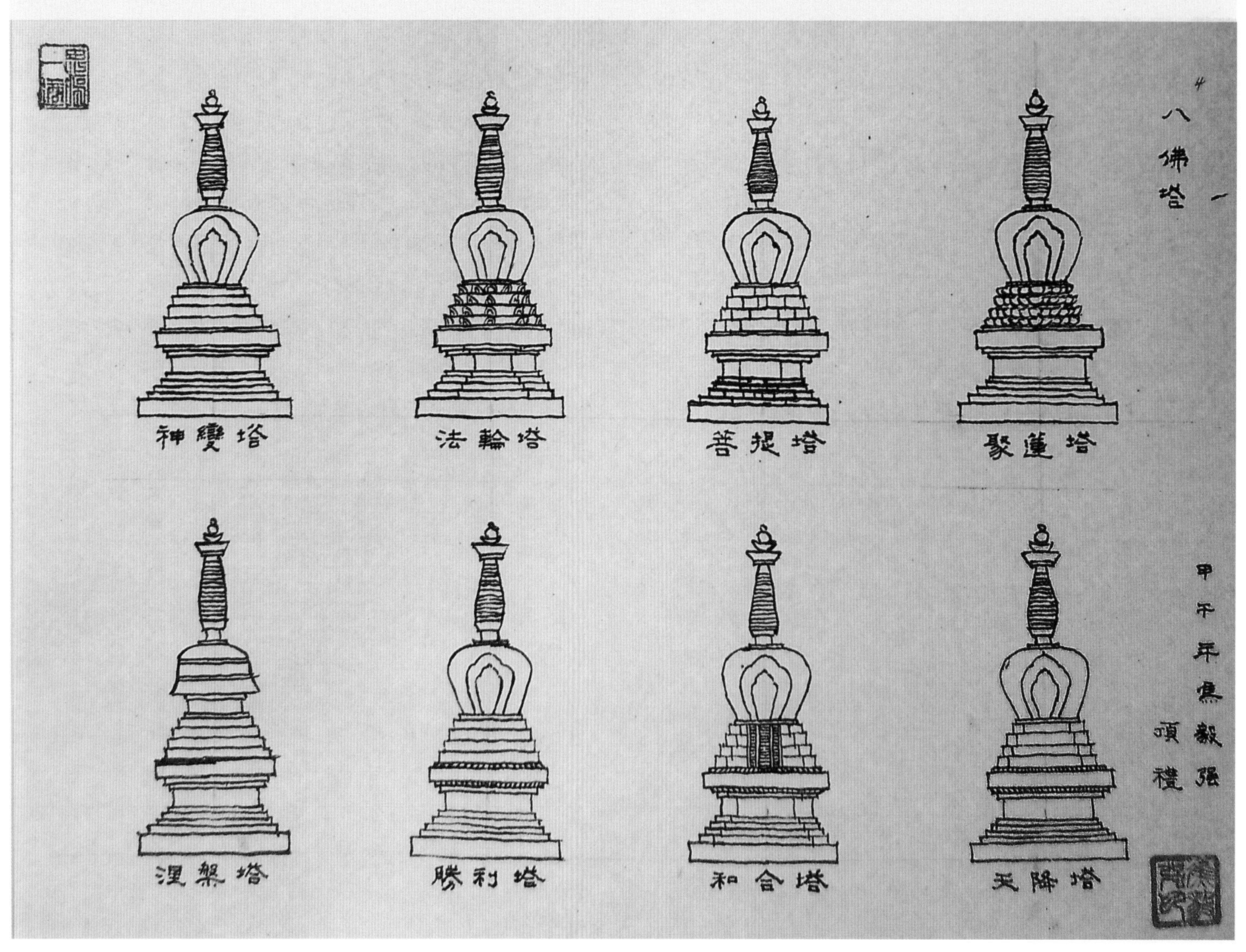

覆钵式塔细分示意（焦毅强 绘）

西藏多為覆鉢式喇嘛塔，源于印度和尼泊爾。桑耶寺四塔紅、綠、黑、白，建于主殿四角與殿角距數十米。八世紀末佛教大師寂护和蓮花生在桑耶寺傳法，始建公元八世紀吐蕃王朗時期，是第一座剃度僧人出家的西藏寺院。寺院布局依照密宗大千世界結构的曼荼羅建造。烏孜大殿代表世界中心須彌山、周圍的四大殿表示四大部洲，和八小洲、太陽、月亮殿象征日月、圍墻象征世界外圍的鐵圍山。甲午年龍泉譽谷記

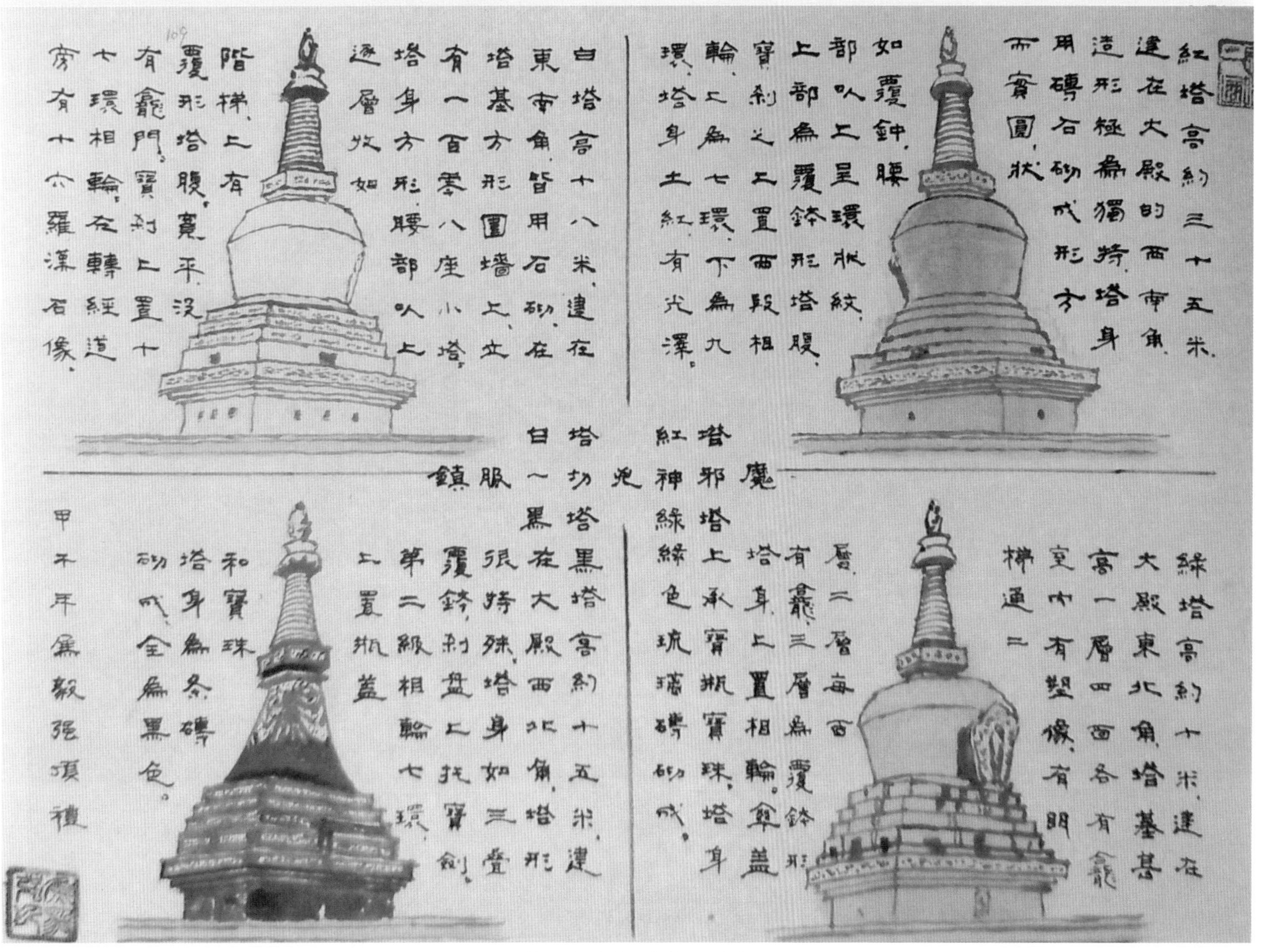

覆钵式喇嘛塔（焦毅强 绘）

黑城遺址位于內蒙古是古絲綢之路北綫上保存最完整規模最宏大的一座古城遺址該城建于西夏時期公元九世紀公元一三七二年被明朝攻破后廢棄現存城牆為元代平面為長方形周長約一公里最高達十米並築有瓮城牆西北角上保存有高約十三米的覆鉢式塔一座城內的官署府第倉數佛寺民居和街道遺迹仍依稀可辨城牆用黃土夯築而成城西北角有五座覆鉢式附屬塔甲午年龍泉賢谷記
居延城外猎天驕白草連天野火燒暮雲空磧時驅馬秋日平原好射雕
王維詩塞上作
內蒙古阿拉善黑城遺址甲午年焦毅強
黑城遗址（焦毅强 绘）

佛頂尊勝陀羅尼咒殊勝
元北京妙應寺白塔
甲午年焦毅强
妙應寺白塔是元代修建的喇嘛塔由尼泊爾工匠阿尼哥奉敕修建至元十六年建成後又在塔前建了大聖壽萬安寺白塔塔基高九米塔高五十米九為亞字形須彌座蓮座上有五条環帶承托塔身塔身覆鉢式俗稱寶瓶其上又有亞字型小須彌座再上是十三天相輪頂端為直徑九米七的華蓋四周是三十六銅鈴華蓋中心有座高五米的鎏金寶頂白塔淵源印度窣堵坡甲午年龍泉賢若記

妙应寺白塔（焦毅强 绘）

北京真觉寺金刚宝座塔（焦毅强 绘）

普陀山多寶塔也稱太子塔爲普陀四寶之一建于元元統二年塔高
三十二米四面五層有台無檐太湖石砌成三層四面各鎸古佛一尊
每層挑台置石欄石柱端刻有天神獅子蓮花等底層基座平台較寬
四周欄下雕有龍首卅個頂層四角飾有蕉葉山花塔造型别致氣韵
古樸有寶塔聞鐘之美名多寶塔取法華經多寶佛塔之義而定是普
陀山唯一保持原貌的最古老的建築甲午年龍泉賢谷記
海山第一
元浙江普陀山多宝塔
甲午年焦毅强

普陀山多宝塔（焦毅强 绘）

鎮江雲台山過街塔名為昭關石塔位于雲台山北麓北臨長江相傳為三國時孫劉聯姻時所建當年稱為瓶塔現塔建于元末明初位于過街中塔就是佛從塔下券門經過就是禮佛昭關石塔是我國唯一保存下來的年代最久的過街石塔塔高五米喇嘛塔分為塔座塔身塔頸十三天塔頂五部分全部用青石雕成塔橫卧小街中間給臨江小鎮增添不少古朴的雅趣

甲午年龍泉賢谷記

镇江云台山过街塔（焦毅强 绘）

云南陆良大觉寺千佛塔（焦毅强 绘）

北魏洛陽永寧塔復原圖
甲午年焦毅强
永寧寺塔洛陽伽藍記載永寧寺熙平元年靈太后胡氏所立也中有
九層浮圖一所架木爲之舉高九十丈有刹復高十丈合去地一千尺
去京師百里已遥見之浮圖有九級角角懸金鐸合上下有一百卅
鐸浮圖有四面面有三户六窗户皆朱漆扉上有五行金釘合有五千
四百枚復有金環鋪首殫土木之功窮造形之巧佛事精妙不可思議
綉柱金鋪駭人心目永寧寺塔合今一百三十米甲午年
永宁寺塔（焦毅强 绘）

五台山佛光寺祖师塔（焦毅强 绘）

五台山大白塔
名為釋迦文佛
舍利塔是五台
山的標志高五
十余米為譽清
凉第一勝境据
載塔在漢明帝
以前就有了現
存大白塔建于
元大德六年由
尼泊爾匠師設
計為覆鉢式古
人稱為高入雲
神燈夜燭清凉
第一勝境也塔
基正方形環周
八十三米又過
高七十五米之
通體潔白塔身
狀如藻瓶塔頂
蓋銅板八塊形
成圓形圓盤上
是風磨銅寶瓶
圓盘周長二十
三米銅頂高五
米從甲午年龍
泉賢谷記
五台山
大白塔
甲午年
焦毅强
古印度阿育
王用五寶七
金鑄成八萬
四千座佛舍
利塔分布大
千世界中五
台山大白塔
獨得其一五
台山台懷之
地東漢明帝
時西域僧人
摩騰看其似
佛祖說法之
靈鷲山

五台山大白塔（焦毅强 绘）

（四）隋唐五代时期佛塔

隋朝帝王崇信佛教，隋文帝杨坚曾为母三次在全国各州建木构舍利塔113座，均未留存，隋佛塔遗留至今的仅有山东历城四门塔。唐代仍盛行修建佛塔，但一般已不建在佛寺中心，而建在主院殿前的两侧或主院外的东南或西南方向，同时大量建造墓塔。单层和多层塔均较流行，其平面有方、六角、八角，构造有木、砖、石。

隋唐木塔史籍所载颇多，仅隋大兴（唐长安）一地，有隋代建禅定寺木塔、静法寺木塔、法界尼寺双塔等，唐代建慧旦寺塔等，但均无实体遗迹。隋唐砖塔保存尚多，除了一些单层的墓塔外，多层的楼阁型与密檐型塔的典型例子为西安慈恩寺塔和兴教寺玄奘墓塔。隋唐石塔多为单座小塔，但轮廓秀美，雕刻精工。以平顺唐明惠大师塔和南京栖霞寺塔为代表。

五代战乱时期佛寺佛塔建设量很少。佛塔的平面由正方形过渡到六及八边形，形象逐渐复杂，并继续仿木构形式。塔由内部空筒式转变为壁内折上升形式，使塔的楼板、外壁、塔梯三项结合在一起。

隋唐五代著名佛塔见表10-1所列。

隋唐五代著名佛塔 表10-1

名称	地点	材料	级/层数与高度	平面	类型	简述
隋舍利塔	湖南长沙岳麓山	石	单层	方形	覆钵式	底部是塔基，作须弥座式；中间四角作蕉叶状，浮雕力士像5尊，含有守护宝塔的意思；上层顶端僧帽宝顶形状
四门塔	山东济南	石	单层，15米	方形，7.4米	亭阁式	是仅存的单层石塔。全塔由朴素的青石砌成。塔四面各开一半圆形拱门，由此得名。塔内中心有大石柱，四面各有石雕佛像。塔檐叠涩出五层，四角攒尖锥形塔顶。塔刹由露盘、山花、芭蕉叶、相轮等组成
龙虎塔	山东历城	砖石	10.8米	方形	亭阁式	塔基为3层须弥座，塔身由4块完整巨大的方石筑成，四面辟有火焰形券门，周身密刻高浮雕。塔室内砌方形塔心柱，其四面各雕一尊佛像。塔顶为砖砌重檐，檐下斗栱承托，顶置覆盆相轮塔刹
九顶塔	山东历城	砖石	13.3米	八面	亭阁式，塔顶密檐式	塔身下部设塔室，内供佛像。中部一面开门，之上叠涩向外挑出17层，至塔顶又叠收进16层，各面均呈凹形曲线。塔顶上有9座方形密檐砖塔，小塔8座，高2.9米，外圈环绕，中央筑有中心塔，高5.3米
泛舟禅师塔	山西运城	砖	10米	圆形底直径5.8米	亭阁式墓塔	由塔基、塔身、塔刹三部分组成，每部分高各占1/3。塔身中空，内为六角形小室，顶部为叠涩式藻井，中有小孔，直通上室，上室仍用反叠涩砖收缩至塔顶。塔身外以8根倚柱分隔为八面八间。塔刹以两层山花蕉叶承托覆钵，宝珠冠顶。造型古朴。是唐代圆形塔的孤例
大雁塔	陕西长安慈恩寺	砖	七层，64.7米	方形，25.5米	楼阁式	为安置玄奘法师取经带回的经像舍利所建。由基座、塔身和塔刹组成。塔基巨大，四面设石门，线刻佛像、殿堂。塔身磨砖对缝，向上收缩，收分较大。各层砌檐柱、斗栱、阑额、槫枋、檐椽、飞椽等仿木结构。塔内设木梯，每层四面可出。宝瓶状塔刹
玄奘舍利塔	陕西长安兴教寺	砖	五层，21米	方形，5米	楼阁式	塔基低矮。塔身向上内收，收分较大。壁面用砖砌出八角形倚柱、额枋、斗栱、叠涩出檐等仿木结构。第一层内有方室供奉玄奘塑像，之上为实心
无尘塔	福建仙游九座寺	石	三层，14.2米	八面，直径6.45米	楼阁式	为空心塔。基座为莲花石雕，各层角柱成瓜楞形，塔尖为莲花葫芦形。塔前有月台，塔南、北开门，塔内有螺旋形石级盘旋而上
法兴寺舍利塔	山西法兴寺	石	七层，30米	方形	楼阁式	位于寺院中轴线上，通体用条石砌筑，双筒结构，塔梯在双筒之间，内部为壁边折上式
镇国寺塔	江苏高邮	砖	七层，35.4米	方形	楼阁式	塔壁逐级递收，层层之间都有叠砌砖出檐，腰檐特短，呈梯形。塔顶为四角攒尖式
栖灵塔	江苏扬州大明寺	木	九层	方形	楼阁式	隋塔，唐代毁。今人重建
虎丘塔	江苏苏州	砖	七层，47.5米	八面	楼阁式	又名云岩寺塔。塔身由下向上收分。为砖木套筒式结构，由外墩、回廊、内墩和塔心室组成。两层塔壁的层间以叠涩砌作的砖砌体连接上下和左右。外壁每层转角处设有檐柱，四正面设门
雷峰塔	浙江杭州	砖石木	十三层，71.7米	八面	楼阁式	为砖石内心塔，外建木构楼廊，内壁石刻《华严经》，塔下供奉金铜十六罗汉

续表

名称	地点	材料	级/层数与高度	平面	类型	简述
闸口白塔	浙江杭州	石	九层，14.4 米	八面	楼阁式	由石块拼接垒叠而成的实心塔，逐层收分。基座的下层雕山峰海浪，上层为须弥座。塔身转角设倚柱，每面用双立柱分为三间，其中四面有门，其他四面浮雕
南翔寺双塔	上海嘉定	砖	七层，11 米	八面	楼阁式	塔位于山门内两侧。塔上火焰形壶门，棂窗简朴，斗栱精巧，栏板细腻塔刹挺秀
小雁塔	陕西长安大荐福寺	砖木	十五级，43.5 米	方形，11.6 米	内楼阁外密檐	塔身从下面而上，每一层依次收缩，每层叠涩出檐，整体轮廓呈自然圆和的卷刹曲线。全塔以条形砖砌成空筒，内设木楼板，内壁砖砌蹬道可上塔顶
莺莺塔	山西永济普救寺	砖	十三级，50 米	方形，8.35 米	密檐式	塔檐叠涩出檐，收分很小。塔身南面开门，塔内中空到顶，结合墙壁构造，产生独特的回音效应
法王寺塔	河南登封	砖	十五级，40 米	方形，7 米	密檐式	首层很高，塔身砌成平直壁面。塔檐以砖叠涩层层挑出，外轮廓层层收分，至上部几层收分较急。塔内为方形空心塔室。最上为短刹顶。有地宫
七祖塔	河南汝州风穴寺	砖	九级，24 米	方形	密檐式	塔身从上向下由细渐粗，至中部又由粗渐细，外轮廓似抛物线形。塔刹由十重相轮、宝盖及火焰纹构成
须弥塔	河北正定开元寺	砖	九级，39.5 米	方形	密檐式	塔身建在高约 1.5 米的正方形砖砌台基上，塔身第一层较高，自二层向上开始收缩
云居寺唐塔	北京云居寺	石	七级，4 米	方形	密檐式	各塔均由两层石板相叠而成矮小的塔基，塔身全部用汉白玉建造，第一层塔身内设佛龛，从第二层塔身开始，每层用叠涩法砌出塔檐，在塔顶处安置葫芦形塔刹。4 唐塔与中心的北塔构成最早的金刚宝座式塔的雏形
宁波天宁寺塔	浙江宁波	砖	五级	方形	密檐式	塔身首层高，以上逐层收缩，每层用砖叠涩，出檐较远。首层开有壶门，以上各层四壁均设龛。塔内为正方形空洞式结构，上部穹隆顶
千寻塔	云南大理	石	十六级，69.1 米	方形	密檐式	塔身为白色，塔基为方形 3 层，底层特高有石栏环绕，塔内设木梯，可通顶层，顶层有瞭望孔。塔刹为覆钵式，有宝盖、宝顶和金鸡等。全塔中部微凸，上部收分缓和
弘圣寺塔	云南大理	砖	十六级，43.9 米	方形	密檐式	为空心塔。三层基座逐层收缩。塔身各级之间用砖 6 层叠涩砌成，出檐 2 尺。下部内收较缓，上部内收较急
东寺塔及西寺塔	云南昆明	砖	十三级	方形，12 米	密檐式	东塔 40.6 米高，西塔 35.5 米高。均为空心塔。均在底层南面辟一门，从第二层起檐下四面均开券洞，置石佛。西塔塔内有回形木梯可登塔顶
栖霞寺舍利塔	江苏南京	石	五级，18 米	八面	密檐式	与同代密檐塔只有一层素平台基的做法不同，在塔下用须弥座为基座，座上并有仰莲式平座，正面砌出四级台阶。之上塔身先设二层基坛、三层须弥座，再以上各层塔身体量较小，塔檐厚重，挑檐较深，各檐都由整块石材刻成，檐下刻出凸圆线脚。塔石面雕饰华美
安阳天宁寺塔	河南安阳	砖	五层，34 米	八面	密檐楼阁混合式	各檐大小完全相同，无丝毫收分或卷杀。塔刹是覆钵式塔。塔内有楼梯登顶
大姚白塔	云南大姚	砖	18 米	圆形	窣堵坡式	平面台基为八角形，塔体为一大圆球，上圆下锐，成椭圆形，无塔刹
千佛塔	四川都江堰灵岩寺	石	13 级，3 米	圆形，底径 7.5 米	窣堵坡式	为实心塔。下设须弥塔基，上置覆钵塔身，下大上小，各层雕满结跏趺坐佛像

隋舍利塔位于長沙岳麓山清風峡南側隋文帝楊堅為感戴僧尼智仙撫養之恩于隋仁壽二年建塔外形酷似一僧帽分三層塔基作須彌座式四角作芭蕉葉形浮雕力士像中層以整塊石琢成圓形兩端收分似紡錘上層為一僧帽狀石通高五米邊長一米三塔五代時被毀民國初复建

甲午年龍泉賢谷記

隋舍利塔（焦毅强 绘）

四门塔（焦毅强 绘）

龙虎塔（焦毅强 绘）

九顶塔（焦毅强 绘）

運城泛舟禪師塔位于鄒國寺遺址上創建于唐長慶二年為圓形亭
閣式磚塔是泛舟禪師的靈骨塔泛舟禪師是唐高宗李治之孫泛舟
禪師塔高十米為正圓形塔頂塔身塔基各占三分之一束腰與上下
疊之間刻蓮葉尖形圓塔身用方形磚柱分為八間南面開一小門六
角形內室上部為迭澀式藻井上有一小方孔直達塔頂塔頂雕山花
蕉葉覆鉢清花蓮仰蓮寶盖上為寶珠甲午年龍泉賢藝記
泛舟禪師游歷既廣且能詩善画
在画壇詩林均有影响尤其所画
羅漢絕俗超群宋人黄休復的益
州名画录記述泛舟詩名高節字
巾咸知善筆書图画時人比之懷
素閣文本宋人的宣和画譜說泛
舟最善于画羅漢像羅漢狀貌古
野殊不类世間所傳豐頤蹙
額深目大鼻或巨顙槁
項黝然若夷獠異
类見者莫不
駭瞩泛舟所
画羅漢大異
常人他自稱
所繪羅漢怪
異形象從梦中所見後
蜀翰林學士歐陽炯曾作禪
月大師應梦羅漢歌西岳高僧名
泛舟高情峭拔凌清秋天教水墨
画羅漢魁岸古容生筆頭泛舟的
十六應真像為後世羅漢像范本
泛舟禪師塔
甲午年龍泉賢荅

泛舟禅师塔（焦毅强 绘）

唐西安慈恩寺大雁塔
甲午年 焦毅强
大雁塔位于西安大慈恩寺内唐永徽三年取經歸來的玄奘法師
為保存由天竺經絲綢之路帶回的經卷佛像而捐建大雁塔作為
現存最早規模最大的唐代四方樓閣式磚塔是印度佛寺建築形式
隨着佛教傳入中原地區并融入漢文化的典型塔身七層高六拾
四米五大雁塔仿西域窣堵形磚面土心不可攀登每層皆存舍利
武則天曾新建
甲午年龍泉賢谷記

大雁塔（焦毅强 绘）

玄奘塔位于陝西少陵原畔興教寺慈恩塔院中唐高宗麟德元年玄奘法師圓寂後葬于白鹿原高宗總章二年迁葬現址建塔它是現在存最早的樓閣型方形磚塔五層高二十三米各層迭澀檐都采用一種自由彎曲的輪廓綫塔檐挑出較遠較厚第一層塔身南面辟磚砌拱門內有方室供奉玄奘塑像甲午年龍泉脩谷記

玄奘舍利塔（焦毅强 绘）

法兴寺舍利塔（焦毅强 绘）

镇国寺塔（焦毅强 绘）

半月騰騰在廣陵
何樓何塔不同登
共怜筋力尤堪任
上到栖靈第九層
白居易詩
步步相攜不覺難
九層雲外倚闌干
忽然笑語半天上
無數游人舉眼看
劉禹錫詩
揚州大明寺栖靈塔
甲午年焦毅強
寶塔凌蒼蒼
登攀覽四荒
頂高元氣合
標出海雲長
萬象分空界
三天接畫梁
水摇金刹影
日動火珠光
鳥拂瓊帘度
霞連綉栱張
目隨征路斷
心逐去帆揚
露浴梧楸白
霜催橘柚黄
玉毫如可見
于此照迷方
李白詩

栖灵塔（焦毅强 绘）

虎丘塔（焦毅强 绘）

西湖雷鋒塔保俶塔，一南一北，隔湖相對，有雷鋒如老衲，保俶如美人之譽，是現今湖畔雙塔的美景，稱為雷鋒照。雷鋒塔為吳越國王錢俶因黃妃得子建，初名皇妃塔，因建于雷鋒，稱雷鋒塔。白蛇傳中白娘子被法海鎮在雷鋒塔下。舊塔已毀，現為新塔，高七十余米，八面五層樓閣式。保俶塔建于五代十國時，北宋重修，高四十五米，三七層樓閣式，八面實心塔，塔剎鐵質黑色，由寶瓶相輪等組成。
甲午年龍泉賢谷記
杭州西湖
雷鋒塔與
保俶塔
甲午年
焦毅强

雷峰塔（焦毅强 绘）

杭州閘口白塔位于錢塘江邊建于五代吳越末期塔旁原有白塔寺該塔是五代吳越時期仿木構塔中最精美典型的一座具有較高的歷史藝術价值塔為八面九層白石分段雕成的實心塔高十四米由塔基塔身塔剎三部分組成逐層收分輪廓挺拔秀麗塔身塔剎殘有殘缺每層轉角設倚柱每面中間有兩柱塔身四面雕佛菩薩檐下雕五鋪作斗拱檐上設平座平座前沿安裝欄杆形成外回廊甲午年龍泉賢谷記

闸口白塔（焦毅强 绘）

南翔寺雙塔建于五代至北宋初年傳南朝梁天監年間有農民鋤地得一石常有雙鶴飛來止立石上有僧人募化建寺寺建後鶴南翔不返故名南翔寺塔七級八面高十一米磚制仿木江南樓閣式南翔寺雙塔是全國僅有的年代最悠久的仿木樓閣式磚塔為南翔八景之一名雙塔晴霞

甲午年龍泉賢谷記

南翔寺双塔（焦毅强 绘）

雁塔晨鐘
噌吰初破曉來霜
落月遲遲滿太荒
枕上一聲殘夢醒
千秋勝迹總蒼茫
清朱集義題
唐西安荐福寺小雁塔
甲午年 焦毅强
小雁塔位于西安荐福寺内是唐代密檐磚塔建于唐景龍年間
原有十五層現有十三層高四拾六米塔身每層叠澀出檐南北
面各辟一門塔身從下向上逐層内收形成秀麗舒暢的外輪廓
門框用青石砌成塔内為空筒式結構設有木構樓層有木梯直
上塔頂小雁塔及其古鐘即雁塔晨鐘列入關中八景
甲午年龍泉賢苔記

小雁塔（焦毅强 绘）

莺莺塔（焦毅强 绘）

登封法王寺是中國最早的佛寺之一法王寺塔建于盛唐是唐代
甚基中國早优美的古塔塔方形密檐式第一層塔身比例精當以
上密檐十五層總高四十余米第一層正面有圓券門可通入塔心
以上各層四面各開一小圓券法王寺塔的輪廓綫中部微微膨出
上下收小整體呈梭形檐端連成極柔和的弧綫體現唐代宮庭藝
術法王寺環境幽美為登封八景之嵩門待月
甲午年 龍泉齋書
隋河南登封法王寺塔
甲午年焦毅强

法王寺塔（焦毅强 绘）

風穴寺始建于北魏原名香積寺為中國四大名刹之一唐代七祖寺是唐開元年間寺中貞禪師的墓塔原禪師為風穴寺開山七祖塔身為典型的唐代密檐式磚塔第一層設真門其余各層設拱券假門從疊出檐形態既雅風穴寺位于叢柏蒼翠的風穴山風穴以山崖間有一奇洞洞很深每當大風將起洞内便發出雷鳴般吼聲頃刻間風從洞中沖出猛烈可攝風穴山由此得名
甲午耶龍泉贅
并記
唐汝州風穴寺七祖塔
甲午年焦毅强

七祖塔（焦毅强 绘）

房山雲居寺北塔建于遼天慶年間塔的造型極特殊是樓閣式覆鉢式和金剛寶座三種形式的組合體塔的基合四隅各有一方形的唐代小塔塔的形狀為下部八角須彌座上建樓閣式磚塔兩層其上置覆鉢和十三天塔剎完全是早期喇嘛塔式樣北塔因身曾以紅色刷飾又俗稱紅塔高三十米四塔身八面分設拱門甲午年龍泉齋谷

云居寺北塔（焦毅强 绘）

南京棲霞寺舍利塔是中國五代時期的佛教石塔是中國最大的舍利塔棲霞寺建于南朝齊永明元年舍利塔後于隋文帝仁壽元年原為木塔現存石塔建于五代南唐塔為密檐式五級八面高十八米全用白色石灰岩砌造基座須彌座和仰蓮均有精美雕刻塔身五層均出檐深遠第一層較高約三米第二層高一米以上各層逐層減低采釈門塔刹五層各有蓮花雕飾甲午年龍泉賢荅記

栖霞寺舍利塔（焦毅强 绘）

安陽天寧寺塔又稱文峰塔建于五代後周廣順二年塔高三十八
米六五趙朴初贊曰層傘高擎寧坡洹河塔影勝恒河可憐雕飾
妙不負平生一瞬過塔身為五層樓閣密檐式從下至上逐層增大
呈傘狀是國內外罕見的建築風格塔頂正中聳立十米高的塔刹
塔刹為寶瓶狀從塔頂可見古城安陽全景塔門有知府黃邦寧的
題字文峰聳秀
甲午年龍泉賢谷記
後周河南安陽天寧寺塔
甲午年焦毅強

安阳天宁寺塔（焦毅强 绘）

大姚白塔位于寶頂山頂始建于唐代天寶年間是雲南早期金剎塔的實物例證為藏式喇嘛塔是密宗流傳滇西的遺物塔形构制特殊據說原塔頂有塔刹塔身上部呈圓饅形基座小于上部呈八角形系青磚所砌上大下小的塔身怪異足極塔身表面全用白灰涂抹遺磚均印有大佛頂八大靈塔咒十方諸佛鎮塔咒
唐雲南大姚白塔
甲午年 焦毅强

大姚白塔（焦毅强 绘）

（五）宋代佛塔

宋朝初年佛教得到保护和扶持，佛寺和佛塔大量恢复和新建。八面（八角形）佛塔逐渐成为主流，建造方式也改变了用砖砌外筒，内部用木楼梯、木楼板的方法，而是采用各种角度和相互交错的筒形券，将楼梯、楼板、龛室等砌成一个整体。宋代禅宗寺院兴盛，盛行“伽蓝七堂”制，佛塔退居于大殿的后侧边。

宋代佛塔以楼阁式塔为主，此外还有密檐式塔、造像式楼、宝箧印经式塔、无缝塔、多宝塔等其他形制。

宋代佛塔在组合上也出现不同形式，除单塔外，还有双塔、三塔、五塔和塔群等组合形式。建塔的目的也在供奉佛舍利的基础上有所扩展，如珍藏佛经、敬八尊佛等。

风格上则是不同于唐代的雄浑，变得纤巧秀丽、注重装饰。多用砖石结构砌筑高耸的佛塔，反映了宋代砖石建筑水平的不断提高。

1. 江南宋塔

唐末至五代时期军阀混战，大量人口从中原迁徙至长江中下游地区。至两宋，中国南方的佛教极为繁荣昌盛。江南，即长江中下游以南的地区，包括苏南、浙江、江西、皖南、鄂东南、湖南和粤北广大地区。江南地区两宋期间修建了数以千计的佛塔，其中砖塔占了绝大部分。江南宋塔，清秀挺拔，在造型上有如下特点:

（1）多为可以供人登临的楼阁式，从单纯的宗教崇拜的建筑，转为可供大众登高远望的绝佳去处。

（2）多采用砖身木檐结构，形象上更加突出木结构的特点。很好地规避了砖塔形象单一的弱点和木塔不易长久的弱点。塔内部结构形式多样，不拘一格。

（3）普遍采用副阶，即第一层塔身外部的回廊。副阶可以增强塔身的稳定性，又可为人们提供遮风避雨的空间。

（4）塔身材修长，塔高与底直径的比例多在 5 倍以上，同时由于木檐挑出深远，使得形体非常优美。

苏南浙江佛塔见表 10-2 所列。

苏南浙江佛塔　　　　**表10-2**

名称	地点	材料	级 / 层数与高度	平面	类型	简述
北寺塔	江苏苏州报恩寺	砖木	9 层，76 米	八面	楼阁式	石制须弥座塔基，砖制塔身，每层木制塔檐。底层塔檐阔大，副阶周匝。塔内设楼梯至塔顶。塔顶与刹约占塔高的 1/5
瑞光塔	江苏苏州盘门	砖木	7 层，54 米	八面	楼阁式	石质须弥座。从平面看由外壁、回廊及塔心组成。塔体由下至上逐层收缩，轮廓微成曲线。外壁以砖木斗栱挑出木构塔檐与平座。塔顶有屋檐。底层塔心的永定柱做法是珍贵的古建构造实例
多宝佛塔	江苏苏州木渎镇灵岩寺	砖木	7 层	八面	楼阁式	已毁，现代修复
楞伽寺塔	江苏苏州上方山	砖木	7 层，23 米	八面，塔底边长 2.4 米	楼阁式	原有副阶环绕，第二层仅有短檐，以上每层设腰檐和平座。正方形塔室，无塔心，每层四面辟门逐层交错
罗汉院双塔	江苏苏州	砖木	7 层，33.3 米	八面，底层对边距为 5.5 米	楼阁式	双塔东西相对，相距 15 米。塔体逐层收缩。方型塔室，逐层错闪 45 度，各层门窗方位也随之上下相闪。塔室内敷设木楼板，有木梯登塔。各层外壁隐出转角倚柱、阑额、斗栱，均仿木构。塔壁每层四面辟壶门，另四面隐出直棂窗。底层以上每层设平座和腰檐，腰檐起翘。顶端锥形铁制塔刹，约占楼高 1/4
聚沙塔	江苏常熟	砖木	7 层，22.7 米	八面	楼阁式	副阶周匝。塔室为正方形，底层正方位开门，其上各层相闪二门二窗。塔内有楼板及扶梯，盘旋至塔顶。底层以上每层设平座和腰檐，翼角起翘
崇教兴福寺塔	江苏常熟	砖	9 层，67 米	方形，底层八面	楼阁式	塔身每层设腰檐、平座、栏杆，可凭栏远眺。底层和二层有平面变化，二层以上收缩，高度递减。第七层开始中设木柱，直至塔顶，支撑塔刹
吴江慈云寺塔	江苏吴江	砖木	5 层，38.4 米	六面	楼阁式	从平面看，由回廊、塔壁、塔心组成。塔身下三层为宋代形制，其余为明式。底层以上每层施平座腰檐，辟有三面壶门，开口方向上下相闪。第四、五层有楠木刹柱直通顶端。塔刹约占古塔高的 1/4，由铁质覆钵、仰莲、五重相轮、宝盖、宝珠、受花和铜质宝瓶组成
慈寿塔	江苏镇江金山寺	砖木	7 层，36 米	八面	楼阁式	原为南北双塔。塔身每层四面开门，有走廊和栏杆可凭栏远眺，有楼梯盘旋而上。塔身腰檐向上反翘

续表

名称	地点	材料	级 / 层数与高度	平面	类型	简述
龙华塔	上海	砖木	7 层，41 米	八面	楼阁式	塔室内壁呈方形，内设楼梯旋转而上。塔身逐层收缩成密檐，每层飞檐高翘，角挂风铃。塔顶有七相轮
松江方塔	上海松江	砖木	9 层，42 米	方形	楼阁式	又名“松江兴圣教寺塔”。应袭唐代砖塔风格。塔身每层设木制平座和塔檐，塔檐挑出大反翘，每面砖砌倚柱。内部中空，每层设楼板、楼梯
保圣寺塔	江苏南京	砖	7 层，31 米	方形，边长 5.3 米	楼阁式	副阶周匝。塔身用青砖叠砌，逐层内收。层间飞檐翘角。内设木楼梯。每层设门、回廊。3.6 米高铁质塔刹
法华塔	上海嘉定	砖木	7 层，41 米	方形	楼阁式	又名金沙塔。塔身四面设壶门，各层有平座、栏杆、腰檐，层间飞檐翘角，下悬檐铃
六和塔	浙江杭州	砖木	7 层，59. 9 米	八面	楼阁式	塔内部砖石结构 7 层，外部木结构为 13 层。塔内每二层为一级，内为方形塔室，设螺旋阶梯直达塔顶。每面设壶门通外廊，各层均可倚栏远眺。塔身自下而上塔檐逐级缩小，塔檐翘角上挂了 104 只铁铃
飞英塔	浙江湖州	石砖木				为“塔里塔”，即有内外两层塔，内为石塔，又在石塔的外围建造了一座砖木结构的外塔。内塔为佛骨舍利塔，仿木楼阁式，下设须弥座，八面，五层不含塔刹高为 15 米，整座塔由白石雕刻叠砌，各层设平座与飞檐，各面均设壶门状佛龛。外塔为砖木混合楼阁式，八面，七层通高 55 米，四层以下为中空，之上各层设楼板。塔内壁设楼梯，上至塔顶，各层设斗栱承托的木构塔檐和平座
天封塔	浙江宁波	砖木	14 层，51.5 米	六面	楼阁式	塔层级分为七明七暗，地宫为第一暗层。各层设平座与飞檐
白象塔	浙江温州	砖木	7 层，31.3 米	六面，底径 7.8 米	宝箧印经式	从平面看，由回廊、塔壁、塔心组成，外壁厚 2.2 米。底层设有副阶，一面辟门，内置木梯，逐渐转至七层。塔身由下而上逐层高度递减，直径收缩。每层设平座腰檐，出檐宽大，翼角反翘。每面隐出檐柱和倚柱，组成三间式，明间辟门或设佛龛，内供佛像。每层可远眺观望
江心屿双塔	浙江温州	砖木	均为七层。东塔高 28 米，西塔高约 32 米	六面，东塔底层边长约 4 米，西塔底层边长 3.5 米	楼阁式	实际为夜航灯塔。双塔外形及结构极其相似。从底部到顶，收分明显。空筒式砖塔构造。塔身各层每边设一壶门，腰檐出檐平缓，各层未见有平座和栏杆
灵隐寺双塔	浙江杭州	石	9 层，8 米	八面	楼阁式	双塔东西对称，相距 42 米。塔为实心。自底层每层设平座腰檐，均有佛及菩萨浮雕像
甲辰巷砖塔	苏州	砖	5 层，6.82 米	八面，每边底宽 0.5 米，对径 1.2 米	楼阁式	塔身腰檐、平座、转角铺作及阑额、柱头枋等俱全。八面间隔辟壶门，隐出直棂窗，各层门窗方位交错设置，内部方室逐层转换 45 度

蘇州北寺塔又名報恩寺塔始建于三國吳赤烏年間傳孫權母吳太夫人舍宅而建唐開元間改為開元寺該塔稱吳中第一古剎五代為名報恩寺現存塔為南宋所建八面九層樓閣式磚木結構塔身雙層套筒之間為回廊木樓板塔高七十六米塔剎占全高五分之一塔心內各層有方塔心室各層有平座欄杆底層有副階與應縣木塔相仿塔重檐覆宇朱欄縈繞金盤聳立為吳中諸塔之冠甲午龍泉

蘇州北寺塔
甲午年焦毅强

北寺塔（焦毅强 绘）

蘇州盘門瑞光塔
甲午年焦毅强
蘇州瑞光塔始建于東吳孫權赤烏十年宋大中祥符年間從建改為
八面七層高四十三米磚木結构樓閣式脩復後高五十三米六層高
逐層遞減外輪廓微呈曲綫显得清秀柔和塔由外壁回廊塔心三部
分組成台基為石質須彌座塔身每層繞有木构的腰檐平座每面用
柱子分割為三間正中置壺門或直欞窗底層正北面南面和東西面
碑門二三層八面設門四層以上六錯置門甲午年龍泉賢答記

瑞光塔（焦毅强 绘）

蘇州靈巖山寺多寶佛塔
甲午年焦毅强

蘇州靈巖山多寶佛塔多寶佛法華經中之佛名多寶如来頭戴紺髮眉間放索毫光普照一切身相黃金色結智拳印安置多寶如来之塔隨法華信仰的盛行多寶塔多有建立靈巖寺多寶塔始建梁天監二年五代吴越時重建後毀清乾隆十五年修建七級八面高三十四米底層東南西北闢壺門二層南北闢門三層東西置門逐層變換塔內設木梯塔身四周設腰檐及回廊甲午年龍泉賢苔記

多宝佛塔（焦毅强 绘）

蘇州羅漢院唐咸通二年盛楚創建初名般若院五代吳越錢氏改為羅漢院北宋太平興國七年增建雙塔塔的外壁題為八角形但內部方室仍沿襲六朝舊制實為唐宋之間磚塔平面演變的實物例證塔為七層八角樓閣式高三拾三米三樓仿木塔二層以上施平腰檐腰檐微翹翼角輕舉逐層收縮造型玲瓏秀麗舊時喻為兩支筆室內數設木樓板有木梯可登甲午年龍泉賢芬記

罗汉院双塔（焦毅强 绘）

崇教興福寺塔宋建炎四年建寺基僧人文用謂此地客山高而主
位低請立浮圖鎮之县令采納建塔工程未竟文用去世咸淳年間
僧人法满重建高九級上施露盤表以金刹周設欄楯金碧丹漆成
一方巨觀興福寺塔属早期風水塔虽建于宋代仍沿襲唐方形樓
閣木塔的形制
甲午年龍泉賢谷記
宋江蘇常熟崇教興福寺塔
甲午年 焦毅强

崇教兴福寺塔（焦毅强 绘）

慈雲寺塔是一
座歷史悠久建
築雄偉的古塔
初建于孫吳赤
烏年間塔身下
三層均為宋制
其他為明代形
式慈雲寺塔為
樓閣式平面六
角形五層總高
三拾捌米四
磚身木檐底層
有回廊塔刹精
美約占塔高的
四分之一塔外
觀翼角輕舉玲
瓏挺秀塔內有
木梯可登臨為
吳江八景之一
慈雲夕照塔的
東南隔有一座
單孔拱形石橋
垂虹橋與寶塔
互成呼應构成
了拱橋塔影水
鄉特色甲午年
龍泉醫苦敘

吴江慈云寺塔（焦毅强 绘）

慈寿塔（焦毅强 绘）

龙华塔（焦毅强 绘）

松江方塔（焦毅强 绘）

保聖寺塔位于南京高淳區俗稱四方塔傳建于東吳赤烏二年系孫權為其母延壽祝福而建塔為四方八級磚木結構閣式高三十三米五塔的底層外設檐廊而依附塔身底層塔室內設磚雕佛十二尊各層翘角懸有銅鐘唐貞元十七年建保聖寺之毀現存塔為宋紹興四年重建塔身似健筆凌雲氣勢雄偉

甲午年龍泉賢苔記

保圣寺塔（焦毅强 绘）

嘉定法華塔又名金沙塔始建于宋開禧年間明清民国都有修繕法華塔已與河街橋組成江南水鄉佳景塔四面七層高四十米零八三磚木結构四面設壺門各層有平座欄杆腰檐層間飛檐翹角下懸檐鈴風動鈴聲清脆悅耳成爲嘉定人文勝景金沙夕照法華塔俗名文峰塔有祈求文興之意塔旁無寺無廟實爲風水塔塔古設禪堂塔眺望河水古街小橋构成嘉定一景塔地宫出土宋元明上萬件文物甲午龍泉賢答

法华塔（焦毅强 绘）

廬山煙雨浙江潮未到千般恨不消
到得原来無別事廬山煙雨浙江潮
宋杭州六和塔 甲午年 焦毅强
六和塔位于钱塘江畔月輪山上北宋開寶三年僧人智元禪師爲鎮江潮而建取佛教六和敬之義又名六合塔取天地四方之意塔高五十九米八九其建造風格獨特塔內部磚石結構分七層外部木結構爲八面十三層外形雄容大度氣宇不凡內有螺旋階梯相連塔檐自下而上逐級縮小各層可依欄遠眺蒼郁郁山賞心悅目

六和塔（焦毅强 绘）

飞英塔（焦毅强 绘）

天封塔（焦毅强 绘）

溫州江心雙塔
塔位江心的孤
嶼上東塔建子
唐咸通十年塔
高三十二米西
塔宋開寶三年
建双塔外形及
結构极其相似
平面都是六角
形每邊各層設
一壺門西塔高
卅八米均為磚
結构五面收分
明显都是樓閣
式二層腰檐均
較薄出檐平緩
二塔形象古朴
庄重塔心無柱
中部為上下貫
通的空筒塔至
還發揮航標作
用一川砥柱橫
滄海兩塔凌空
映彩虹潮聲喧
萬馬塔影浸雙
龍塔享譽古今
甲午年龍泉聲
塔記
孤嶼今才見 元來卻兩峰 塔灯相對影 夜夜照蛟龍
唐宋浙江温州江心屿双塔
甲午年 焦毅强

江心屿双塔（焦毅强 绘）

靈隱寺雙塔位于靈隱大雄寶殿前東西兩側建于五代吳越時期雙塔均高十一米八面九層會心塔基為磐石與須彌座上五代寶塔中盛行的九山八海須彌座上雕仰蓮束腰八面滿刻大佛頂陀羅尼經塔上部完全依照木塔形制分段雕凿塔之毀雙塔是靈隱寺最古老最有歷史價值的建築文物

甲午年龍泉賢谷記

灵隐寺双塔（焦毅强 绘）

甲辰巷砖塔（焦毅强 绘）

皖南佛塔见表 10-3 所列。

皖南佛塔 **表10-3**

名称	地点	材料	级 / 层数与高度	平面	类型	简述
赭塔	芜湖广济寺	砖石	五层，26.8 米	六面，底边长 3.5 米	楼阁式	底层塔门由地藏殿后墙进入，塔、殿融为一体。塔自下而上有明显收分，穿心式阶梯可直上塔顶。腰檐、平座、盲窗均为仿木砖雕，外墙面镶嵌佛像和莲花等纹饰
觉寂塔	潜山三祖寺	砖石	五层，30 米	八面	楼阁式	每层有四门，瓴盖筒瓦，飞檐翘角，斗栱相承，跳撑平座。顶层铁铸塔刹，上为葫芦形铁圈，下为宝瓶。中为镂有花纹的相轮五节
景德寺塔	宣城	砖	九层，34 米	六面	楼阁式	底层有副阶，塔壁开券门，门两侧作灯龛，各层塔身壁面均为“弧身”式样。为空筒式结构，每层有楼板，并用交叉梁承托。塔身造型优美，塔刹为金属制作

安徽蕪湖赭塔始建于北宋治平二年赭塔晴嵐為古蕪湖佳景之首久負盛名赭色雙峰拥古塔宛如瑪瑙飾奇能塔高五層八面玲瓏飛檐欽馬每層嵌有磚雕佛像塔頂呈圓形狀如一口倒扣大鍋塔為磚石結构高廿余米穿心式階梯直上塔頂赭塔坐落在廣濟寺院内尊為地藏王的新羅王子金喬覺渡海到中國先在蕪湖廣濟寺後去九華山開辟道場

甲午年龍泉贊谷記

赭塔（焦毅强 绘）

觉寂塔（焦毅强 绘）

江西佛塔见表 10-4 所列。

江西佛塔 **表10-4**

名称	地点	材料	级 / 层数与高度	平面	类型	简述
慈云塔	赣州慈云寺		九层，49.9 米	六面	楼阁式	从竖向看，由地宫、塔基、塔身、塔刹等部分组成。为空筒式结构。底部大回廊为重檐结构。之上每层每面为四柱三间，正中壶门。塔内明、暗层相间，建有木构飞檐回廊。每层均设平座腰檐，砖叠涩出檐，砖雕饰梁柱和斗栱。铁制塔刹
无为寺塔	安远	砖木	外观九级，61.3 米	六面	楼阁式	塔设有明、暗层共计 17 层，设阶梯至塔顶。塔用长方形、三角形、菱形、正方形四色青砖，黄泥拌谷糠交错砌成。每层木制楼梁、瓦梁和楼板，琉璃瓦檐面和顶
本觉寺塔	吉安	砖	九层，25 米	六面	楼阁式	第一至五层中空，有螺旋台阶可上
大圣寺塔	信本	砖木	九层，66.5 米	六面	楼阁式	每层三面假门，三面真门，穿壁绕平座回廊可登塔端。为江南北宋最高塔
浮梁红塔	景德镇	砖	七层，50 米	六面，底边长 5.2 米	楼阁式	青砖砌就，砂浆由石灰、糯米浆、红土和砂混合而成，经过长期侵蚀，将塔染成红色。采用穿壁绕座式结构。塔身逐层内收，各层砌出塔檐与平座
西林寺千佛塔	庐山	砖石	七层，46 米	六面	楼阁式	塔基为须弥座，底层南北开门。之上六面均设门，内设佛龛。每层均有斗栱支撑腰檐。斗栱和门窗均为仿木砖雕，饰以黑白两色。塔内供佛 1008 尊

橫看成嶺側成峰
遠近高低各不同
不識廬山真面目
只緣身在此山中
蘇軾題西林壁
甲午年龍泉賢谷書
宋江西廬山西林寺千佛塔
甲午年 焦毅强

西林寺千佛塔（焦毅强 绘）

海州花果山下的阿育王塔初建于北宋天聖元年因建在海清寺內又稱海清寺塔塔高四十米五塔基周長等于塔高也是四十米五穩固性極強多次地震都巋然不動塔為九級八面仿樓閣式磚石結构塔下面東西南北各開一拱形券門西門上額刻根深蒂固四字塔中心砌八角形中心柱沿梯可至八角形藻井的塔頂整個建築典雅大方結构嚴謹合理綫条明快透着朴實甲午年龍泉賢普記

阿育王塔（焦毅强 绘）

2. 西南宋塔

我国传统上的西南地区包括现在的云贵川渝一带，旧时曾有大理国。大理国是宋代以白族为主体在今云南一带建立的国家，后被蒙古国所灭。此地佛教传入较早。

西南宋塔见表 10-5 所列。

西南宋塔 表10-5

名称	地点	材料	级 / 层数与高度	平面	类型	简述
大足多宝塔	重庆	砖	七层，30 米	八面	楼阁式	每层对应塔身外壁两级塔檐，形似密檐塔。塔内外设佛龛造像。塔内设阶梯，可登塔顶
转法轮塔	重庆宝顶山	石	现存四层，10 米	八面	楼阁式实心	塔身上大下小，各层塔身有佛龛
小佛湾石塔	重庆宝顶山	石	三层，7 米	方形	楼阁式	塔身设佛龛，雕刻经目。塔檐角翘。塔顶为四角攒尖式，上设塔刹
崇圣寺三塔	云南大理	砖				三塔由一大二小三阁组成。大塔又名千寻塔，俗称“文笔塔”，方形底部边长 9.9 米，十六级，高 69.13 米，为密檐式空心砖塔。南北小塔均为十级，高 42.17 米，为八角形密檐式空心砖塔
弘圣寺塔	云南大理	砖	十六级，40 米	方形	密檐式	全塔刷白灰，其外形与崇圣寺三塔中的主塔颇为相似，都是南诏古国的建筑风格
佛图塔	云南大理	砖	十三级，30 米	方形	密檐式	空心塔。四面塔壁设佛龛置佛像，塔顶有青铜葫芦形宝鼎

宋重庆大足北山多宝塔
甲午年
焦毅强
大足北山多寶塔又名北塔位于重慶大足縣北山的白塔寺前
建于南宋紹興年間明清均曾修葺塔為磚砌八角十二級樓閣
式高三十余米塔檐距離較小內部為七層通道置于塔心旋
券門入可上塔頂塔外均有豐富的雕刻塔外第一層八根角柱
上雕刻有盘龍力士像塔內外壁雕有佛菩薩人物以及各種花
木圖案是其他磚塔中所少見
甲午年龍泉賢苦記

大足多宝塔（焦毅强 绘）

崇聖寺三塔西對蒼山應樂峰東對洱海南有桃溪北有梅溪是大理歷史上規模最為宏大的古刹三塔由一大二小三閣組成大塔名千尋塔亦稱文筆塔高六拾九米一三十六級為典型密檐式空心四方形磚塔小塔均為十級高四十二米一七為八角形密檐式空心磚塔三塔鼎足而立準得壯觀甲午年龍泉賢谷記

崇圣寺三塔（焦毅强 绘）

弘聖寺距大理古城僅一里建于大理南詔國時期為磚砌密檐式中空方塔十六級高四拾三米八七塔下部三米為石砌其余為磚砌正西面有青石砌的塔門框上有大理石菩薩浮雕其他三方亦有淺佛龕塔檐用磚六層疊澀砌成出檐二尺塔身在各層檐檐上皮逐級收每層塔身向正中開券洞二孔佛龕二孔塔刹寶頂高三米久壯觀無比佛像造型更是面貌各異使人惊嘆
甲午年毅泉賢侄記
大理南昭國弘聖寺塔
甲午年焦毅强

弘圣寺塔（焦毅强 绘）

3. 福建宋塔

福建的宋代佛塔多为石材建造。

福建佛塔见表 10-6 所列。

福建佛塔 表10-6

名称	地点	材料	级 / 层数与高度	平面	类型	简述
开元寺双塔	泉山	石	五层，44 ~ 48 米	八面	楼阁式	东塔又称镇国塔，西塔又称仁寿塔，双塔相距 200 米，双塔形式几乎完全相同，仅高度和斗栱略有不同。模仿木塔形式设置楼梯，在靠近塔心柱一侧留出方孔安置楼梯。楼层也为石构
广华寺塔	莆田	石	五层，36 米	八面	楼阁式	仿木空心塔，内有台阶递上各层，第一层东西开门，其余六面设佛龛。二至五层东西南北四面开矩形门，其余四面为佛龛，龛两边雕有菩萨像。挑檐用巨石叠涩二层，上置薄石板挑出
龙华双塔	仙游	石	五层，4.5 米	八面，正东西方径为 8.8 米	楼阁式	双塔同高。为空心塔。塔基为须弥座，塔身每层开四门，设四龛，沿塔檐回廊可达塔顶。塔用石条拼成，呈波浪状，每个塔棱正对着塔檐浪峰
千佛陶塔	福州	陶	九层，6.8 米	八面	楼阁式	为双塔，东塔名为“庄严劫千佛宝塔”，西塔名为“普贤劫千佛宝塔”。塔上塑有 1078 尊佛像。上好陶土烧制，表面上紫铜色釉彩。仿木结构，塔身设有门窗、柱和塔檐，塔檐挂风铎
六胜塔	石狮	石	五层，31 米	八面，底围约 46 米	仿木楼阁式	平面看，由外壁、回廊及塔心三部分组成的。底层设双层须弥座。每层设四门、四龛，位置逐层交错。塔心呈八角形中空

宋福建泉州開元寺雙塔
甲午年焦毅强
此地古稱佛國滿街都是聖人
天王殿石柱對联
朱熹撰弘一法師書
泉州開元寺雙塔東塔名鎮國西塔名仁壽東塔始建于唐咸通六年為木塔宋寶慶三年改建為磚塔宋嘉熙二年重建為石塔高四十八米之四西塔始建于五代後梁貞明二年為木塔北宋改建為磚塔南宋紹定元年改為石塔高四十四米二六雙塔均為仿木樓閣式八角五層巍峨壯麗為石塔建築精品是泉州歷史文化名城的重要標志
甲午年龍泉賢谷記

开元寺双塔（焦毅强 绘）

無我無人觀自在非色非空見如來
宋福建仙游龍華雙塔
甲午年 焦毅强

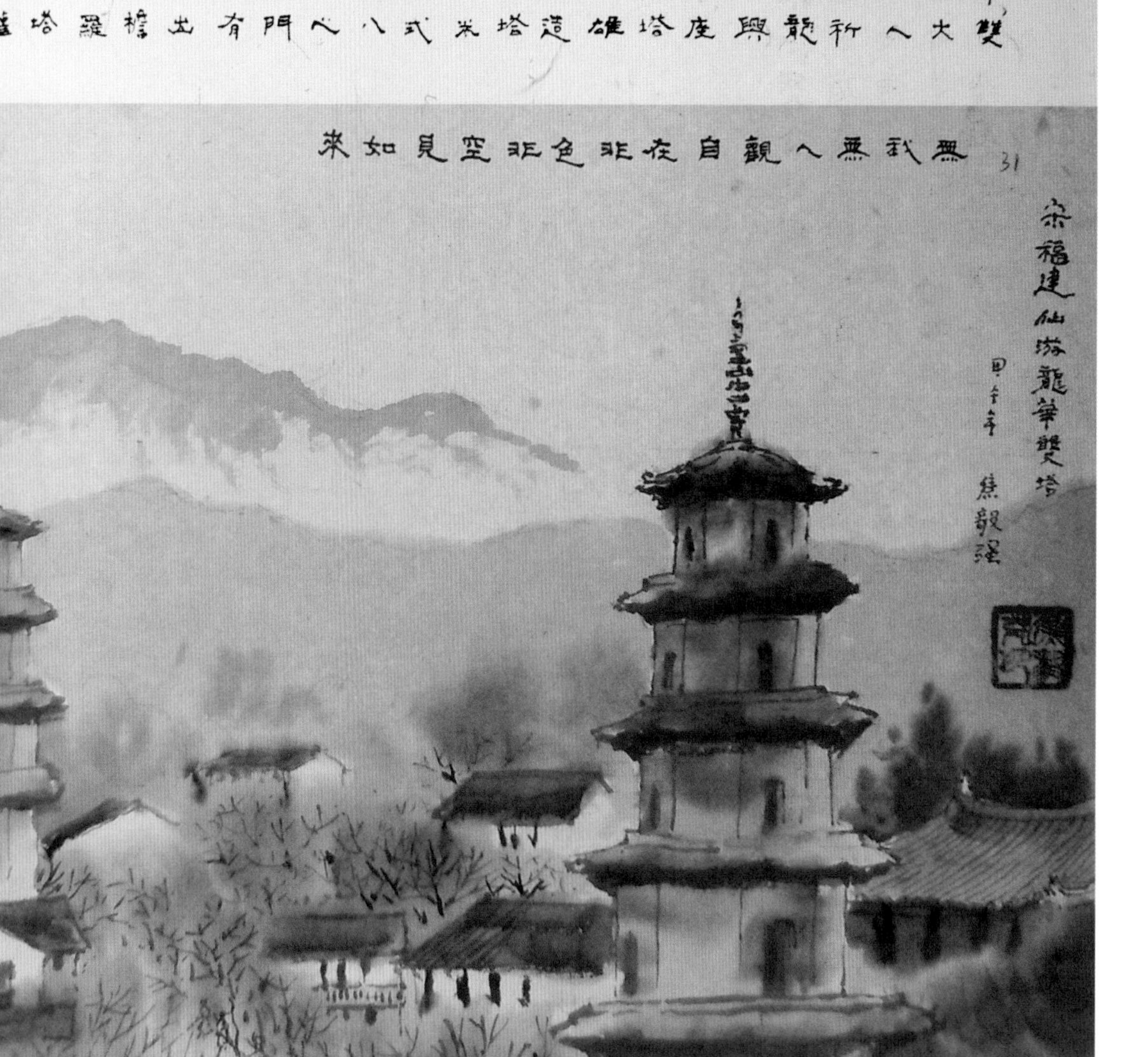

龙华双塔（焦毅强 绘）

宋福州涌泉寺千佛陶塔
鼓山涌泉寺為閩刹之冠建在海拔四百五十五米的鼓山山腰前為香爐峰後為白雲峰唐建中四年建女宗稱涌泉寺名僧古有永覺道霈古月妙蓮近有虛雲
甲午年 焦毅强
千佛陶塔宋元豐五年用陶土燒造拼合累疊而成一九七二年從福州龍瑞寺移至鼓山涌泉寺門前西側塔高六米八三東為莊嚴劫千佛寶塔西為賢劫千佛寶塔均為八角九層每塔須彌座兩層底層角柱雕托塔力士上層束腰飾獅麒麟浮雕塔施釉八面均雕佛像塔檐雕瓦當滴水角掛鈴鐸塑鎮塔武士每座塔壁雕塑佛像一千零七十八尊檐上有四方佛七十二尊甲午年龍泉賢谷

千佛陶塔（焦毅强 绘）

石獅六勝塔又名萬壽塔俗稱石湖塔巍然屹立于泉州灣入海處為海上絲綢之路的第一座燈塔塔高三十六米花崗石仿木樓閣式八角五級北宋政和年間高僧祖慧宗什募捐建六勝于山坳中宋景炎二年被元軍毀元順帝至元二年航家淩恢甫捐資重建塔下曲江石湖古代為重要外港有十八個渡口停各國番船近百艘六勝塔如擎天紅柱照亮海上絲綢之路
甲午年龍泉賢若記
元福建石獅六胜塔
甲午年 焦毅强

六胜塔（焦毅强 绘）

4. 广东宋塔

广东佛塔见表 10-7 所列。

广东佛塔 **表10-7**

名称	地点	材料	级 / 层数与高度	平面	类型	简述
六榕寺塔	广州	砖木	9 层，57.6 米	八面	楼阁式	因塔形华丽，俗称花塔。花岗石塔基为九井环基式样。塔身为井筒式结构。每层皆设暗层。除斗栱、檐椽及楼层采用木构件外，其余为砖砌。每层有阶梯上下，外层设回廊，可凭栏远眺。塔刹杆为千佛大铜柱
三影塔	南雄	砖	9 层，50.2 米	六面	楼阁式	又名延祥寺塔。塔身每层均伸出飞檐、平座和栏杆，飞檐悬铜钟。塔内设木楼梯至顶

廣州六榕寺花塔
甲午年焦毅强
廣州六榕寺舉世聞名，以六榕花塔為標志，因蘇東坡題字而得名。唐著
名詩人王勃，曾題重修碑記。清代因六榕琉璃瓦蓋檐身，色彩絢麗，塔頂
之上有寶珠、雙龍珠、九霄盤等組成的塔刹，塔造型華麗，通體玲瓏剔透
宛如花柱，俗稱花塔。塔八角九級，内八層暗層，共十七層，為樓閣式磚木
塔，高五十七米，六為宋塔，塔刹為元至正十八年鑄，銅刹柱上布一千零
二十三尊佛像，及天宫冒塔圖。
甲午年龍泉賢谷記

六榕寺塔（焦毅强 绘）

5. 北方地区宋代佛塔

北方佛塔的总体表现出庄严稳重，厚实朴素，雄伟大方的气势。北方楼阁式佛塔与南方相比，塔檐较直，不做飞角，塔的平座也较少。

北方佛塔（宋）见表 10-8 所列。

北方佛塔（宋） 表10-8

名称	地点	材料	级 / 层数与高度	平面	类型	简述
辟支塔	山东长清灵岩寺	砖石	9 层，54 米	八面	密檐楼阁式	基座为石雕须弥座，四周雕有地狱场面，塔身均为砖砌。一至三层为平座、重檐。四至九层设单檐。塔身四正面辟券门。除首层外，其他面设盲窗。塔内砖砌塔柱，设砖阶从内部上登，五层以上则沿外檐盘旋而上，达顶层。塔刹为铁制
原起寺塔	山西潞城凤凰山	砖	7 级，17 米	八面	密檐式	俗称“青龙宝塔”。一层以上各层皆为实心。每层参差突出砖檐，各角挑出龙头，龙颈下悬一风铃。塔顶八角分别有铁人背负铁索联结塔尖
繁塔	河南开封	砖	32 米	六面，最底一层每面宽 13.1 米	楼阁式	原九层，剩三层，清初在上部修平台，之上又修一个七级实心小塔。合计总高 37 米。下部高约 25 米。从下往上，各层逐级收缩，到第三层呈平顶。平顶上的七级小塔高约 6.5 米。为仿木结构，用不同的加釉灰色方砖砌成。塔内外壁镶嵌着石刻佛经和佛像瓷砖。塔基南北均有拱门，塔内有木制楼板和楼梯，可至塔顶
百家岩寺塔	河南焦作	砖	9 层，20 米	八面	楼阁式	塔身每层高度自上而下递减，外形轮廓略呈抛物线形。每层檐下设仿木斗栱。第一层辟半圆形拱券门，内为方形塔心室，上有八角形藻井。其余各层四面辟圭形假门
开福寺塔	河北景县	砖	13 层，63.8 米	八面	楼阁式	塔身各层四面辟门。每层外部均有塔檐和斗栱。内部设穿心柱。各层设回廊。回廊上有砖券、斗栱和天花。塔刹下部有砖砌的须弥座和仰莲

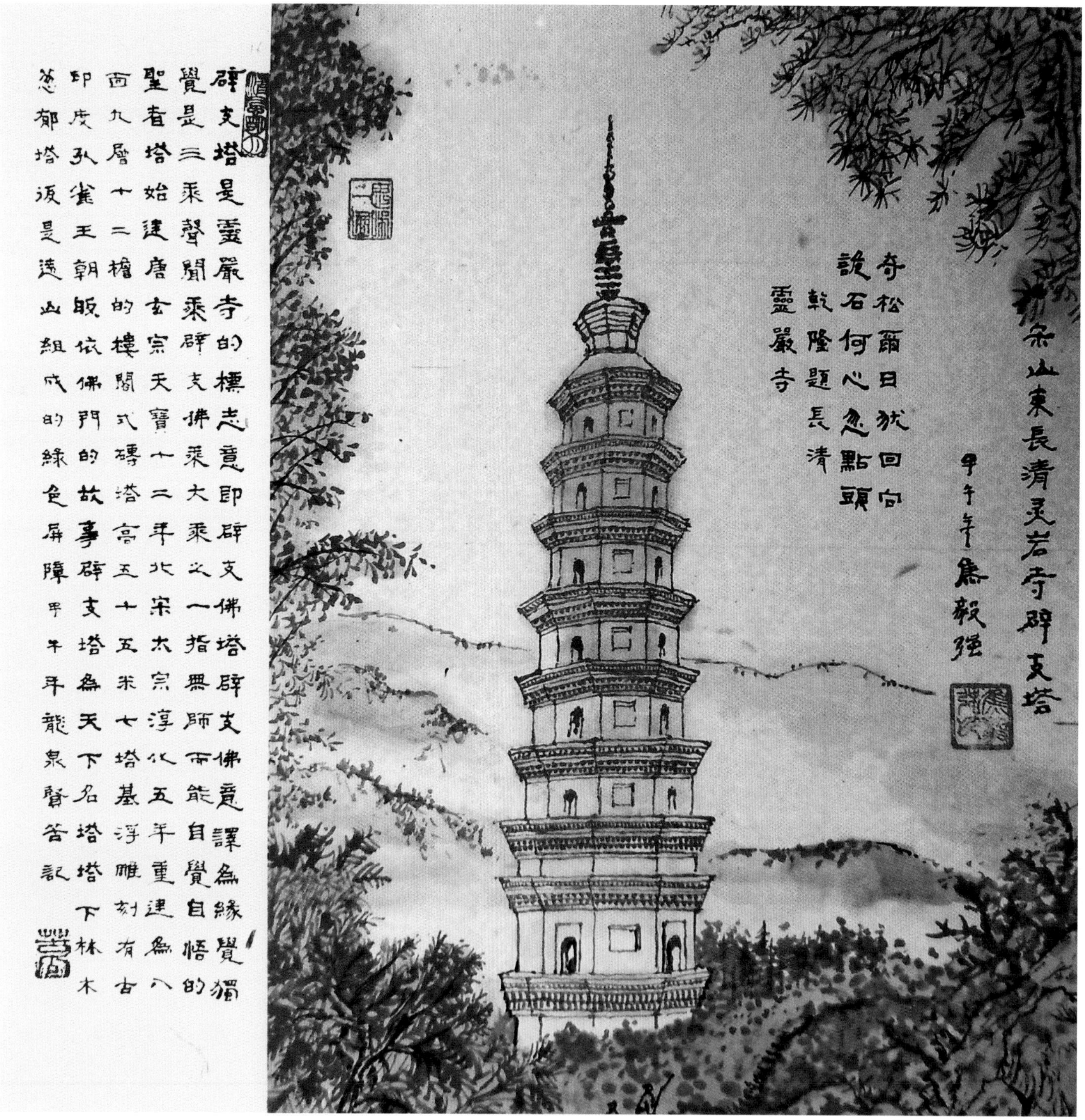

辟支塔（焦毅强 绘）

山西潞城原起寺誊龍寶塔又稱大聖寶塔始建于宋元二年平面是八角形七級高十七米南向辟門不可攀登逐層均有收分磚雕斗拱飛檐塔頂安裝八個鐵人塔刹由仰蓮寶組成塔古朴秀麗是不可多見的宋代密檐磚塔原起寺始建于唐天寶六年該寺位于鳳凰山頂地脉主貴必出貴人李隆基傳旨修寺後人認為雖有寺鎮不住王脉宋王趙煦下旨建塔元祐二年寶塔拔地而起實為一奇觀甲午年龍龍賢塔記

原起寺塔（焦毅强 绘）

繁塔位于開封古城建于北宋開寶七年在北宋皇家寺院天清寺內是開封現存最古老的建築為四角形佛塔向八角形過渡的典型高三十一米六七現存僅三層原為六角九層八十余米高現三層為六角樓閣式各級收縮到第三層呈平頂繁塔的內外鑲嵌佛像瓷磚每塊磚都一市尺見方為凹圓形佛龕有佛像凸起一磚一佛姿態異情衣着各具特色共一百零八種七千余尊甲午年龍泉賢谷記

繁塔（焦毅强 绘）

金河南焦作修武百家岩寺塔
甲午年焦毅强

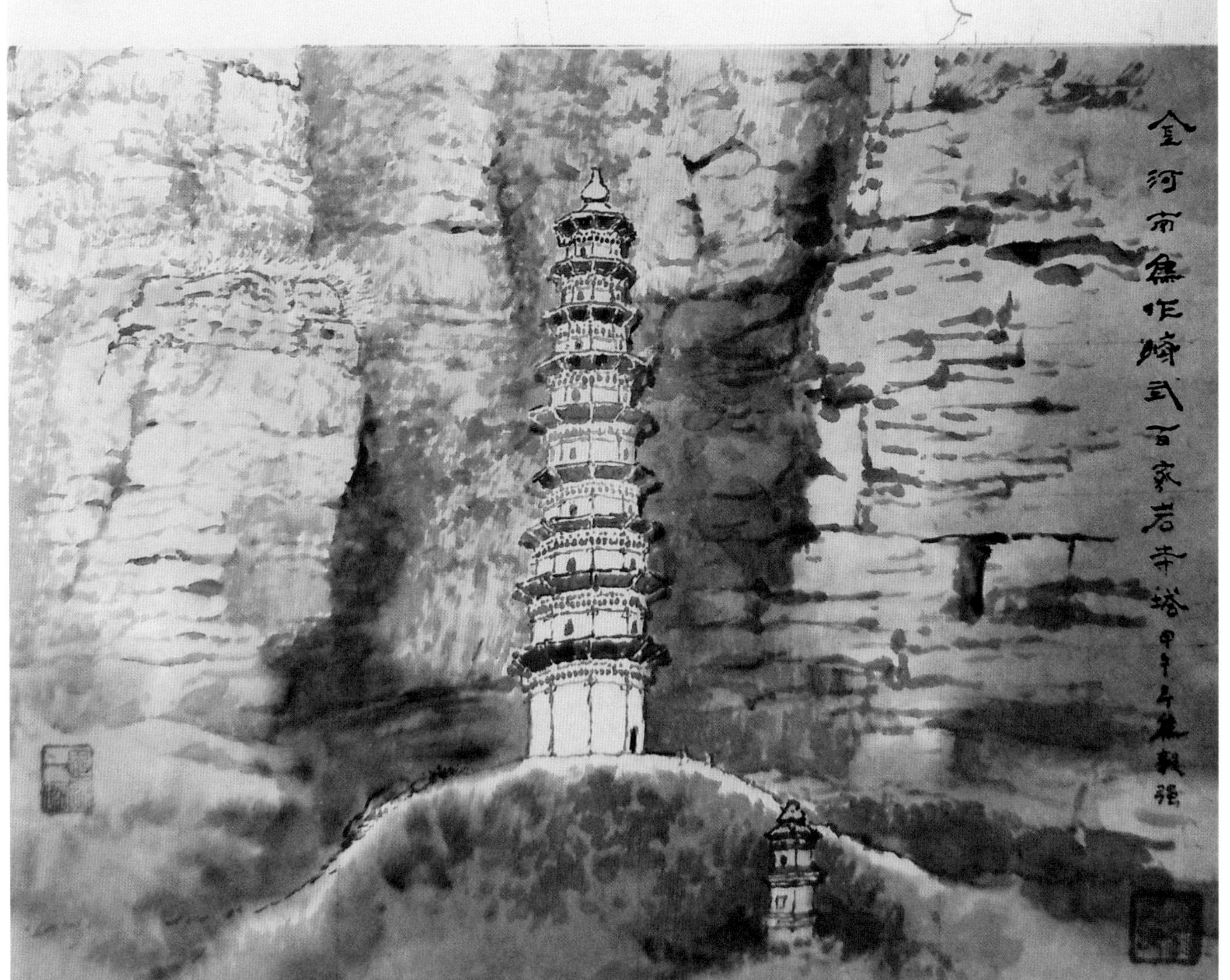

百家岩寺塔（焦毅强 绘）

景县開福寺舍利塔始建于北魏现塔为北宋时建砖砌密檐楼閣式高六十三米八五共十三级呈八角形塔心为穿心式四面均有門外檐距以砖斗拱塔下为砖砌須彌座以仰蓮承托塔身塔顶有五個大小不同的銅葫蘆塔基下还有一口深井用来供藏佛骨佛經佛像等葫蘆形塔刹由青銅鑄就下有鐵鍊网罩被天風觝荡如惊濤澎湃之声故有古塔風濤之称塔内有梯可達極顶自窮千里
北魏河北景县開福寺塔
甲午年焦毅強

开福寺塔（焦毅强 绘）

6. 金辽时期中国北方的佛塔

金代和辽代在中国北方地区建立了各自的政权，与北宋的疆土归属互有转换。金和辽都属少数民族，也都在不断的进行着汉化。辽金盛时，东到日本海，西到阿尔泰山，北到额尔古纳河、大兴安岭一带，南到河北中部的白沟河都有佛塔。

辽为契丹建立，建筑继承了晚唐北方建筑的特点。从时间上讲，辽代佛教与北宋佛教大体都是接续唐五代的佛教，但因不同的社会背景，在许多方面呈现出不同的特点。相对辽的寺庙比较富裕，佛寺建设积极性很高。

金为女真族建立，国祚虽短，但在佛教教学方面，如华严、禅、净、密、戒律各宗都有相当的发展。其中禅宗尤为盛行，可说是完全受了北宋佛教的影响。

辽代曾定都于上京（现今内蒙古巴林左旗林东县境内），后又建设东京辽阳府（今辽阳市）；南京幽州府后改称析津府（今北京城西南）；西京大同府（今大同市）；中京大定府（金内蒙古宁城县），统称五京。辽代各位皇帝都崇信佛教，不但在五京内大量建造寺、塔，也在各州城建造。

北方佛塔（金、辽）见表 10-9 所列。

北方佛塔（金辽）　　**表10-9**

名称	地点	材料	级 / 层数与高度	平面	类型	简述
应县木塔	山西	木	5 层，67.3 米，其中塔刹高达 10 米	八面，直径 30.3 米	楼阁式	是中国现存最大的木塔。塔位于佛宫寺中轴线的中部，塔的后面是大殿，构成了以塔为中心的佛寺布局。木结构塔身建在 4 米高台上。塔身内有一尊高约 10 米的释迦像，及其他较小的佛菩萨像。整个塔榫卯结构，不用钉铆
三圣瑞现塔	山西陵川	砖	13 级，30 米	方形，边长 6 米	密檐式	第一层塔身砖墙砌筑。每层叠涩与出檐，向上逐渐减小，第五层收分较大。塔内中空，可循层攀登而上。各层正面有通风窗
齐云塔	河南洛阳	砖	13 层，26.5 米	方形	外密檐内楼阁式	塔底设台基和台座。塔自下而上逐层收敛，外形呈抛物线形。用菱角牙子砖和叠涩层砌出塔檐。每层塔身分别辟有半圆形拱券门、佛龛、窗洞，翼角下有风铃。塔内有塔心室和梯道，可登至塔顶
天宁寺三圣塔	河南沁阳	砖石	13 级，32.8 米	方形	密檐式	外观仿唐，内部结构似宋。塔身由基座、塔身、塔刹三部分组成，各层由下而上逐层收缩。石砌基座，边长 12 米，高 5.6 米，内为双环体壁，两壁中间设回廊走道。塔身一至九层均有心室。第一层塔身四面设门，两边施隐窗。以上各层叠涩密檐下均施菱角砖，并砌出腰檐。塔内设竖井式的方形通道，通道两壁有脚窝，直至第九层，从九层外部攀缘而上，可以登上塔顶。塔身设气窗、风洞，保证塔内通风
广惠寺华塔	河北正定	砖	主塔 3 层，通高 40 米	八面	楼阁式	由主塔和附属小塔构成。主塔底层四隅各附建一座六角形亭状小塔。主塔一至三层平面大，之上骤然缩小，形成圆锥形巨大塔顶，其高度约占塔高的 1/3，周身如同一组雕塑艺术群，上端以砖刻制斗栱椽子、拔子，上覆八角亭式塔檐，再上冠以八角攒尖形塔刹
天宁寺凌霄塔	河北定县	砖木	9 层，高 41 米	八面	楼阁式	塔身一至四层是宋代在唐塔残址上重修的，四层以上为金代重建。台基八角形，塔身每层正面各辟拱形洞门。四至九层斗栱飞檐皆为木制。从五层向上各层逐渐递减。外部轮廓亦逐层收缩。塔身第四层中心竖立一根直达塔顶的通天柱，并依层位用放射状八根扒梁与外墙相连，这种结构为孤例
澄灵塔	河北正定临济寺	砖	9 层，30.47 米	八面	密檐实心	塔基宽广，为双层须弥座。塔身第一层正面设对开式拱形假门，侧面饰花棂假窗。除第一层椽飞和各层角梁为木制外，其余各层檐下斗栱和平座栏杆均系砖制。塔刹为砖雕刹座，铁铸相轮、仰月和宝珠
大延圣寺塔林	北京昌平银山	砖			密檐式	为舍利塔。由五座塔组成。其中海慧、晦堂、懿行舍利塔为八角十三级；虚静、圆通舍利塔为六角七级

续表

名称	地点	材料	级 / 层数与高度	平面	类型	简述
北京天宁寺塔	北京	砖	13 级，57.8 米	八面	密檐式	为实心塔。含基座、平座、仰莲座、塔身、十三层塔檐、塔顶、宝珠、塔刹。基座分为上下两层须弥座。仰莲共三层，塔身四面设有半圆形拱券门，门两边雕像。塔檐逐层收减，呈卷刹形
庆寿寺双塔	北京	砖		八面	密檐式	已拆除。一座是九级，塔名为海云大师塔；另一座是七级，塔名为可庵大师灵塔
戒台寺双塔	北京门头沟	砖		八面	密檐式	在戒台寺坛院的山门外，为两座墓塔。一座为八角七级密檐式实心砖塔，为法均和尚墓塔；另一座为八角五级密檐式实心砖塔，为法均和尚衣钵塔
昊天塔	北京良乡	砖	5 层，36 米	八面	楼阁式	塔基须弥座较高，两层束腰。塔身的 4 个正面皆开拱形门，其余四面作假窗。空心塔，内设砖梯可上塔顶。塔刹为八角形莲花座承托宝珠
观音寺白塔	天津蓟县	砖石	21 米	八面	下部密檐式上部覆钵式	由基座、塔身、覆钵、相轮和塔刹组成。基座下部砌花岗石条，上部砌砖雕须弥座。塔身南面设门，内置佛龛，东、西、北三面砖雕假门。其他四个面凸雕碑形。塔身转角处作重层小塔。塔身上出三层砖檐，檐上置塔座承半球形覆钵、十三天相轮和铜刹
天成寺舍利塔	天津蓟县	砖	13 级，23 米	八面	密檐式	塔基为花岗石须弥座，三层仰覆莲瓣砖雕。塔身仿木砖构。一层南面开矩形门，内设佛龛。塔檐采用砖叠砌法，出檐逐层收分。喇嘛式塔刹
源影寺塔	河北昌黎	砖	13 级，40 米	八面	密檐式	由塔基、平座、莲台、塔身、密檐、塔刹组成。实心塔。平座的栏板上雕有各种图案
辽阳白塔	辽宁辽阳	砖	13 级，70.4 米	八面	密檐式	原称广佑寺宝塔。实心塔。由下而上分为台基、须弥座、塔身、塔顶、塔刹五部分。石制台基分两层，须弥座向上渐缩，外面青砖雕斗栱、俯仰莲，斗栱平座承托塔身；首层塔身高十余米，每面置砖雕佛龛；上部为密檐塔檐，层层内收，各层均为叠涩出檐，八角外翘，飞椽远伸，下系风铃；塔刹底部为砖砌覆钵及仰莲，刹顶尖为铜铸小塔
云接寺塔	辽宁朝阳	砖	13 级，37 米	方形	密檐式	实心塔。塔座为须弥式，四面各有一假门，两侧各雕有三个壶门，壶门内雕有佛和菩萨，两侧配有伎乐人，四角有力士。塔身四角为圆形倚柱，四面正中各雕一尊坐佛，端坐于莲花宝座之上，坐佛两侧各有一尊胁侍，胁侍两侧各有一座小灵塔。塔檐由下至上逐层收缩。每层塔檐之间均镶嵌铜镜，四角挂风铃。塔顶仰莲覆钵，串四颗宝珠为塔刹
崇兴寺双塔	辽宁锦州	砖	13 级，42 ~ 43 米	八面，每面宽 7 米	密檐式	实心塔。两塔东西相距 43 米。基座上雕花纹、狮子、力士和莲瓣。上为仰莲座承托塔身。塔身每面都有拱龛，内雕坐佛，外立胁侍，上饰华盖、飞天和铜镜
无垢净光舍利塔	辽宁沈阳塔湾	砖	13 级，33 米	八面	密檐式	由地宫、基座、塔身、塔檐和塔刹五部分组成。地宫藏舍利子。塔基为须弥平座。塔身第一层八面均设佛龛，转角设倚柱。砖雕斗栱承托塔檐。塔顶设八角形露盘，雕刻仰莲承托覆钵形塔刹
崇寿寺塔	辽宁开原	砖	13 级，45.9 米	八面	密檐式	为宣徽宗洪理大师藏骨之所。为实心塔。塔身第一层八面均设佛龛。之上各级挂有数百铜镜。塔尖呈锥形，穿有五个铜珠
觉山寺塔	山西灵丘	砖	13 级，43.5 米	八面	密檐式	塔基下为须弥座，中为平座勾栏，上为莲台。塔身一层中空，有辽代壁画 60 多平方米。塔身简素，塔檐逐层收分，最上部为铁刹
辽上京南北塔	内蒙古赤峰巴林左旗	砖			密檐式	南塔为八面七级密檐式空心砖塔。高 25 米。八面均镶嵌浮雕，每面转角处露半圆形砖柱。塔檐均由斗栱承托，层层内收至塔顶。塔身原有褐色石质浮雕造像 84 尊。东南、西南、西北、东北的塔身佛像下，设砖雕直棂窗，窗两侧各雕三檐小塔。再下是券形假门。 北塔为六面五级密檐式砖塔，现高 15 米
辽中京大明塔	内蒙古宁城	砖	13 级，80.2 米	八面	密檐式	我国古塔中体积最大的一座。通体白色，筑于高约 6 米的夯土台基上。实心塔。塔身一层高大，每面设佛龛，设二截段的造型的转角柱。之上各层有木檐，一层大檐下为仿木构石枋，二层以上檐下全部是砖叠涩
嘉福寺塔	辽宁义县	砖	13 级，42 米	八面	密檐式	第一层塔身高大，每面设佛龛，供奉佛像。转角雕刻圆形角柱。第一层塔檐斗栱承托塔檐，之上叠涩出檐

遼應縣木塔
甲午年
焦毅強
拔地擎天四面雲山拱一柱乘風步月萬家煙火接雲霄

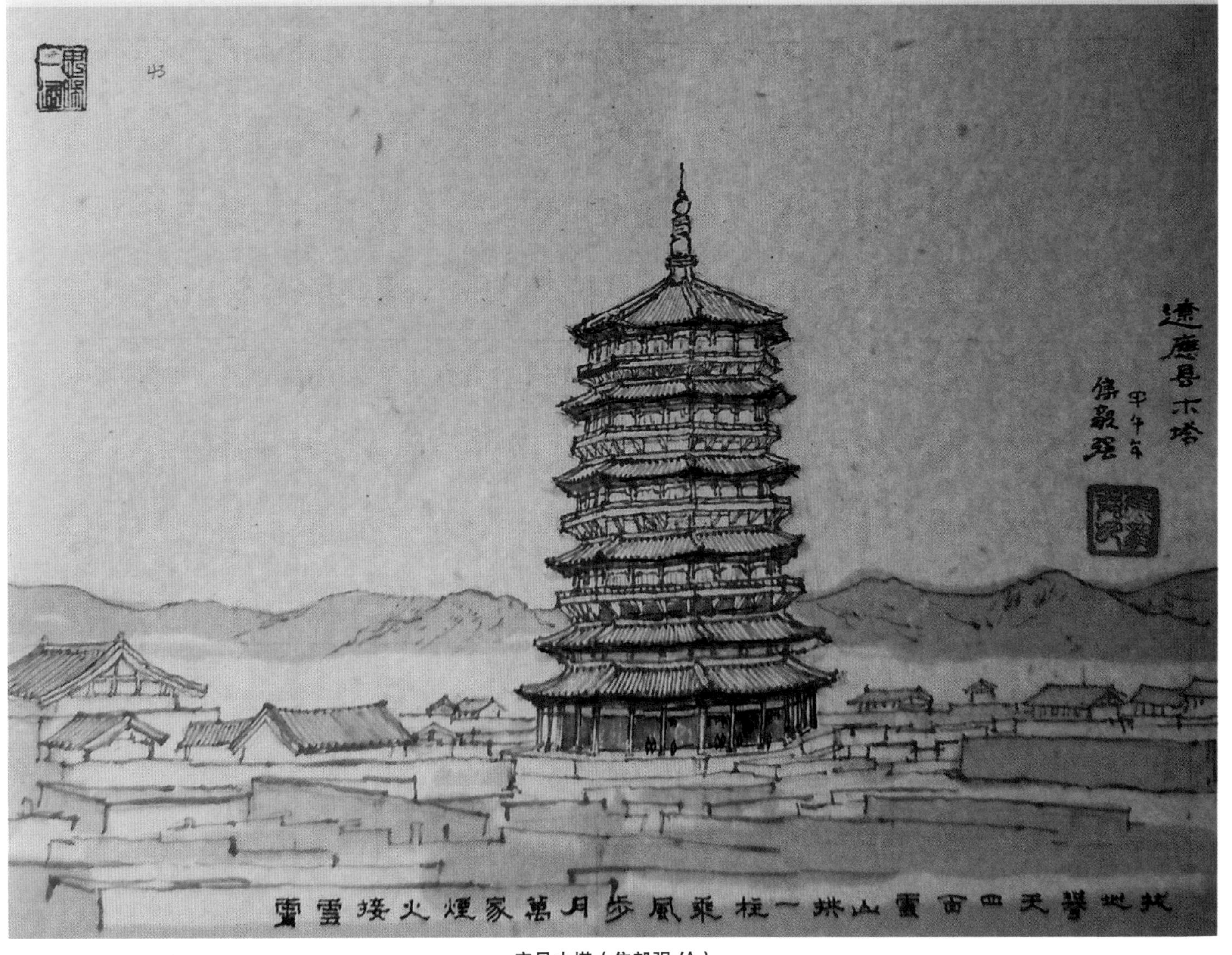

应县木塔（焦毅强 绘）

陵川三聖瑞現塔俗稱積善塔建于金大定六年塔平面方形十三級高三十米第一層為平座的磚墻砌築每層疊澀出檐各層逐漸縮小第五層收分較大有隋唐佛塔的手法從第三層仰視塔內像是一口倒懸之井空洞直 頂端塔內可循層攀登而上此塔原為鎮煞西北妖氣而建

甲午年龍泉賢谷記

三圣瑞现塔（焦毅强 绘）

金河南沁陽天寧寺三圣塔
甲午年焦毅強

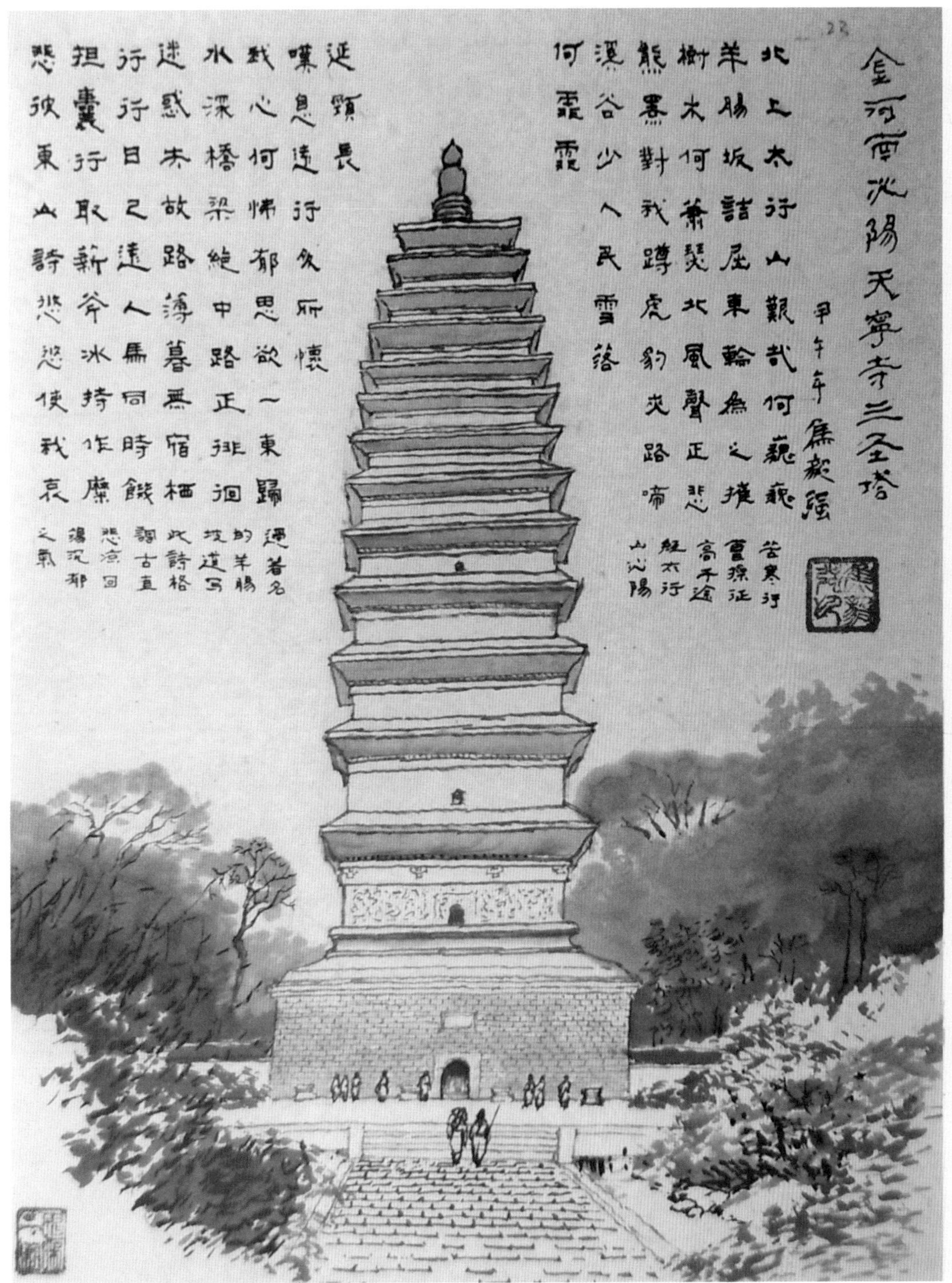

天宁寺三圣塔（焦毅强 绘）

广惠寺华塔（焦毅强 绘）

天寧寺凌霄塔
建于唐懿宗咸
通年間是一座
磚木結構九層
樓閣式塔平面
呈八角形高四
十一米現塔一
至四層是宋代
在唐殘址上重
脩的以上爲金
代重脩四至九
層斗拱飛檐皆
木制五層以上
層高遞減外形
逐層收縮塔最
大特點是在塔
身第四層中心
豎立一根直達
塔頂的木通天
柱并依層用放
射狀八根扒梁
與外墻相連這
樣結构爲現存
孤立極爲可貴
甲午年龍泉賢
谷記
牛得自由騎
春風細雨飛
青山青草里
一笛一蓑衣
日出唱歌去
月明擕掌歸
何人得似爾
無是亦無非
牧童 唐栖蟾
唐正定天寧寺凌霄塔
甲午年 焦毅强

天宁寺凌霄塔（焦毅强 绘）

金河北正定臨濟寺澄靈塔
禪宗為達摩所創九年面壁自靜自觀開創禪宗待到六祖慧能後禪宗五葉出一花形成臨濟宗潙仰宗曹洞宗雲門宗法眼宗五家教派臨濟門庭最盛成為禪宗主流且傳至東南亞
甲午年焦毅强
日本有兒孫遍天下之譽唐宣宗大中八年臨濟宗創始人義玄闡發禪宗新義受戒于黃檗希運禪師義玄以三玄三要四料簡四賓主四喝八棒等設施接引徒衆門風峭峻歸者雲衆遂成一宗即臨濟宗正定臨濟寺為祖庭義玄圓寂舍利藏澄靈塔中龍泉賢荅記
正定臨濟寺澄靈塔始建于唐咸通八年為收藏臨濟祖義玄舍利而建為磚砌八角九級密檐式實心塔金大定二十五年大修現為金外觀高三十米四七塔基寬廣雙重須彌座塔身第一層甚高正面設對開拱形假門塔身的八層檐相距甚近除第一層掾飛和平座欄桿為木制外其余斗拱平座欄桿均系磚仿塔刹為磚雕座鐵鑄相輪仰月寶珠塔造型精巧富麗甲午年龍泉賢荅記

澄灵塔（焦毅强 绘）

遼金北京昌平銀山塔林
甲午年 焦毅强

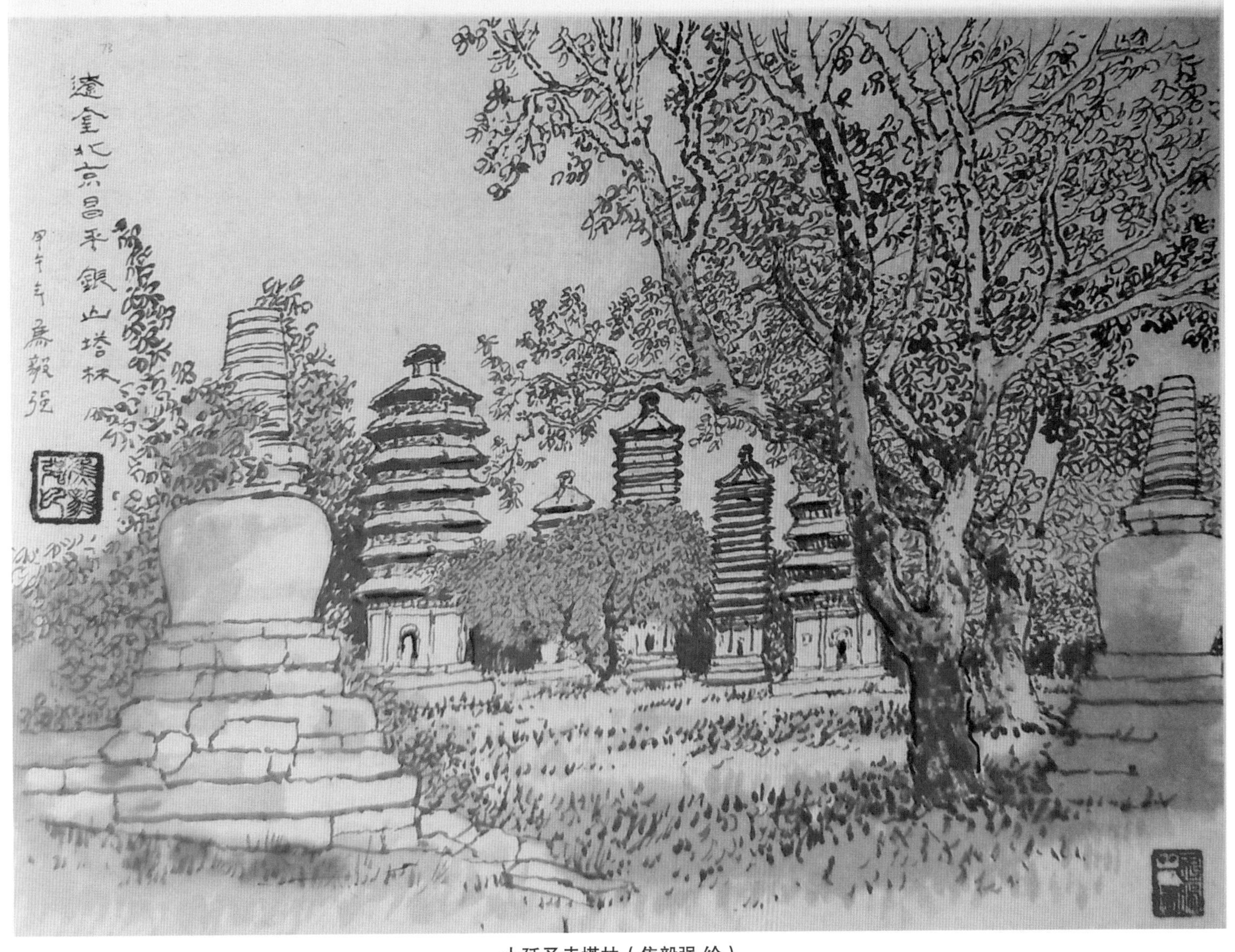

大延圣寺塔林（焦毅强 绘）

遼北京天寧寺塔
甲午年焦毅强
北京天寧寺塔建于遼天祚帝天慶九年塔高五拾七米捌八角
十三層密檐實心塔自下而上爲基座平座仰蓮座塔身十三層
塔檐塔頂寶珠塔剎基座呈八角形分爲上下兩層仰蓮座三層
上承塔身塔身四面設有半圓形券門門兩邊雕有金剛力士菩
薩雲龍等十三層塔檐逐層收減呈現出豐富有力的
甲午年龍泉贊芬記

北京天宁寺塔（焦毅强 绘）

北京慶壽寺雙塔寺建于金大定廿六年其中海雲塔建于蒙憲宗可漢七年九級可庵塔建于蒙憲宗可漢八年七級分别爲海雲大師及其弟子可庵之靈塔慶壽寺精藍丈室之前松繁茂樹陰密布景色十分美麗有流水横貫東西明初高僧姚廣孝法名道衍在此居住卅年之久寺曾作全朝的慶壽宮及元朝太子的功德院輝煌一時可惜今人在拓寬西長安街時被拆
甲午年聽泉賢者記
其一
書記去已久今人動慨慷但能成功業不解制細常花絡重城晚雲沉大野荒廬沟三尺土春雨樹蒼蒼
其二
寶刹都城内今朝曠野中浮圖瞻寶志書記憶劉聰画室煙花繞青松雨露濃排徊增感慨歷落間英雄
元王晃題慶壽寺
白雨映青松蕭颯洒朱閣稍覺暑氣銷微涼度疏箔
客居秋寺古心迹俱寂寞夕虫鳴階砂孤螢炯幽濂展轉懷故鄉時聞風鳴鐸
元趙孟頫題
元北京慶壽寺雙塔
甲午年焦毅强

庆寿寺双塔（焦毅强 绘）

門頭溝戒台寺雙塔寺始建于隋開皇年間在戒台寺戒壇院山門
外有西座型制相同的墓塔一座為八角七級密檐式實心磚塔為
遼戒台寺法和尚墓塔另一座為八角五級密檐式磚塔是法均和
尚衣鉢塔塔座為磚砌八角形須彌座座上由磚雕三層蓮花瓣承
托塔身塔門窗為磚雕塔身上方為磚砌密檐塔剎由蓮花承托寶
珠組成塔被蒼勁的古松懷抱亦稱松抱塔
甲午年

戒台寺双塔（焦毅强 绘）

良鄉昊天塔又稱毗盧佛塔傳子隋現爲遼塔昊天是玉皇之名塔爲五層樓閣式空心磚木結构塔八角形高四十七米零五須彌座雕花承壺門內雕佛像壺門上雕獅子各層東南西北設券門內有佛龕其余四面開直欞假窗檐下飾有仿木斗拱每層有回廊自一層有階梯繞塔心直通塔頂並可繞塔刹環行每層回廊有對外瞭望孔宋遼交戰時曾起過軍事作用

甲午年龍泉賢答記

昊天塔（焦毅强 绘）

薊縣天成寺舍利塔位于盘山蓮花嶺北的翠屏山下大殿西側飛帛澗旁始建于唐為普化和尚塔重建于遼為密檐式塔高二拾二米六三八角十三層塔基由花岗岩須彌座和三層仰覆蓮花組成塔身正面有門内置佛龕側有浮雕花窗上檐為仿木磚雕斗拱每個檐角是挂鈴鐸共一百零四枚塔型秀麗端莊
甲午年龍泉督苦記
遼薊县天成寺舍利塔

天成寺舍利塔（焦毅强 绘）

源影寺塔（焦毅强 绘）

遼陽白塔即垂慶寺塔建于金大定年間塔高七十一米八角十
三層密檐式磚塔為東北地區最高塔基座塔身都以佛教图案的
磚雕為飾塔身八面都有佛龕龕內磚雕坐佛塔頂有鐵剎撑寶
珠相輪等因塔身塔檐的磚瓦上涂抹白灰故俗稱白塔它是北
方古塔中的佼佼者雄渾古朴
甲午年龍泉賢苔記
見了便做做了便放下了了
有何不了慧生子覺覺生子
自在生生還是無生
金遼陽白塔
甲午年 焦毅强

辽阳白塔（焦毅强 绘）

雲接寺坐落在
遼寧朝陽市凤
凰山雲接寺內
四山上下均有
塔此塔又稱中
塔該塔為遼塔
方形十三層密
檐式實心磚塔
分為塔座塔身
塔檐四部分塔
座為須彌座四
面各有一假門
兩側各雕有三
個壺門內雕有
佛和菩薩兩側
配有伎樂人四
角有力士其上
有仰覆蓮承托
塔身塔身由下
至上逐層收斂
每層塔檐間均
嵌銅鏡塔頂仰
蓮寶鈴串四顆
寶珠為塔刹
甲午年龍泉智
谷記
遼寧朝陽凤凰山
雲接寺塔
甲午年 焦毅強
本有今無
本無今有
三世有法
無有是處

云接寺塔（焦毅强 绘）

北鎮崇興寺兩座秀麗挺拔的古塔建于遼代東塔高四十三米西
塔高四十二米均為八角十三層密檐實心磚塔塔身每面都有拱
龕內雕坐佛外立脅侍上飾華蓋飛天和銅鏡塔檐由下而上逐層
內收塔頂的蓮座寶瓶鎏金剎桿寶珠相輪均保持完好遼代時以
鎮附近的閭山脚下有遼的顯乾二陵相應有顯乾二州有崇興寺
西塔
甲午年龍泉賢谷記
遼北鎮崇興寺雙塔
甲午年 焦毅强
其一
一樹春風有兩般
南枝向暖北枝寒
現前一段西來意
一片西來一片東
其二
祖師遺下一只履
千古萬古播人耳
空自肩担跣足行
何曾踏着自家底
龍泉賢谷書

崇兴寺双塔（焦毅强 绘）

山西靈丘覺山寺塔建于遼大安五年塔原在寺西塔院中塔下
有方形及八角形兩層基座上置須彌座兩層第二層上有斗拱
及平座須彌座束腰部在壺內雕佛像壺門之間及角上雕力士
塔身八角形十三層密檐的出挑長度逐層遞減塔檐輪廓和緩
頂部用亭剎結束造型安定优美
甲午年龍泉賀答記
遼山西靈丘覺山寺塔
甲午年焦毅强

觉山寺塔（焦毅强 绘）

7. 西夏佛塔

西夏是党项族建立的王朝，唐由四川迁移到河套陕北一带，领有现陕西境内的五州之地。至宋朝时，将势力扩展到黄河河套地区与河西走廊，并开国称帝，疆域扩大到二十个州。西夏崇佛，境内寺庙林立。上层僧侣在政治、经济、文化上都有广泛而深刻的影响。寺庙从夏廷得到丰厚的布施，拥有大量土地，用夏汉两种文字雕印数量众多的佛经。

西夏的佛教文化留下了大量的珍贵遗产。内蒙古鄂托克旗的百眼窟石窟寺，是西夏佛教壁画艺术的宝库；在额济纳旗黑水城中发现了大量的西夏文佛经、释迦佛塔、彩塑观音像等；敦煌莫高窟也在西夏得以继续修建。

传统上党项人居毡帐，西夏修建的佛寺多遵从唐、宋的建筑格式。

西夏佛塔见表 10-10 所列。

西夏佛塔 **表10-10**

名称	地点	材料	级／层数与高度	平面	类型	简述
承天寺塔	宁夏银川	砖	11 层，64.5 米	八面	楼阁式	俗称西塔。由地宫、塔基、塔身、塔刹四部分组成。塔建于高 2.6 米，边长 26 米的石制方台上。塔身向上收分较大，塔内方形塔室采用厚壁空心式，木板楼板，有梯可上塔顶。4 层以上，每层交替设置拱形窗洞，顶层四面开大型圆窗。每层窗檐上下各挑出三层楼牙砖。塔顶上设须弥座形刹座，上承绿色琉璃塔刹
拜口寺双塔	银川	砖			密檐式	东塔八面，13 级高约 45 米，密檐式砖塔。每层塔檐下，各面都有兽头的浮雕。西塔八面，13 级高约 36 米，较东塔粗壮。二层之上每层的各面设浅佛龛
康济寺塔	宁夏同心县	砖	13 级 39.2 米	八面	密檐式	又名韦州古塔。底层较高，二层以上为层层密檐平座紧箍向上，逐级收缩。空心塔，不设门窗
宏佛塔	宁夏贺兰县	砖	3 层，通高 25 米	八面	楼阁与覆钵式复合	一至三层为楼阁式塔身，上为覆钵式砖塔。塔身各层上部用砖砌出阑额，斗栱和叠涩砖塔檐，檐上作出平座栏杆，上为十字对折角覆钵塔
一百零八塔	宁夏青铜峡	砖			覆钵式实心	佛塔依山势自上而下，按 1、3、5、7、9、11、13、15、17、19 的奇数排列成 12 行，总计 108 座，形成三角形的巨大塔群。上部的大塔置于高台上，6 米高。其余塔的造型基本一致，塔基为八面须弥座，塔身外涂白灰，塔顶冠宝珠。塔体形状略有区别，第一至六排为宝瓶状，七、八排为葫芦状，之上各排为鼓腹锥顶状

拜寺口雙塔位于銀川西北五十公里的賀蘭山東麓的拜寺口古
東塔為八角形高十三級西塔亦為十三級較東塔粗壯外觀呈抛
物綫狀塔建于西夏雙塔高約四十五米塔身華麗每層均用琉璃
瓦裝飾塔頂上仰的蓮花剎座承托十三層相輪作為塔剎塔身東
面有券門可進入塔室正面彩繪壁画
甲午年龍泉賢者記
西夏賀蘭山拜寺口雙塔
風前踏眺豁吟眸
萬馬騰驤勢轉悠
戈甲氣銷山色在
綺羅人去輦痕留
文殊有殿存遺址
拜寺無僧話舊游
紫塞正怜同罨画
可堪回首暮雲稠
明安塞王朱秩炅詩拜寺口
甲午年焦毅强

拜口寺双塔（焦毅强 绘）

宏佛塔俗稱王澄塔在賀蘭縣東北潘胡鄉是一座外形比較奇特的密檐式厚壁空心磚塔塔身和塔剎高度相近通高約二十八米三四平面八角形第一層南辟有高二米四的券門塔身每層上下有雙重檐檐下雕兩組斗拱塔身之上塔剎爲體量巨大的覆鉢式磚塔建于西夏晚期是傳統中國樓閣式與喇嘛塔相結合的复合空心磚塔

甲午年龍泉賢谷記

宏佛塔（焦毅强 绘）

一百零八塔位于黄河青铜峡大壩西的山坡上為中國古塔中僅見的大型塔群整體呈三角形布局自上而下呈一三五七九十一十三十五十七十九奇數排列所有塔均由塔座塔身塔剎組成塔群布局錯落有致層次分明塔始建于西夏塔群坐西朝東背山面水除上面第一塔較大其余均為小塔塔全部磚砌抹以白灰屬喇嘛式實心塔為佛教的記念塔距銀川七十六公里
甲午年
佛教的法器法事建築喜用一百零八數念珠有一百零八顆供燈一百零八盞撞鐘一百零八下中國古建築和寺廟建築也愛用一百零八
共一百零八座佛教之崇一百零八人有一百零八種煩惱佛法能使之斷除一念一句阿彌陀佛可解一種煩惱只有全部滅除掉才能成佛
六根六塵六入即十八乘三世為五十四再乘顛倒就等于一百零八
西夏青銅峽一百零八塔 甲午年 焦毅強
一百零八塔（焦毅强 绘）

（六）元明清佛塔

元明清佛塔见表 10-11 所列。

元明清佛塔 表10-11

名称	地点	材料	级 / 层数与高度	平面	类型	简述
妙应寺白塔 / 元	北京	砖	50 米		覆钵式	史载由尼泊尔工匠阿尼哥参与设计与建造。是我国现存建造时间最早、规模最大的一座覆钵式塔。由基台、塔身、相轮、伞盖、宝瓶组成。基台三层，设角柱，与塔身间以莲台及金刚圈过渡。塔身之上为十三天相轮，塔顶为缀流苏宝盖，承托铜制宝瓶塔顶
慈寿寺塔 / 明	北京	砖	13 级，50 米	八面	密檐式实心	塔基设双层须弥座，密开龛室，浮雕繁密。塔基上设三层仰莲花瓣座承托塔身。首层长塔身有券门，密塔檐下砖雕斗栱。铜制鎏金刹顶
振风塔 / 明	安徽安庆	砖石	7 层，61 米	八面	楼阁式	塔身各层面阔与层高按比例自下而上逐层收分，整体轮廓呈圆锥体形。每层出腰檐平座，檐下斗栱，平座上有围栏，顶部相轮宝珠葫芦刹。塔内环绕塔壁建有石梯，登塔可凭栏远眺长江
中江塔 / 明、清	安徽芜湖	砖石	5 层，43.7 米	八面，每面长 4.1 米	楼阁式	塔形除顶层略有收缩外，余层几乎呈立柱形。塔内结构一至二层为壁内折上式，石梯盘绕。三至五层为空筒式，木梯依壁。每层四窗，交错布置，每窗左右各设一灯龛。出檐深远。塔顶浑圆，塔刹高 10.16 米
飞虹塔 / 明	山西洪洞县广胜寺	砖	13 层，48 米	八面	楼阁式	底层为木回廊，塔身用青砖砌成，外表用黄、绿、蓝、紫等琉璃装饰，是中国最大最完整的一座琉璃塔。各层皆有出檐，檐下有斗栱、倚柱，檐上设平座、栏杆。塔内中空。塔刹为金刚宝座式
官渡金刚宝座塔 / 明	云南昆明	砂石			金刚宝座式	台基高 4.7 米，边长 10.4 米，东、西、南、北四道券门十字贯通。主塔高大雄伟居中，高 16 米，四个小塔仅 5 米。大塔塔身承桶形，两头粗，中间细，塔身下半部装饰七圈莲瓣，并层层收缩。四面设佛龛。塔身上方是方形须弥座式塔脖。塔刹设十三天相轮
姥山文峰塔 / 明	安徽巢湖	砖石	7 层，51 米	八面	楼阁式	每层出飞檐悬响铃。塔上有砖雕佛像 802 尊
风平佛塔 / 清	云南德宏					是傣族小乘佛教建筑。由居中的一座主塔和环绕的众多小塔组成，圆锥体塔身，顶镶金属帽
多宝琉璃塔 / 清	北京颐和园	琉璃	7 级，16 米	不等边八面	楼阁式与密檐式结合	由底座、塔身和塔刹组成。底座为汉白玉须弥座。塔身均用五色琉璃砖镶嵌而成。各级高度不同，长短间隔变化。在正向面设大佛龛，其他面设小佛龛，供奉近 600 座佛像。铜制镀金塔刹
江孜白居寺塔 / 清	西藏日喀则		11 层，40 米	十字折角形	覆钵式	以五层高的大型佛寺为塔基，圆柱形塔身，内设四间佛殿，殿内壁画及圣像达十万尊。斗栱支撑圆形檐顶。塔刹以十三天相轮为座，以小喇嘛塔为顶
清净化域塔 / 清	北京	石	主塔 15 米，小塔 8 米		覆钵式	由一座主塔和四座小塔组成。主塔塔下有 3 米高石座，塔基为八角形，上为八角形须弥座。塔身正面为佛龛，内供三世佛坐像。塔刹由小须弥座承托，刹身为十三天相轮，顶部为鎏金刹顶。全塔上下布满雕刻。小塔在主塔四角对称布置，为八角形经幢式

安慶振風塔座落在長江之畔享有萬里長江第一塔過了安慶不説塔的美譽是七層八角樓閣式建築建于明隆慶二年迎江寺古稱护國永昌禪寺又名萬壽寺爲沿江名剎安慶自建振風塔後文風昌盛才人輩出父子宰相張英張廷玉狀元趙文楷和書法家鄧石如等開創散文桐城派塔除具有一高二大三妙外且具導航功能
甲午年朔泉賢芬記
明安徽安庆振風塔 
甲午年 焦毅强

振风塔（焦毅强 绘）

蕪湖中江塔聳立于青弋江與長江交匯處的江堤上始建于明萬歷四十六年落成于清康熙八年五層八角風水塔以鎮水口象征文筆插天官星鼎峙人文秀發閣閣取富風俗鼎良塔為磚石結构高三拾五米每層各面均有一門門的兩邊各有一個專供放門置燈導航船只一九八七年恢復了塔的出檐部分甲午年龍泉賢芳款

中江塔（焦毅强 绘）

洪洞縣飛虹塔始建于漢代前身是阿育王塔是中國最大最完整的琉璃塔。現塔爲明武宗始建嘉靖六年完工。塔八角十三級，高四十七米六，除底層爲木回廊外其余均用磚砌。該塔是中國境内十九座佛舍利塔之一。塔位于廣勝寺内塔檐逐級遞縮形如錐體飛虹塔是五世佛祖舍利塔，珍貴佛典趙城金藏孤本收藏在廣勝寺。中國琉璃精品在明代。廣勝寺飛虹塔是明代琉璃的巔峰之作，冠絕天下。

甲午年龍泉賢谷記

飞虹塔（焦毅强 绘）

官渡金剛寶座塔始建于明天順元年為砂石所建基台為方形底部開有券洞門須彌座式台基高四米八邊長十米零四基台上有五座塔中心主塔為金剛寶座塔高十六米四邊為形制一致的塔群基台四角雕有力士像四面皆為雕刻塔刹上有十三天相輪銅寶傘蓋摩尼珠和寶瓶四周四座小塔高八米八八四官渡宋代大理國時期之初具規是滇池水路陸路銜接要道甲午年龍泉贊答記

官渡金刚宝座塔（焦毅强 绘）

巢湖姥山文峰塔又名望紀塔建于明崇禎四年當時流傳姥山尖一尖廬州出狀元的民謠廬州知府為應証此謠建塔終弃余石壘成七層八角五拾一米塔內磚雕像八百零二尊有李鴻章劉銘傳等所題石匾古塔凌虛巢波環迎氣勢恢宏登塔遠眺但見水天一色驚濤拍岸遠山嵐影飄渺鷗鷺帆檣齊飛令人逸興遄發心曠神怡姥山四面皆水如同一葉飄于水中為八百里巢湖的湖之綠洲
甲午年觀泉賢書記
明安徽巢湖姥山文峰塔
甲午年焦毅强

姥山文峰塔（焦毅强 绘）

德宏風平佛塔當地傣族稱爲廣姆德宏傣族信仰小乘佛教村寨多建緬寺興佛塔風平佛塔高大雄偉造型玲瓏華麗錯落有致是小乘佛教建築中的珍品乾隆六年建東塔西塔稱廣姆剛訥風平塔高二拾三米四周環列小塔二拾捌座如衆星捧月构成挺拔雄奇的主塔體其造型变雜嚴謹主塔和子塔尖部稍下有金色寶傘傘沿系有銀玲隨風搖曳叮咚作响閃閃發光金塔躍入眼目甲午年龍泉賢谷

风平佛塔（焦毅强 绘）

藏傳佛教佛塔形制有壇城式和覆鉢式兩種江孜白居寺屬壇城式壇城又稱曼荼羅在修法場地築圓或方形土台認為此處充滿佛與菩薩用建塔來界示方位布局按照密宗曼荼羅構建的佛塔即壇城式佛塔是寺院中心白居寺融薩迦格魯、布敦各派共存一寺。寺有十六個殿堂三層保存完好數量很多的精美壁畫及造像。由大殿、法王殿、護法殿、金剛界殿、羅漢殿、道果殿、無量宮殿、轉經回廊等組成。甲午 龍泉賢等

江孜白居寺塔（焦毅强 绘）

（七）铁佛塔

铁佛塔见表 10–12 所列。

铁佛塔 表10–12

名称	地点	级 / 层数与高度	平面	类型	简述
梅州千佛铁塔 / 五代	广东梅州	7 层		楼阁式	是中国最早的千佛铁塔之一。须弥座与首层塔身的平面为不等边八角形，二至七层为四方形。塔身铸有千尊佛像，龛造像为唐代风格。1994 年将修复原貌的千佛铁塔移至宝塔首层，成为塔中塔
光孝寺东西铁塔 / 五代	广东广州			楼阁式	两塔均是七层方形。西塔已残。塔底为铁铸双层须弥座，铸飞天、力士及图案纹饰。上以莲瓣平台承托塔身。塔身对称遍铸小佛像，四面正中下方均铸一大佛龛，内供坐佛。东塔高 8 米，1.3 米高石刻须弥座塔基。以莲瓣铁座承托塔身。塔身铸有 900 多佛龛，内置小佛像
南华寺千佛塔 / 五代	广东曲江	5 层，5.1 米	方形	楼阁式	存原塔座，塔身为清代重铸。塔座高 1.2 米，下部为边长 1.6 米方形须弥座，四角铸力士，各面正中铸圆形狮子头、坐佛像，上半部为圆柱形莲花座。塔身各层铸满佛像。葫芦形塔刹
玉泉寺铁塔 / 宋	湖北当阳	13 级，18 米	八角，底层边长 1.12 米	仿木楼阁式	塔基青砖砌成，塔身为生铁铸造，全称“如来舍利宝塔”。是目前我国最高、最重和保存最完整的铁塔。塔的建造方式为分段浇铸、逐层叠装。二层以上逐层收减，每层均设腰檐平座，置斗栱出檐，飞檐前端铸龙头。塔身各层铸纹饰图案。每面束腰中央镌壶门，内一坐佛。塔壁厚 4 厘米。塔身奇数层的四正面和偶数层的四隅面设门，其余各面铸小佛像，共 2373 尊
甘露寺铁塔 / 宋	江苏镇江	7 层	八面	楼阁式	现存塔基为青石上刻海潮，上砌一层砖台，台上置八角形 1.7 米高铁须弥座，每面宽 1.3 米，上铸水纹、力士龙凤戏珠。须弥座高，为仿木楼阁式。塔身为八面四门，每面均设佛与飞天像
聊城铁塔 / 宋	山东	13 层，15.8 米	八面	楼阁式	塔座为石砌正方形上下叠涩不对称式须弥座，石刻浮雕。塔身由生铁仿木分层铸造，逐层叠装而成。八面设置四个假门与四个假窗。各层设腰檐平座栏杆。塔身逐层收分，塔顶置仰莲葫芦瓶式宝刹
崇觉寺铁塔 / 宋	山东济宁	9 层，24 米	八面	楼阁式	为舍利塔。塔基砖砌。铁铸塔身每层四正面开门，其余四面各铸坐佛两尊。每层设深远飞檐，檐下配斗栱铺座，并设平座和围栏。铜铸塔刹
千佛铁塔 / 明	陕西咸阳	9 层，33 米	方形，边长 3 米	楼阁式	层层有窗，门南向。塔内中空，有楼梯可攀登。塔身四角柱铸成金刚力士像，各层铸铁佛多尊
开宝寺塔	河南开封	13 级，55.9 米	八面，底层每边宽 4 米	楼阁式	因外表琉璃砖为铁色，故又称铁塔。向上逐层递减，层层开设明窗，一层向北，二层向南，三层向西，四层向东，以此类推，其余为盲窗

玉泉寺鐵塔位于當陽覆船山東麓稱如來舍利寶塔始建于北宋嘉祐六年由玉泉寺禪師参本領造是中國最高最重最完整的鐵塔塔上鑄有二千二百七拾九尊佛像地宮中有大批珍貴文物鐵塔建在磚石基台上八角十三層仿木樓式高十七米九基座塔身檐部和平座等部位分段用生鐵澆鑄依次疊放而成基座鑄波紋須彌座各角有力士塔身鑄有佛像逼真壁厚四厘米塔心填實 甲午 龍泉賢答

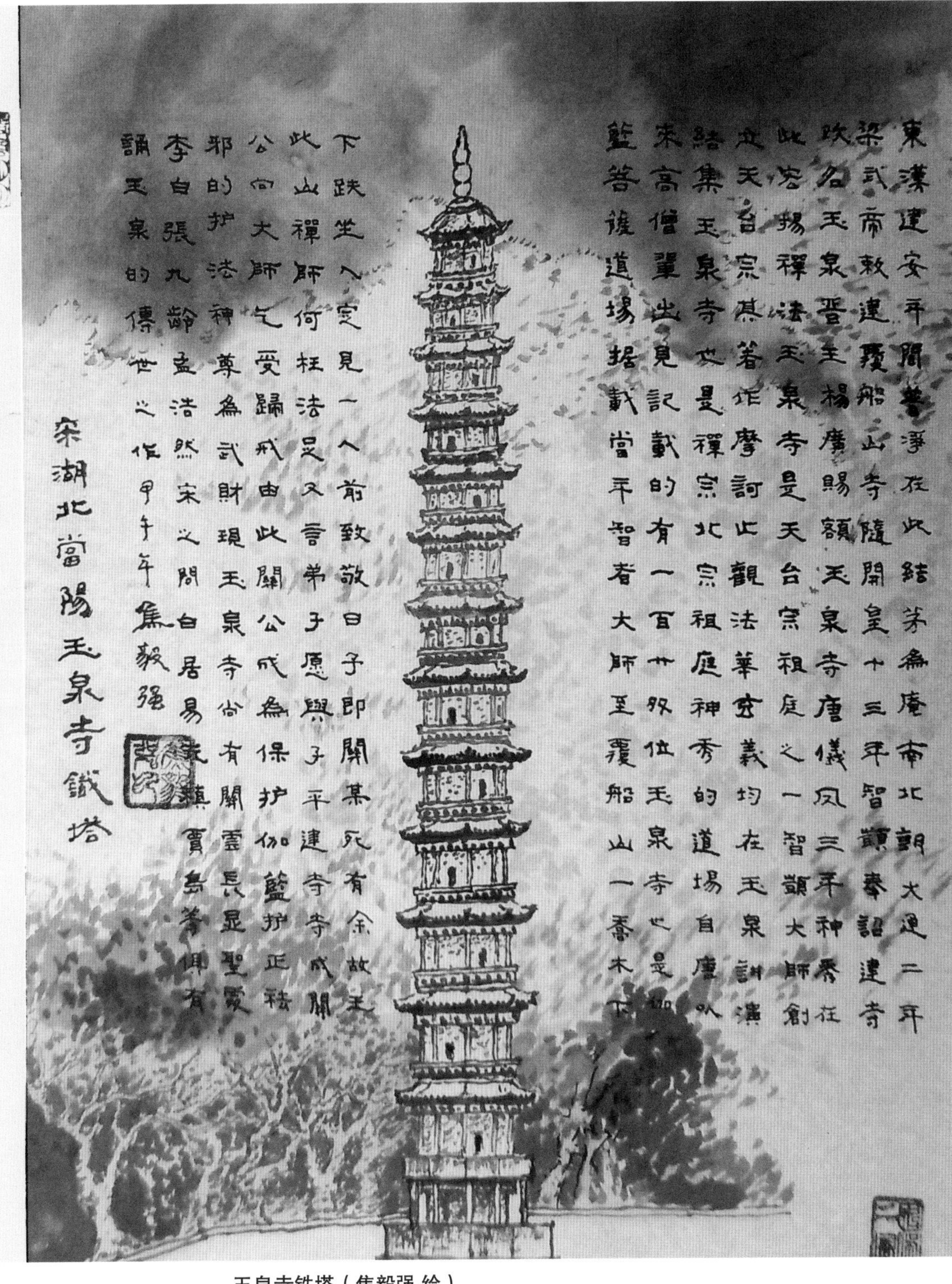

玉泉寺铁塔（焦毅强 绘）

崇覺寺鐵塔位于崇覺寺故址寺創建于北齊皇建元年塔始建于
北宋崇寧二年原七層明萬曆重脩時增至九層塔高二十三米八
平面呈八角形自下而上逐級遞減收分明顯形象俐製挺拔秀麗
斗拱雕花的平座圍欄飛檐及金光塔頂玄色塔身堪稱設計精巧
造型奇特全塔共開門三十六個供佛三十六尊塔鑄作嚴謹不失
木构特點
甲午年龍泉賢谷記

明山東濟寧崇覺寺鐵塔
甲午年 焦毅强
眼前都是有緣人
相親相近怎不滿
腔歡喜世上盡多
難耐事自作自受
何妨大肚包容

崇觉寺铁塔（焦毅强 绘）

開封鐵塔的前身是座木塔位于开寶寺福勝院內建成于宋太宗端拱二年謂之福勝塔宋真宗大中祥符六年有金光出相輪車駕臨幸舍利乃見回賜名靈感塔是宋太宗用來供奉吳越國進貢的阿育王佛舍利用的設計監造是著名的喻浩曾任杭州都料匠有巧思超絕流輩著有木經三卷

宋河南開封鐵塔

甲午年 焦毅强

開封鐵塔建于北宋皇祐元年素有天下第一塔之稱高五十五米八八八角十三層此地曾為開寶寺又稱開寶寺塔又因遍體通砌褐色琉璃磚混似鐵鑄又稱鐵塔是中國最高的琉璃塔挺拔有力氣宇軒昂外輪廓上下較直塔外壁用廿八种仿木構制琉璃雕磚砌成上有飛天五僧菩薩麒麟降龍伎樂寶花等图案五十余种底層四面辟門北門設梯繞塔心柱至頂甲午年龍泉賢谷記

开宝寺塔（焦毅强 绘）

第十一章　中国佛寺园林

佛寺园林是中国园林的一个分支，分布范围非常广泛。在数量上，它远超皇家园林、私家园林的总和。正如宋代赵抃诗："可惜湖山天下好，十分风景属僧家。"与皇家园林和私家园林相比，佛寺园林因其宗教的背景，而氛围和气质有所不同。

佛教文化源自印度，传到中国后吸收了儒、道两家文化而演变为中国佛教的禅宗文化。中国文化讲天人合一，佛教是以佛为天。道、儒、佛三家文化都注重自然和人为的统一，只是统一的方式不尽相同。道家追求逍遥神游，儒家追求道德感应，佛教文化追求根净顿悟。

中国传统建筑四周院落围合、中轴对称的布局，等级分明、内外有别的建筑组群以及审美观，主要来自于儒家文化。而在园林风格上，皇家园林与文人园林秉持儒家文化；道家园林与自然园林则青睐道家文化。佛教对上述两者兼收并蓄，其建筑群组采纳儒家文化的秩序性，园林部分吸收道家文化的自然性。梁朝沈约在《阿弥陀佛铭》里描写净土宗的"极乐世界"是这样的："于惟净土，即丽且庄，琪路异色，林沼混湟……玲珑宝树，因风发响，愿游彼园，晨翘暮想。"园林物化了凡俗人间对于天上"极乐世界"的想象。

到宋代，禅宗成为当时佛教最盛的一派。禅的中国化，与其吸收道家文化的自然观大有关系，甚至可以说，禅是与自然在生命本真深处的契合。自然对于禅宗含义深远，禅家讲究本心清静，无挂无碍，如自然般的本然圆满。佛教园林景观是其宗教思想、文化精神的载体。

中国人的园林，既有一般山水草木的园林，更有具大风水格局的园林，追求规模宏大、井然有序、巍峨壮丽，显然佛教园林也深受影响。中国古代一向重视保护山林，如《唐六典》卷7《尚书工部》"虞部"条规定："凡五岳及名山能蕴灵产异，兴云致雨，有利于人者，皆禁其樵采，时祷祭焉。"佛教寺院用心营造，将很多荒山野岭育化为佛家胜境。如莫高窟前的宕泉，经历代僧徒经营，成了风景优美的林地。所以寺院园林多不只是花花草草的小园林，而是与大自然景观结合、与文化名人胜迹结合的大风水格局的园林。一些佛寺园林成为中国文化的一部分，托名句佳篇而流芳千古。如寒山寺，借著名的诗章："月落乌啼霜满天，江枫渔火对愁眠。姑苏城外寒山寺，夜半钟声到客船。"加重了其吴中名刹的分量。

佛寺的僧人非常注重园林的景观作用，随着寺院所处的地理环境不同，都能将环境与寺院建筑巧妙的组织在一起，形成风景各异的景观。比如佛教圣地普贤菩萨道场峨眉山，山势巍峨，草木葱茏，登临4000米极顶，俯瞰万里云海，超越之感油然而生；另一佛教圣地地藏菩萨道场九华山，山岩陡悬，深沟峡谷，涧潭泉瀑，不禁令人感慨宇宙间的气象万化；东海舟山群岛中的小岛普陀山则是观音菩萨道场，岛上风光是乐土和仙境的写照。这些自然的气质，其独特和张力，都是人造景观达不到的。

佛寺园林的布局方式有以下几种：

（1）佛寺园林独居一院，附于佛寺庭院一侧，与佛寺有连通。如扬州大明寺、苏州寒山寺、成都文殊院等。

（2）佛寺园林在寺院之中，园林山石花木与廊院穿插。园林讲究意境，有的被赋予精神和宗教的寓意。如昆明太华寺。

（3）天井式园林布局，建筑围合天井，山水景观在天井之中。如杭州虎跑寺的水院。

（4）散点式布局，在大地形环境中，自然山水为主体，精致的人为景观成为散点式布局并与建筑共同构建情趣。

无论何种布局，植物都是重要的构成要素，既包括寺院庭院中人工种植的花草树木，也包括寺院周边的天然丛林，寺院场所的特殊性赋予它们特殊的文化内涵。"曲径通幽处，禅房花木深。"植物助于特定意境的营造，而且某些植物还被赋予特定的寓意，如菩提树、杨柳树、曼陀罗花、红花石蒜（曼殊沙华）、丁香花（暴马丁香）、无忧花（阿树迦树）、茉莉花、忍冬花、银杏等。最著名的，荷花、莲甚至就是“佛”的象征，《从四十二章经》说：“我为沙门，处于浊世，当如莲花，不为污染。”《大智度论·释初品中户罗波罗密下》说：“比如莲花，出自污泥，色虽鲜好，出处不净。”释迦牟尼佛、阿弥陀佛、观世音菩萨都是坐在莲花之上，或手执莲花，表示佛是出自尘世而清净不染的境界。

佛寺前的香道是佛寺园林的起点。香道即寺院的前导部分，是进入寺院的交通要道，也是佛寺景观导入的序幕，长长的香道，在宗教意义上成为从尘世通向净土的过渡阶梯。香道常结合当时当地的自然特点，精心设计路径，将山门、山亭、牌坊、小桥、放生池、摩崖造像题刻等贯穿起来，起着铺垫、渲染佛教气氛，将香客引入寺院中的作用。

不同的佛寺园林，因相应当地独特的自然特征，而布局、风格不同。比如寒山寺大门向西开的，在中国佛寺中罕见。概其从风水原因考虑，要面对运河，这是一种“亲水”的风水格局。寒山寺的建筑布局，没有严格的中轴线。寺中处处皆院，错落相通，给人以曲径通幽，迂回宛转之感。

中国古代佛寺园林融建筑与自然为一体，逐渐形成中国式园林，《园林景观设计》一书中总结其特点为：

（1）再造山水，按需要重新改变地理小环境，重新构架山水格局。

（2）模拟仙境，按理想的“西方净土”和“印度佛教圣地”来构思园林。

（3）移天缩地，用小空间来体现大山水。

（4）诗情画意，追求艺术上更高的意境。

（5）布局自然。

一、都邑中的佛寺园林

位于城市中的佛寺园林常常与寺为一体，有两种格局。一种是在寺院建筑中穿插绿化景观。东晋南北朝时期，洛阳庭院景观最负盛名的是景东寺、正始寺和永明寺。景东寺是殿廊与植物相映成趣，“堂庑周环，曲房连接，轻条拂户，花蕊被庭”；正始寺树木高耸茂密，“众僧房前，高林对牖，青松绿柽，连枝交映”；永明寺有松竹之雅和花草的葳蕤，“房屋连亘，一千余间。庭列修竹，檐拂高松。奇花异草，骈阗阶砌”。

还有一种是在寺内设置独立的园林。独立的园林中也会插入小品式的建筑，形成植物与亭台、游廊、假山、水池的组合。如《洛阳伽蓝记》记述的，景林寺、冲觉寺、龙华寺、追圣寺、报德寺等皆有独立园林。这些园林有与寺相邻，也有外设别苑的。从南北朝至唐盛行的“舍宅为寺”风气中，很多私家园林成为佛寺的园林，这些园林常成为僧人与社会名士相聚的地方。

在寺院内主要的殿堂庭院周围常种植松、柏、银杏、桫椤、榕树、七叶树等树姿挺拔的树种，以烘托肃穆的气氛；而在次要殿堂、生活和接待用房周边，常栽以花卉和观赏植物，更有点缀山石水景，以形成清幽的意境。唐代长安的多数寺院是在里坊间，它们多以庭院绿化和山池水景著称。培植珍品花木也成为寺院风尚，名刹慈恩寺即以牡丹和荷花闻名。唐代有许多歌咏长安佛寺山林花木之美、环境之幽的诗作。

中国都邑中的佛寺园林追求“空”的境界，经营位于城中闹市却如隐居于山林的境界。如在洛阳开阳门内的景林寺，寺西之园，树木掩映，芳草萋萋，如置身深山幽谷。以物质化的实体环境令人体味出大道无形的禅意，是中国古人的一大园林美学成就。

二、山林佛寺

中国佛寺常依傍名山大川，是远离尘世、念经修佛的静地，出家人在其中领悟修道。

山林佛寺风格各异。有的是方寸小园，隐于幽静深邃的深山老林；有的具备深远、丰富的景观和空间层次，结合周围的山川景致形成范围广大的园林环境，形成有着远近、大小、高低、动静、明暗等对比映衬的环境空间，营造开阔空寂的宗教气氛。

寺院也讲借势，充分借助周围的自然环境增加景观感染力，殊胜的景观提供了不同特征的构景素材和环境意蕴。如唐朱庆余《题青龙寺》："寺好因岗势，登临值夕阳。青山当佛阁，红叶满僧房。竹色连平地，出声在上方。最怜东面静，为近楚城墙。"

此外，山林佛寺园林的营造在充分凭借自然优势外，还因地制宜的植以亭、台、廊、桥、坊、堂、阁、塔、经幢、摩崖造像、碑石题刻等人工要素，巧妙地融合为浑然一体的人文自然景观。

山林中的佛寺必须考虑到僧人的基本生活需求，因此常选址在都邑与山林接壤处，可兼得两处方便。如东晋印度来的高僧康僧渊，将佛寺精舍设于南昌城郊："在豫章，去郭数十里立精舍。旁连岭，带山川，芳林列于庭轩，清流激于堂宇。乃闲居研讲，希心理味。"（《世说新语》）

公论东晋高僧慧远开创了山野建寺的风气，他于晋在庐山建造了第一座佛寺——东林寺。《高僧传·慧远传》记述："远创造精舍，洞尽山美。却负香炉之峰，榜带瀑布之壑。仍石垒基，即松栽构。清泉环阶，白云满室。复于寺内别置禅林，森林烟凝，石径苔生。凡在瞻履，皆神清而气肃。"东林寺不但凭借自然美景，且内造洞天，"于寺内别置禅林"，构成寺内外自然山水与人造环境的交相呼应的环境。后很多山林名刹沿袭这种格局。

唐代开始，佛寺的兴造追求对自然山水的亲近，放任林泉之间，品味野逸之趣。《祖堂集》卷三记懒瓒和尚《乐道歌》曰："种种劳筋骨，不如林间睡。……世事悠悠，不如山丘。青林敝日，碧涧长流。卧藤罗下，块石枕头。山云当幕，夜月为钩。不朝天子，岂羡王侯？……兀然无事坐，春来草自青。"

传说始于吴越的杭州灵隐寺是最负盛名的名胜佛寺。山林和佛寺相得益彰、浑然一体。在北高峰和飞来峰两峰挟峙之间，进深山至古刹，一路曲折幽美，古塔经幢、摩崖造像散布丛林之间，当阁殿飞檐现于面前，铜钟梵音传入耳中，不能不令人感到肃穆神秘。如唐代陆羽《灵隐寺记》："榭亭岿然，袁松多寿，绣角画栱，霞晕于九霄；藻井丹楹，华垂于四照。修廊重复，潜奔溅玉之泉；飞阁岩晓，下映垂珠之树。风铎触钧天之乐，花鬘搜陆海之珍，碧树花拔，春荣冬茂。翠岚清籁，朝融夕凝。"

第十二章　中国寺院中的佛陀造像

佛教造像由印度次大陆传入中国中原地区以后，在2000多年发展和演变中逐步形成中国的特色，并把佛像艺术推向顶峰。

一、从莲花到佛像

佛教最初是不允许塑造佛像的，信徒就用莲花象征佛陀，成为他们的精神象征。

佛陀在世时极力反对偶像崇拜，批判过当时婆罗门教的神灵祭祀和梵天崇拜。到古印度孔雀王朝时代，佛教由初创向发展阶段过渡，这个时期的佛教建筑，无论是巴鲁特塔还是桑他奇大塔都没有将佛陀的形象偶像化，只是装饰以佛本生、佛传故事以及大象、公牛、狮等动物，并用莲花、法轮等来象征，莲花象征着释迦牟尼成佛，法轮象征着法轮初转。莲花在佛教经传中随处可见，根据《佛陀本生传》记载，释迦佛出生时向十方各行七步，步步生莲花，并有天女为之散花。又《从四十二章经》中说："我为沙门，处于浊世，当如莲花，不为污染。"佛教中有"花开见佛性"。而佛陀涅槃后的600年间，佛教弟子一直不立佛像。在印度早期的佛教雕刻艺术中，佛陀的莲花座上是空的，没有任何佛像，人们仅以莲花座、菩提树或佛陀的脚印作为他的象征。所以古印度佛教兴盛之时，不敬奉佛像，只是以莲花象征佛，莲花遂成为佛教的代表性符号。从古至今的佛教寺院中，可到处看到莲花形象。

公元前2世纪的古印度，佛教造像仍然是塔、寺庙和窟殿，佛的形象尚未出现。但佛教虽然反对偶像崇拜，却也不否定佛像存在的意义。公元前1世纪，佛教分裂为大乘和小乘两个派别，大乘佛教认为佛释迦佛虽然肉身已逝，但其法身无处不在，恒常说法，又认为十方三世有无数诸佛在教化众生，进而把佛神化，佛的形象开始出现。

印度的贵霜王时期出现了造型完美庄严的佛像，之后世世代代的善男信女们，雕刻塑造出庄严的佛像供奉在塔寺内，以寄托众生的追思。

佛像在教化方面有重要的作用。

（1）寄托信仰的功能，主要用于信众供养、崇拜。

（2）传教的教育功能，比如佛教造像的姿势就是佛法的一种宣示，分别有表现释迦牟尼进入觉悟之镜的禅定印、破除邪魔的触地印、释迦牟尼讲解佛法的转法轮印、释迦牟尼面对半信半疑的求道者的施无畏印等。

（3）艺术功能，以艺术的感染力和宗教的感染力相结合，感化观者。

犍陀罗与秣菟罗是早期著名的佛像艺术，其造型艺术各自成体系，在贵霜王时期臻于完善，声誉登峰造极。这两种风格都传入中国，且对中国的佛像艺术产生了重要的影响。

二、犍陀罗佛像艺术

犍陀罗地区位于印度与西亚交界处，两千多年以来都是各强国之间的拉锯地带，其文化曾受到了波斯、希腊、印度和中亚文华的多重影响，东西文化的交融现象非常明显。所以犍陀罗出土的建筑遗迹和雕刻，竟多是希腊艺术形式与佛教主题相结合。

犍陀罗佛教艺术形成于公元1世纪。无论是石浮雕，还是后期出现的圆雕，造型和服饰的处理承袭古希腊传统艺术形式。佛像与常人身高、外貌相仿，只比常人多了头光和内髻。

之后100年间，仍以浮雕为主，仿希腊神庙中的形式，以横向展开的雕塑来表达连续的情节。

至公元3世纪前半叶，浮雕佛像开始出现圆雕效果，之后渐成主流。佛像分为立像和坐像两类。大多数佛像的头部呈典型的希腊阿波罗式美男子面相，身着希腊式通肩大衣，佛像的全身比例，一般为六位首甚至五位首，显得短粗低矮，头后圆光简朴。此一阶段开始出现其他人物，菩萨像数量增多，弥勒像流行。

公元 4 世纪后半叶至 5 世纪末，属后犍陀罗派时期，开始吸收印度本土因素，脸形趋圆，表情富于活力。

三、秣菟罗佛像艺术

公元前 1 世纪至公元 1 世纪末，是秣菟罗佛教艺术的形成期。在佛像出现以前，是通过故事或者事物来进行预示的。如摩耶夫人梦见大象象征乘象入胎，摩耶夫人立于娑罗树下象征树下诞生，无人骑驭的马或头印象征出家，菩提树象征觉悟成道，阶梯象征佛从忉利天降下，三宝标象征佛、法、僧，塔象征涅槃等。

萌芽时期的佛像头光素面，贝壳结发，双眼凸出，耳垂较小，胸部发达，肚脐深陷。右手施无畏印，手后有叶枕图案，左手放置于腿或膝上，袒右肩式大衣轻薄，左肩褶襞。

公元 1 世纪末至 2 世纪中叶，佛像造像日臻完美，称作正典佛或结发佛，奉为印度中北部地区造像的经典。坐佛多为高浮雕，双腿相交结跏趺坐，脚掌刻有法轮、三宝标等吉祥图案，面露微笑，特征延续萌芽时期佛像。立佛特征与坐像相似，体态僵直，右手施无畏印，左手叉腰。袒右肩式大衣轻纱适体，下摆垂至膝下，衣边遮覆左手，腰带束下衣后于右侧打结，双腿间常有一串花饰。

公元 2 世纪中叶至公元 3 世纪前半叶，可分为两个时期。

前期佛像体形修长，发髻渐高，已具螺发雏形，头光中央多雕出莲花，边缘除连弧纹外，有时加一圈连珠纹。眼角刻线加深，颈部内褶一道。衣衫特征与上述类似。

后期佛像已是螺发，个别出现波发，颈下 V 形衣边渐圆，通肩大衣厚重僵硬，褶襞作阶梯式或棱线式。衣褶自双肩下垂后向右上方聚集，覆于座上的衣摆形如软垫，稍晚直接雕出吉祥草垫，除施无畏印外，禅定印、转法轮印和触地印也开始出现。

公元 3 ~ 6 世纪，佛像艺术达到峰巅。佛像造型健硕，形体优美，富有朝气，面部已有情感表达。面相椭圆，额广平正，眉纤而长，目如青莲，眼睑低垂，鼻高修直，鼻翼舒张，嘴角自然，下唇较厚，耳垂拉长，头光繁复，顶有肉髻，螺发绀青。颈部三折，形同海螺。立像身躯颀长，两肩齐亭，充满圆好，一腿微屈，呈现动感。

四、中国佛像艺术

印度佛像艺术由多种途径传入中国。一是由古代“丝绸之路”，经新疆进入中原；二是法显、宋云、惠生等汉使西行带回大量佛教经像；三是很多南亚僧人持经像来华；也有僧人艺术家将佛教雕刻与绘画技艺带入中土。逐渐在中原大地上融合演化，形成具有中华民族艺术特殊的佛教造像艺术。

东晋南北朝以来，与佛教在中土的发展同步，造像风气盛行。北魏到盛唐是高潮时期，佛教造像的鼎盛时期达 400 多年。留下了敦煌莫高窟、云冈石窟、龙门石窟等遍布全国的石窟和摩崖造像达 250 多处。

炳灵寺石窟 169 窟中的造像，约完成于公元 420 年前后，是中原北方现存早期佛教雕塑的代表作，佛像特征与秣菟罗第四期极为相似。而自北魏开始雕琢的云冈昙曜五窟中的佛像已经开始在许多方面呈现本土化的特征了。

根据云冈诸窟的雕饰花纹的母题及刻法，佛像的衣褶容貌及姿势，确定中国艺术约莫由这一时期起走入一个新的转变，是毫无问题的。以汉代遗刻中所表现的一切憨直古劲的人物车马花纹，与六朝以还的佛像饰纹、浮雕的草叶、璎珞、飞仙等等相比较，则前后断然不同的倾向，一望而知。仅以刻法而论，前者简单冥顽，后者在质朴中，忽而柔和生动，更是相去悬殊。

但云冈雕刻中，“非中国”的表现甚多，或明显承袭希腊古典宗脉，或繁复地掺杂印度佛教艺术影响，其主要各派元素多

是囫囵包并，不难历历辨认出来的。（梁思成：《佛像的历史》）

云冈石窟中的佛像有竭力效仿犍陀罗艺术的，艺术价值并不高。而另一类佛像，不但面容生动，充分表示出庄严慈悲的精神，而且“佛身较瘦，袍带长重，其衣褶宽平，被于身上或臂上如带，然后自身旁以平行曲线下垂，下部则作尖错形。其中有极似鸟翅伸张者，盖佛自天飞降而下意识之表象欤。其与印度细密褶纹，两相悬殊”（梁思成：《佛像的历史》）。这一特点，极大地影响了中国后世佛造像。

在此基础上，之后雕琢的龙门石窟中的佛像，形成了将外来文化融于自身一体的本土风格。

到北齐时期，秣菟罗及犍陀罗式的佛像艺术仍在产生较大影响。留存下来的佛像多分布于河北、河南、山西、山东诸省境内，不同地域的佛像特征有所区别。归纳而言，多面庞圆润，五官线条日渐柔和，姿态挺直，全身各部以管形为基本单位。

北齐、北周之雕刻，由历史眼光观之，实可为隋代先驱。就其作风而论，北齐、北周为元魏（幼稚期）与隋唐（成熟期）间之折冲。其手法由程式化的线形的渐入于立体的物体表形法，其佛身躯渐圆，然在衣褶上则仍保持前期遗风，其轮廓仍整一，衣纹仍极有律韵，其古风的微笑仍不罕见，然不似前期之严峻神秘。面貌较圆，而其神气则较前近人多矣。（梁思成：《佛像的历史》）

因为武宗灭佛之灾，北周佛像留存少，多在陕西境内，受印度影响轻微。

隋代的佛像面相丰满圆润，眉眼纤细，凹凸明显。鼻梁挺直，嘴小而微带笑意，神情平和。头颈交接生硬。身材粗壮，头部和下身的比例略显失调，姿势较为僵硬，造型稍显呆板。衣褶自然，卷边精致。如来服饰朴素，而菩萨服饰较为华丽。佛头顶肉髻已经全是螺纹发，菩萨多戴花冠。此时铸铜造像之风已盛。按照梁思成先生的总结，“其最足引人兴趣之点，在渐次脱离线的结构而作立体之发展，对物体之自然形态注意，而同时仍谨守传统的程式。椭圆形已成其人体结构之基本单位，然在衣褶上，则仍不免垂直线纹，以表现其魏齐时代韵律之观念也”（梁思成：《佛像的历史》）。

唐代是佛造像水平最完美的时期，也是受世俗生活和艺术影响较大的时期。洛阳的卢舍那大佛是其中最杰出的代表作之一。佛像坐于开凿于山体的露天广台之上，佛像背光丰丽，坐姿沉静，身材比例匀称，体态自然舒展，丰腴饱满，面相丰润，大耳下垂，神情庄重而又不失慈祥，在螺纹式发型之外，又发展出水波式。盛唐之时，较前代佛像姿态更加生动自然，有了动态和感情的表现，衣饰也越来越多样化。而佛像的台座样式丰富。“会昌灭法”后则至衰落。

唐之后，除了石窟开凿，几乎停止了石造佛像，多是木刻或泥塑，也有铜铸的，基本上都在乱世中熔毁。宋代佛造像面庞浑圆，短额短鼻，眉眼平直，神情平静祥和，颈部自然，而头顶肉髻趋于平缓，螺发与肉髻之间的髻珠更加明显。姿态不似唐代的生动，但也并不僵硬。禅宗的观音坐像，一脚踏石，一脚垂下，则别出心裁。

北方辽金的佛像与宋有所不同，体态丰满厚实，上身偏长，下身略短，施彩敷色讲究华丽繁缛。菩萨像多头戴宝冠，两眼微闭，鼻挺唇薄。上身袒露，项挂璎珞，帔帛绕肘。下身着裙，衣饰自然飘逸，线条流畅。此一时期开始流行方形台座。

元代佛像开始受藏传佛教影响，佛像面部为倒置的梯形，五官紧凑。菩萨蜂腰长身，姿态妩媚，高乳丰臀，胸前佩戴大粒璎珞，下身着裙，具有印度巴拉王朝造像风格。

明代佛像又回归传统审美，清代佛像工艺登峰造极，多穿汉服。可惜的是，这两代佛像，多是工匠的重复制作，没有形成时代性的艺术风格。

中国历史上有四种重要的佛教绘画样式，被称为“四家样”，是佛教造像的形式风格样板。根据唐代著名书画理论家张彦远在其《历代名画记》中归纳，“四家样”分别为：魏晋时期曹仲达的“曹家样”，张僧繇的“张家样”，盛唐吴道子的“吴家样”和中晚唐周昉的“周家样”。曹家样中的“曹衣出水”式样，衣服紧窄，衣褶重叠垂下显然是受了秣菟罗佛像形式的影响。“张家样”是古代寺庙中影响最大的样式之一。吴道子画作世称吴装，被誉为“吴带当风”，绘画线条被称为莼菜条描。周昉的“水月观音”等佛像造像被奉为经世样板。

总体来说，可以认为中国的佛教造像形成于魏晋南北朝时期。隋代的佛像具有雄健劲拔、清新开朗的风格。唐代是中国佛教造像的鼎盛时期，风格瑰丽雄伟，气势恢宏。宋代后中国佛教造像开始走向衰落。

佛教造像艺术对中国佛教的发展起着推波助澜的作用，在历史长河中，佛教造像逐渐融合了中华文化的精神、情操与理想。它给人们带来最直接的感官上的感染，使人们从内心感受到宗教的力量。佛教造像深入民间普及推动着佛教的发展，成了佛教流传不可或缺的一种布教方法，也是寺院建筑的真正核心。

下篇

现代佛教建筑设计

第十三章 缘起论

一、"缘起论"与中国佛教建筑的形成

龙树在《中论》中有一偈曰:"能说是因缘，善灭诸戏论。我稽首礼佛，诸说中第一。"由此可见，缘起论被视为佛教首要而又真实无谬的理论。

佛法的理论基石即是缘起理论,"缘起"是佛教的根本教理。"缘起并非佛陀所创造,佛陀只是发现了这个自然的法则,再将此宇宙人生的真理对众生宣说、开示。"(星云大师语)《中阿含经》云"若此有则彼有，若此无则彼灭",即是在说"缘起"的含义。

缘起中的"缘"是因缘的简称。因缘中的"因"是指内在原因,即内因。"缘"是指外因,即外在条件。那么何为缘起？缘起是指"待缘而起",也就是说,无论什么事物的形成与发展必须依赖于因缘。若没有因缘，事物的产生就失去了根据和条件。……正如藏传佛教摧魔洲尊者所指出:"因与缘二者相互观待依存。"若无内因外缘的结合，一切法不生。只有内在的因和外在的缘的有机结合事物才能产生，即"因"、"缘"和合而生"果"。这就叫作因缘和合而生。如果因缘丧失了,"果"也就没有了。……因缘是一切事物和现象产生的根本性的因素，因为产生什么样的果的事物，主要是由因缘决定，即所谓"亲办自果"。(刘俊哲:《藏传佛教缘起思想及其宇宙生成论意义》，载《民族学刊》2010年第1期)

中国佛教建筑的形成和发展同样也是基于缘起说。

针对佛教建筑的设计，学诚大和尚多次谈及天时、地利、人和。天时、地利、人和就是佛教建筑形成的缘起。佛教建筑不是完全一种固定的模式，不是什么人想将它设计成什么样，而是随所处的天时、地利、人和环境的变化而变化着。

印度的佛教初传入中国时期，出现的是舍宅为寺，其建筑形式并没有延续印度的形式，而是完全采用中国当时现有的形式。一开始出现的佛教建筑形式就植根于中国的土壤中，顺应着中国的天时、地利、人和。

佛教传入初期，佛经并没有译著，主要是佛教崇拜(有时是和老子像放在一起的)，至六朝形成悔过法、唱导、斋会为中心的佛教忏仪。

魏晋南北朝佛教的信仰与生活，是在吸收印度、西域等地的佛教信仰方式基础上，逐渐采取适应了中国人的信仰心理与信仰方式，从而进行吸收与改造，最终成为中国佛教徒自己的信仰方式。忏悔作为佛教重要的修行方法，随着佛经忏悔思想的传译，忏悔仪式逐渐被纳入中国佛教徒的信仰生活中。但是忏法之所以具有中国佛教的特色，其原因在于受到中国本土文化的影响，尤其是儒家、道教的思想。佛教忏法的形成，是中国佛教高僧在印度、西域忏悔仪式原有仪式基础上，在魏晋南北朝的三教论争中，逐渐采取了适应中国"礼"文化的表现形式。(圣凯:《六朝佛教礼忏仪的形成》，载《中国文化》2013年第2期)

佛教传入汉地,早期是以灵异与斋戒为主要形式。到南北朝，在斋会中，形成了先礼忏，然后宣唱化导——唱念佛名而礼拜的仪式。佛教建筑的以塔为中心围合院落和前塔后殿为中心围合院落式适应这种形式。

六朝时期正是由汉的独尊儒术转为对黄老信仰的兴旺，人们更加关注人生的本质，佛教在这个时代背景下，利用这个"天时"在中国迅速传播。其建筑利用当时的"地利"，即完全用汉地的建筑来承载。其"人和"面对大众普遍存在的信仰崇拜心理。

佛教建筑与崇拜、忏悔的宗教活动相适应。由舍宅为寺，经过以塔为中心平面布局形式、前塔后殿的平面布局形式，终于定型为以殿为中心、组合院落式的中国庙宇，绵延千年。

隋唐时，国力强盛，经济发达，尤其唐朝，是中国封建社会的鼎盛时期。这时的佛教所处的天时、地利、人和出现了变化，佛教的发展也进入了兴盛时代，大量佛经已经译出。人们开始转入对经文的学习研究，采用中轴线对称的布局方法组织大型的寺院，集礼忏仪活动（即宏法）和多种宗派的研修等多种不同性质的活动于一个寺院群。常以礼忏仪活动的建筑为中心四周环绕布置其他活动空间。这时的寺院大多数为皇家兴建，分布在人员密集的城市街坊中，并承担市民集会的功能，成为城市的市民活动中心。

漆山在《学修体系思想下的中国汉传佛寺空间格局研究》（《法音》杂志）一文中分析唐代道宣式佛寺的布局，名之曰“道宣式佛寺”。“道宣式佛寺”是唐代佛寺较为典型的形式，这种形式是佛教寺院凭借当时的“天时、地利、人和”的缘而形成的。它位于城市的街坊，网格布局，适应礼忏仪的拜佛要求。中央地块为法事和礼仪区，为适应对佛教不同门宗的研究，对儒学、道学、杂学的研究，其周边环以阵列的方形地块设置不同的功能空间。“道宣式佛寺”体现了唐代佛教的发展特点，即开始对佛经进行系统深入的研究。

后来的武宗灭佛，将上述城市里的皇家寺院毁灭，而位于山林中的禅宗幸免于难，并形成了禅宗的大发展。这也是“天时、地利、人和”所至。

惠能传承的禅宗，让中国人知道佛教不从外来，如众生的佛性本具。得佛心者知佛不从外得，信佛教不从外来。达摩西来传的就是这个心印。禅宗建立“即心是佛”、“平常心是道”的精神。于僧众实际生活中，建立以僧堂为中心的禅院规制，于禅法的弘传、演布方面，更以灵活生动之执法接引学人。

禅宗兴起后，提倡“伽蓝七堂”制。七堂为佛殿、法堂、僧堂、库房、山门、西净、浴室，百丈怀海订立《百丈清规》，其中就有“不立佛殿、唯树法堂”一句。法堂是众僧参禅之处，将法堂提升到如此重要的位置源于参禅活动的重要。

禅宗引入佛殿是在后期，一是为了吸引信众，二是宋代以后，禅宗与净土宗、天台宗等宗派融合。

二、“缘起论”中的“天时、地利、人和”理念

在中国文化里，讲天时、地利、人和，且人的地位很高，与天、地并列成为天地人三才，人可以“参天地，赞化育”，人能够参与天的运作。“天”这个字有双重含义，一个是自然的天，一个是有赏惩权利的天。中国人喊“天啊”，就是认为有神明在那里，当然现代人主要认知的是“苍之者天”——自然的天。中国人观念中的天人感应、天人合一也是让人们顺应“天”，与“天”结为一体，也有顺应天的意思。“天时”可以理解为一个特定的时代。“地”是承载万物的，从局部来讲即是地理环境。“天时、地利、人和”即是一个佛教建筑形成的“缘”。中国传统建筑中的“风水”观念则尤重视天时与地利两个方面，对建筑与天时、地利的紧密关系做了详细的分析论述，成为一套完整的观念。

天、地、人为“三才”，这里实际上重要的还是“人”。无论何种宗教，佛教也好，道教也好，西方的基督教也好，要成佛，要成仙，要上天堂，首先你得是个人，否则上述更高的目标就无从谈起。至于现代社会中，无论何种制度的社会都是人的社会，生活在现代社会中首先要是人。人是非常非常重要的，但什么是人呢？中国人自古就为“人”制定了标准。《孟子》中指出：“仁者人也”,“仁者”才是“人”。那什么是“仁者”？“仁之实，事亲是也。”仁作为人道的根本原理，而仁的原理的实践，以亲亲为根本。如果说“仁者人也，亲亲为大；义者宜也，尊贤为大”。还不能概括仁，《礼记》中指出：“仁以爱之，义以正之”，则清楚地把仁和义的要义阐明。仁的要义是慈爱，义的要义是正义。仁义是人之性，人的本性。仁——仁爱也，仁者莫于爱人。

谈中国佛教建筑为什么要谈“仁”，因为有“仁”才是人。现代社会物质的发展，激发了人的“物欲”，远离了道德，将做人的起码底线——“仁”给突破了。中国佛教建筑现在所处的天时就是这样的一个天时。科技高速发展，人心物欲横流，人们遇

到了新的问题，中国佛教面对的“人和”也变了，受过现代教育的人，大多有知识，缺少智慧。现代佛教不但要学佛法，还要学“人法”，用个比喻说，上大学要先补小学的课，从做人开始。

天、地也有仁气，天地之仁气是天地温厚之气，是天地的盛德之气，仁气是天地间道德的根源。这就是“宇宙论”的仁气论。

中国佛教延续到今天，面对现代的社会和人，有一个向现代佛教转换的时代需要，随之佛教建筑也要一个现代的发展，现代人、现代社会影响佛教建筑的有两个方面：

（1）现代社会是一个高科技发展的社会，从人类的知识和技术能力层面来讲是大大的进步了。人类在知识和技术层面的成果，佛教建筑应当吸收和运用它，这是现代这个时代的“缘”，这是现代佛教建筑面临的“天时”。

（2）现代社会又是一个将人的欲望放大，追逐利益的社会。在利益面前人们常会失去智慧。人的道德观在下降，佛教又有先提升现代人的道德观的职责，也就说先培养做人。

科学技术解决不了人心的问题，解决人心的问题还要靠精神层面的追求，中国佛教这个传统文化仍肩负历史使命。而佛教又面临一个完全现代的社会，现代人的科学宇宙观不可能再接受烧香、拜佛、灵验等。可是在近代，佛教并没有随着时代正常的延续，近百年的种种社会动荡使得佛教边缘化了，当社会出现心理问题、道德问题、社会问题时人们才关注佛教。面对现代的“天时、地利、人和”佛教要有一个大的转变，随之佛教建筑也应当有一个大的转变。现代佛教应当用佛教的哲学思想、宇宙观、人生观等来面对现代人，这就是现代佛教建筑面对的“人和”。这就要求僧团自身的现代化，僧团也应受过现代科学的教育，这同样也是现代佛教建筑面对的“人和”。

三、中国佛教建筑的现代化

现代佛教建筑的特点不在于有没有大屋顶，也不在于运用多少传统元素，这些都不是问题的实质，现代佛教建筑的特点还是着重于顺应现代的天时、地利、人和，不能固守僵化的模式，而要随着天时、地利、人和的变化而变化，这也是“无常”。

（一）现代的佛教建筑应当是现代建筑

建筑是随着时代而发展的，现代建筑应同工业化社会相适应，要解决建筑的实用功能和经济问题。现代佛教建筑是现代人用现代的手段建筑的，解决现代学、修佛的实际功能用处。

1. 佛教建筑应当延续传统文化，保证其文化基因的连续性

经过两千多年的融合，佛教已经是中华传统文化的重要组成部分，佛教思想已经深深地沁入中华民族的思想精神中。中国传统的佛教建筑包括佛寺、佛塔和石窟，还有石幢、石灯等建筑小品，体现了中国人的审美观和文化性格，充满了宁静、平和而内向的氛围，具有安详的风韵，与西方宗教建筑的气质完全不同。

2. 现代佛教建筑应与自然高度协同

建筑与自然高度协同是中国文化的精神，尊重自然，建筑镶嵌在自然中，仿佛是大自然的一个有机组成，“风水”学说是集中的代表。中国宗教建筑和宫殿建筑、民宅建筑等其他建筑的最大不同就在于建筑与自然结合的紧密性上。这就是顺应“地利”。

3. 现代佛教建筑应当是朴素的

清廉、朴素的风格特点和佛教教义相符。现代佛教建筑应当体现这一特点，更直接更亲切的面对人生，体现佛教僧众的率真和正直，体现朴质明智之美。佛教讲智慧，所以佛教建筑不能只是玩弄一些形式技巧。

4. 现代佛教建筑应当重视群体组合的实用性和美观

佛教建筑历史上长期采用中轴线布局的层层院落形式，这种中轴线布局的层层院落体现了中和、平易、含蓄而深沉的气质，体现了中国建筑的群体组合的特点，而不同于西方的以突出建筑个体为主的做法。

5. 现代的功能要求建筑空间应具有紧密和连续性

在传统院落布局的基础上，现代佛教建筑应增加空间之间的联系，具有紧密和连续性，使其成为一个建筑“集合体”。

（二）现代佛教建筑与自然的紧密结合

中国佛教建筑区别与宫殿、民居等古代建筑的最突出的特点就是：佛教建筑常与自然中的山林溪水紧密结合。寺院的选址和布局将山和寺作为一个整体来考虑，佛教建筑很好地运用了山水文化和风水理论。如寺院常选取自然界中可以获取大自然庇护的最佳位置，因此佛寺选址的原则常是“四灵兽”模式（是指所谓“左青龙、右白虎、前朱雀、后玄武”，具体的表现就是“四面环山”或“三面环山前面绕水”的较封闭的自然空间格局）。

“天下名山僧占多”。历代高僧建立道场均极其重视山，很多处于孤峰、绝岭之上。寺院建筑凭借山势而显得庄严、宏伟。无论九华山、峨眉山、五台山、普陀山等道场都是借助于山势。寺院建筑借助于山，借助于环境也就是借助于“地利”。历史悠久的一些寺院，都是理想中的风水布局模式。

佛教寺院常隐于山林之间，凸显出神秘感；常位于高山峻岭上，凸显出雄奇感。普遍的建筑元素因为与自然一起合为一个统一的序列，才显得那么丰富。

（三）中国佛教建筑的现代化

中国建筑的现代化，一直是中国建筑师思考的重要课题。无论民国时期，还是新中国成立后的建设实践中，都不断进行探索。新中国成立十周年建的十大建筑代表了其较高的水平。北京火车站和民族文化宫以钢筋混凝土结构和中国传统的屋顶形式巧妙结合；人民大会堂和中国革命历史博物馆（现为中国国家博物馆），外柱廊的柱子运用了西方的柱式，而柱廊中柱间距从中往外逐渐缩小，又是中国式的。这两座建筑不再运用大屋顶，而是运用了中国特有琉璃瓦檐。

十大建筑基本上都很好地满足了当时社会的使用功能需要，这些建筑解决的现代使用功能是中国传统建筑没有的。

十大建筑代表了中国建筑现代化的一个高峰。以后接着是经济困难时期、“文化大革命”，中国建筑的现代化再也无力推进。改革开放后，人们眼光全部转向了西方。随着国人的民族自信的流失，中国建筑的现代化研究与实践走了许多弯路。

现代化是指人们生活的现代化。现代化不是空的，也不是形式层面的，不是为现代化而现代化，不是西方一切都代表着现代化，中国的一切都不能适应现代化。笔者认为中国建筑只要满足了现代社会的功能要求，就应视为它是现代的。

佛教要面对当今社会，解决现代人的心理问题，用一个善的、慈悲的、正义的信仰影响大众，需要进入现代社会。现代佛教、人间佛教被推崇；古代佛教，被喻为死人佛教、神鬼佛教，无法被现代社会接受。中国佛教的活动方式正在逐步现代化。比如，运用现代的科技手段弘法；大空间大人群的弘法活动等，都是适应现代社会的。

中国佛教建筑也要进入现代，也要科学化。但不必要一定在形式上去追求“现代化”。中国佛教建筑的现代化探索，也为中国建筑现代化提供了一个思路。

中国佛教是中国传统文化的支柱之一，对于中国佛教的现代化应谨慎小心。首先要保证的是中国佛教建筑遗传基因，让僧众认可它是佛教建筑，是中国佛教寺院，这对支撑僧众的信仰是非常重要的。

中国佛教建筑的现代化，首先是满足现代佛教活动的使用要求。其形式语言尽量保留一定程度的中国传统元素。中国佛教建筑的现代化，广泛接受新的形式语言要逐步来演变，这需要人们认可的过程。

中国佛教建筑与自然界中的大山水结合是区别其他中国传统建筑的特点。传统佛教建筑体量都不是很大，只有在自然的山水衬托下，才会显得精彩。佛教建筑区别其他建筑的特点是占高峰、绝岭，占自然中的奇处、险处。可惜现在我们看到历史遗留下的寺院建筑，其精彩之处已不存在。现在社会人们过度的开发，寺院建筑形成旅游建筑，大自然的精彩没有了，寺院的精彩也就失去了。所以现代的寺院建筑千万不要贪大，不要一动就几个平方公里，甚至几十个平方公里，寺庙建筑更应保护好大自然。

第十四章　现代佛教设计初探

一、药山寺概念规划及竹林禅院设计

古药山寺位于湖南省津市，是曹洞宗的发源地。笔者的《建筑与传统文化的回归——人与自然共同构筑环境》书中，对笔者参与药山寺恢复的前期规划工作进行了详细介绍。作为其起步的项目——竹林禅院，由笔者作为设计人参与完成，已投入使用。

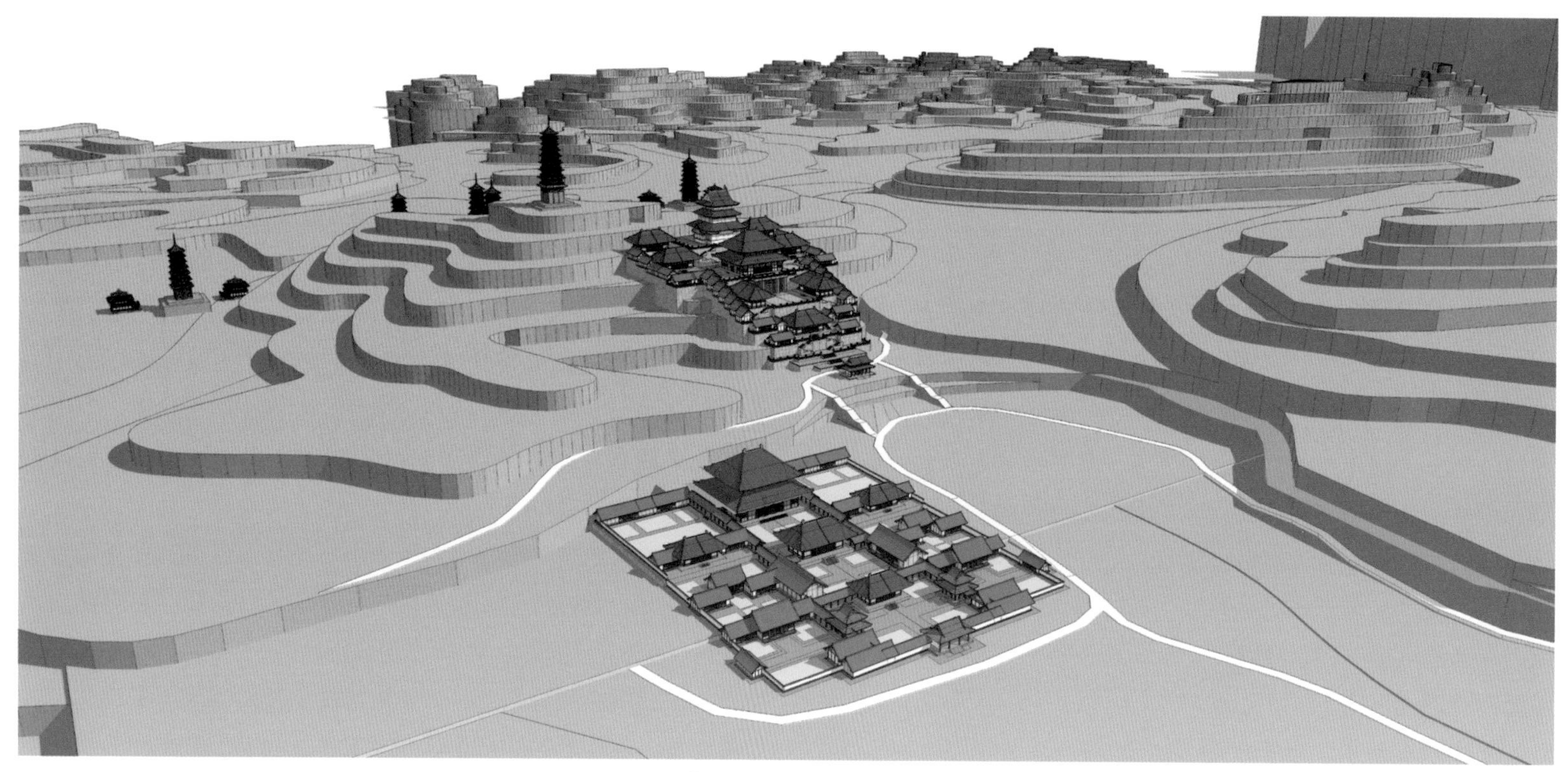

药山寺整体规划概念

药山寺形象概念

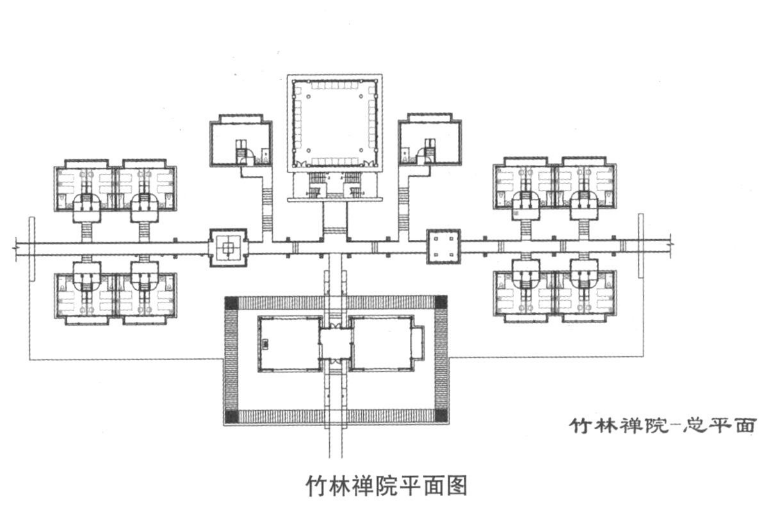

竹林禅院平面图

竹林禅院实景1

竹林禅院实景2

竹林禅院实景3

竹林禅院实景4

竹林禅院实景5

竹林禅院实景6

竹林禅院实景7

竹林禅院实景8

竹林禅院实景9

二、南少林规划

清晨入古寺　初日照高林

南少林1

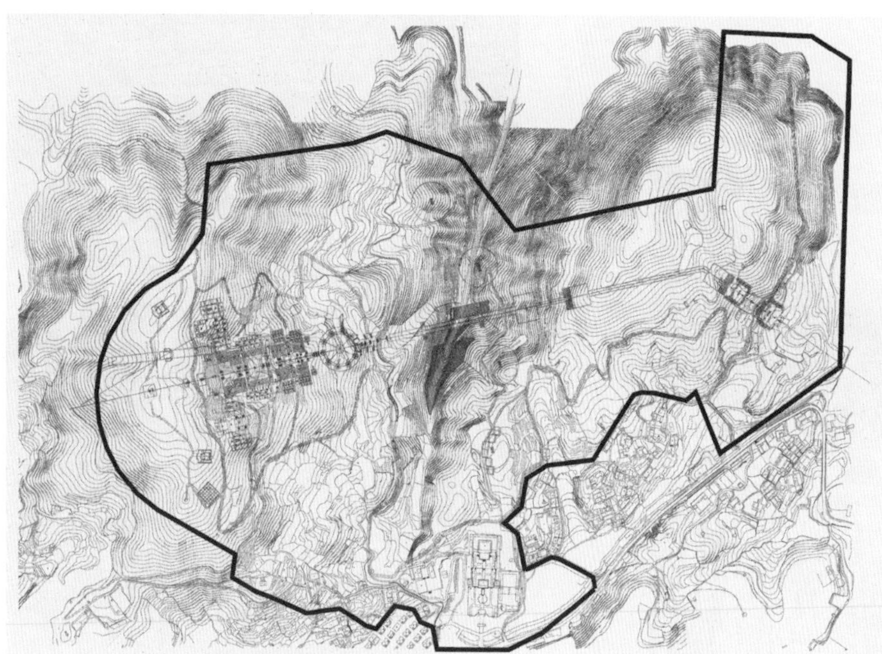

南少林用地红线图及指标

总用地面积：1349395m²

南少林寺技术经济指标

建筑名称	占地面积	备注
四面观音	729m²	高度约48m
过厅	162m²	
藏经楼	486m²	
法堂	1458m²	
斋堂　讲堂	2X567m²	
大雄宝殿	590m²	
祖师殿 伽蓝殿	2 X 394m²	
护法殿	410m²	
钟鼓楼	274m²	
莲花广场	7854m²	
步行桥		长度为285m 宽度为6m 桥面距水面45m
时空隧道		长度为280m 直径为12m
博物馆(两座)	2 X 2016m²	建筑面积 2 X 2864m²
兜率宫	648m²	
山门殿	300m²	
其他各配殿	14347m²	
九莲	6824m²	总建筑面积9600m²
项目用地面积	1349395m²	
建筑占地面积	40030m²	
总建筑面积	44500m²	
容积率	0.03	

南少林2

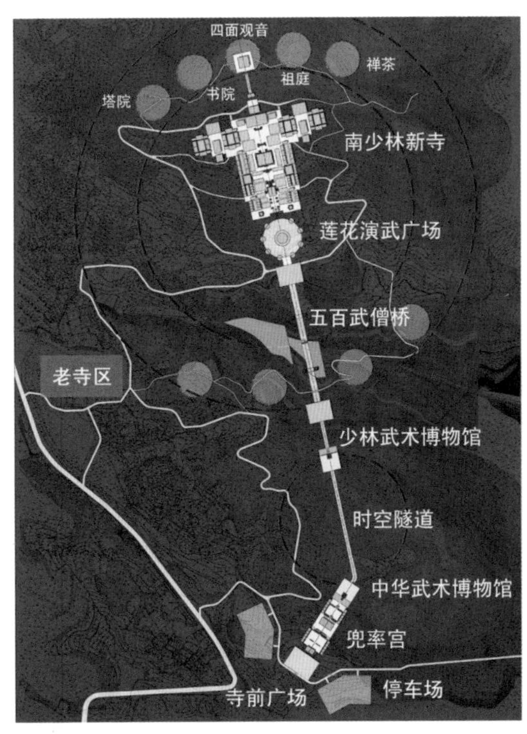

规划总平面图

- 南少林寺主寺中轴线上的建筑群根据环形山体的特点分为三个部分。
- 第一部分位于环形山的南部，为南少林寺的前院，即是兜率内院。
- 第二部分为“时空穿越”部分。
- 第三部分为核心区——主寺区

  核心区建筑第一层，为护法殿，殿堂的两侧是钟鼓楼。

  第二层院为大雄宝殿。东西两侧分别为伽蓝殿和祖师殿。

  第三层院为法堂，北面是四面观音像，位于山顶之上，计划为 50 米高。
- 中轴线的东侧轴线为僧团院，东轴线的主座建筑是方丈院，两侧为僧人生活及用房。
- 中轴线的西侧轴线为学修课堂。其主体建筑是禅堂。两侧为居士用房。
- 环绕山体的外环山上有九个点，喻为九莲，为南北两侧设置。北部中央为四面观音像，东西两侧分别为祖庭和塔林。再东西两侧分别为阅览室和禅茶室。
- 环绕山体的南部隧道的两侧有一块地较开阔且与原南少林寺较近，对外也方便，设养老区。南面还有三点分别为客堂、法物流通处和药局。

时空隧道

南少林3

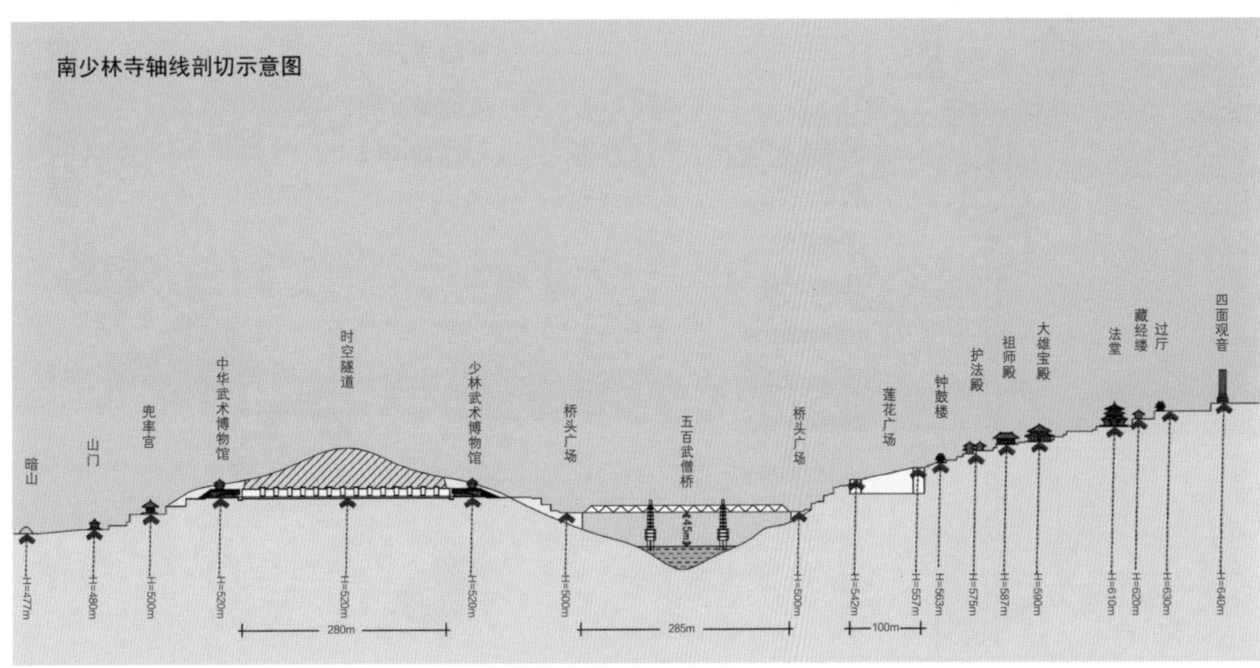

南少林4

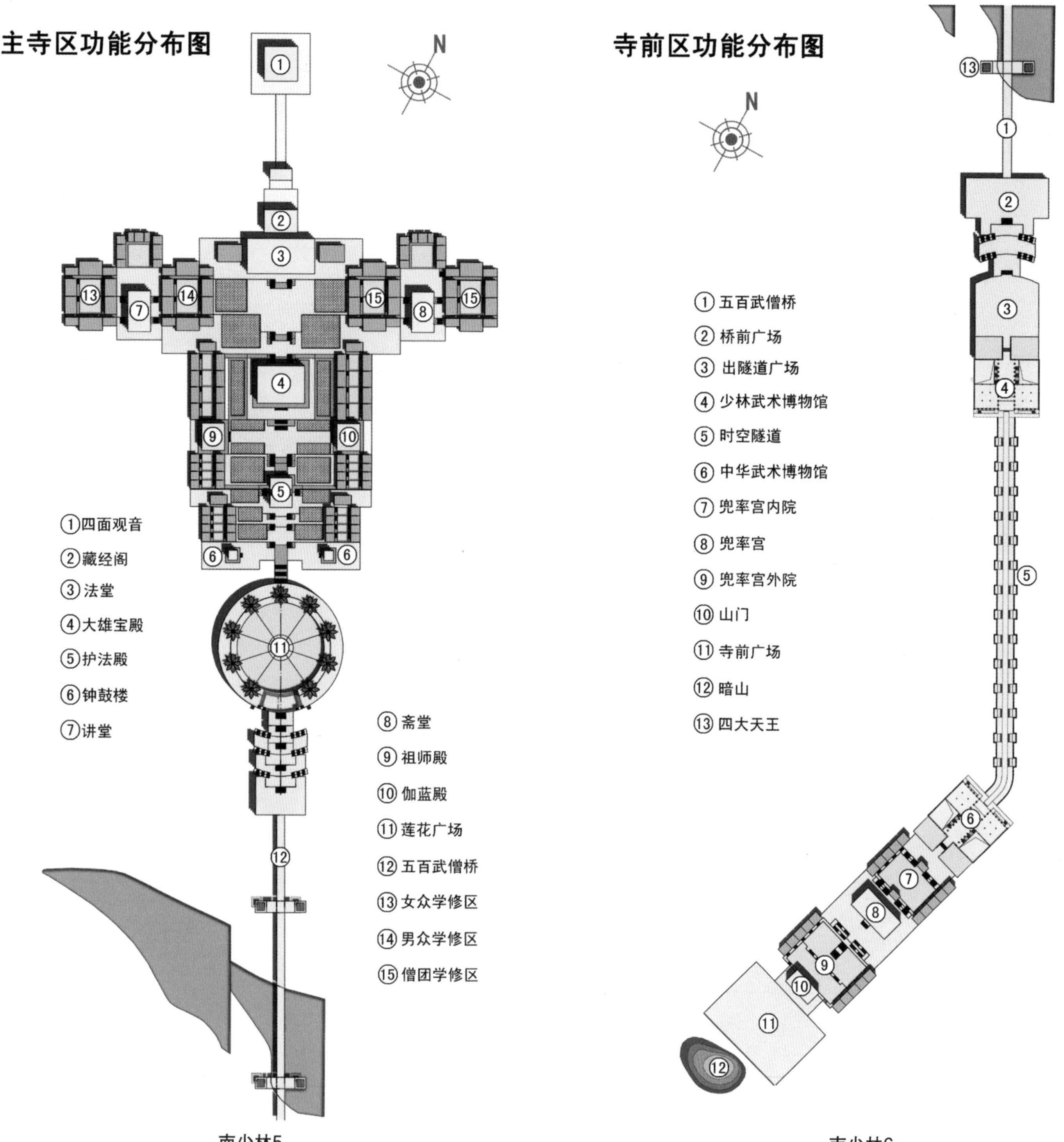
主寺区功能分布图
N
①四面观音
②藏经阁
③法堂
④大雄宝殿
⑤护法殿
⑥钟鼓楼
⑦讲堂
⑧斋堂
⑨祖师殿
⑩伽蓝殿
⑪莲花广场
⑫五百武僧桥
⑬女众学修区
⑭男众学修区
⑮僧团学修区
寺前区功能分布图
N
①五百武僧桥
②桥前广场
③出隧道广场
④少林武术博物馆
⑤时空隧道
⑥中华武术博物馆
⑦兜率宫内院
⑧兜率宫
⑨兜率宫外院
⑩山门
⑪寺前广场
⑫暗山
⑬四大天王

南少林5

南少林6

山光悦鸟性
潭影空人心
万籁此俱寂
但馀钟磬音

南少林7

东涧水流西涧水
南山云起北山云
前台花发后台见
上界钟声下界闻

南少林8

穿过渡桥，人们应当看到的南少林寺的核心建筑的全景。环绕山体映托着南少林寺核心殿堂建筑层层升起，又沿左右展开。这将是一种具有震撼力的全景图。为达到震撼力的景观浆果，建筑一定要后退。为此核心建筑退后了一个广场，这个广场是绿茵广场，是植物覆盖的广场，名为莲花广场。广场莲花是可开合的，随晨钟暮鼓而动。广场中心是一个由无数个武僧站桩组成高低错落的莲花，同时是一个演武广场。

南少林9

时空隧道

南少林寺中轴线建筑的第二部分为“时空穿越”部分。

设置时空穿越的隧道在中国寺院建筑中是一个创新。隧道的设置，是因为不在山体中设置隧道就无法穿越山体。隧道中建武林博物馆，展示全国各武术门派。在隧道圆筒的下方三分之一处设架空步道。整个隧道为全景银幕映像。隧道的长道约为 300 米，隧道的出口和入口相同，也是一个殿堂式建筑。

南少林10

出隧道后接着是一座步行桥，长约 295 米，借助支撑桥体的两座桥墩，修建两座纳骨塔，塔顶为四大天王雕像。全桥依次排列 500 名武僧的雕像。

南少林11

南少林12

这个空间是弥勒的院。即是兜率内院。这第一层院是给人欢喜的院，建筑风格应以喜庆欢乐为主。

兜率天有内外两院，"外院"是凡夫所住的秽土。"内院"是一生补处菩萨（即将成佛者）居住的净土。南少林寺的兜率天也分为外院和内院，外院为南少林寺的前院，作为入院前的调整。设客堂、茶室、卫生间等。内院为弥勒佛正殿院。南少林寺山南的第一院为以弥勒殿为中心的院落，其前面设山门，这个门由哼哈二将把守。

弥勒中心院的后面将要穿越一条隧道进入南少林核心。隧道入口设置于一个靠山的殿堂内，使入口神圣、神秘，没有山洞的感觉。

山门，弥勒前院、内院和入洞院共同组成了南少林寺的第一部分。山门外面还有牌坊和停车场。

穿过渡桥，人们看到的南少林寺的核心建筑全景。环绕山体映托着南少林寺核心殿堂建筑层层升起，又沿左右展开这将是一种具有震撼力的全景图。为达到震撼力的景观效果，建筑一定要后退。为此核心建筑退后了一个广场，这个广场是绿茵广场，是植物覆盖的广场，名为莲花广场。广场莲花是可开全的，随晨钟暮鼓而动。广场中心是一个由无数个武僧站桩组成高低错落的莲花，同时是一个演武广场。

南少林13

南少林14

三、极乐寺方案设计

福建仙游拟建极乐寺，为女众的道场。其原址有一个老的寺庙，方案中将其保留，在其东侧另确立了一条轴线，从南至北，设山门、天王殿、大雄宝殿、法堂、圆塔。轴线的东侧有一个已建的四层建筑，有些突兀，为了强调寺院的中轴线，形成建筑的次序，轴线上的法堂设计的应当高大。中轴线的两侧为僧侣住宿和学习的主要场所。在天王殿前用两层建筑围合了钟鼓楼前院，设立了客堂及法物流通处。东侧已建的四层楼设为大寮和斋堂。整个建筑群保持了严格的次第，用院落的方式层层围合，尽量保证建筑的合理性，注重僧众的学修空间，形成一种具有时代新意的又体现传统和福建地方风格的建筑群。

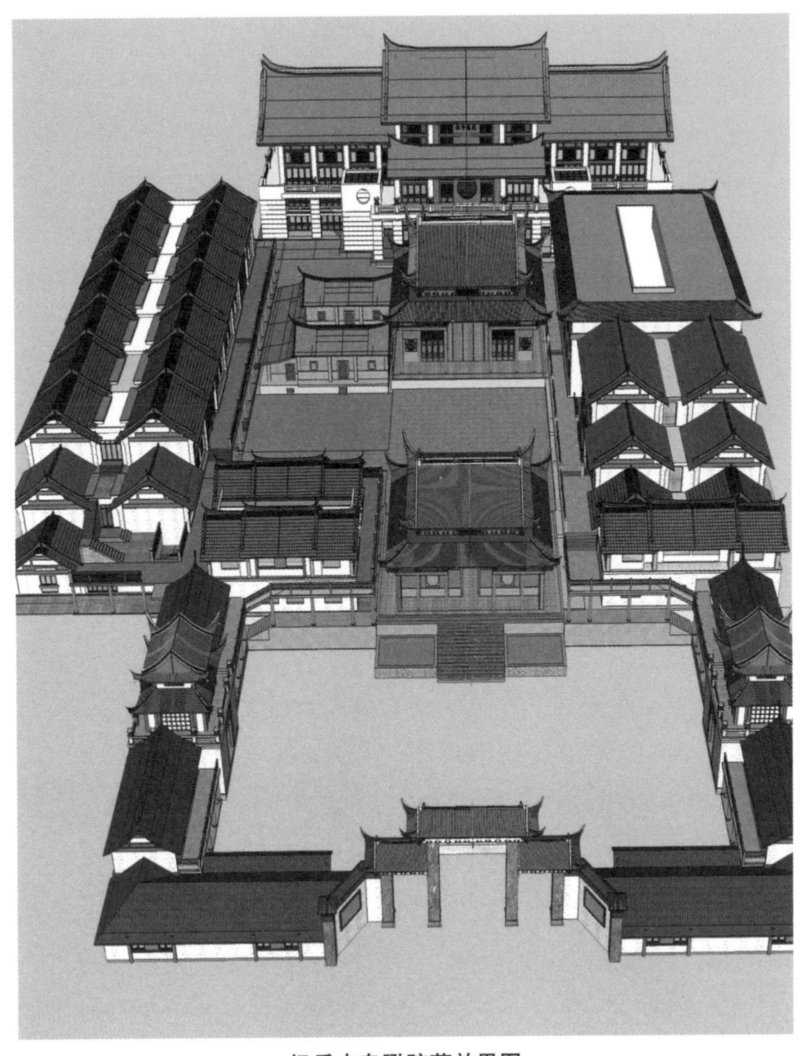

极乐寺鸟瞰院落效果图

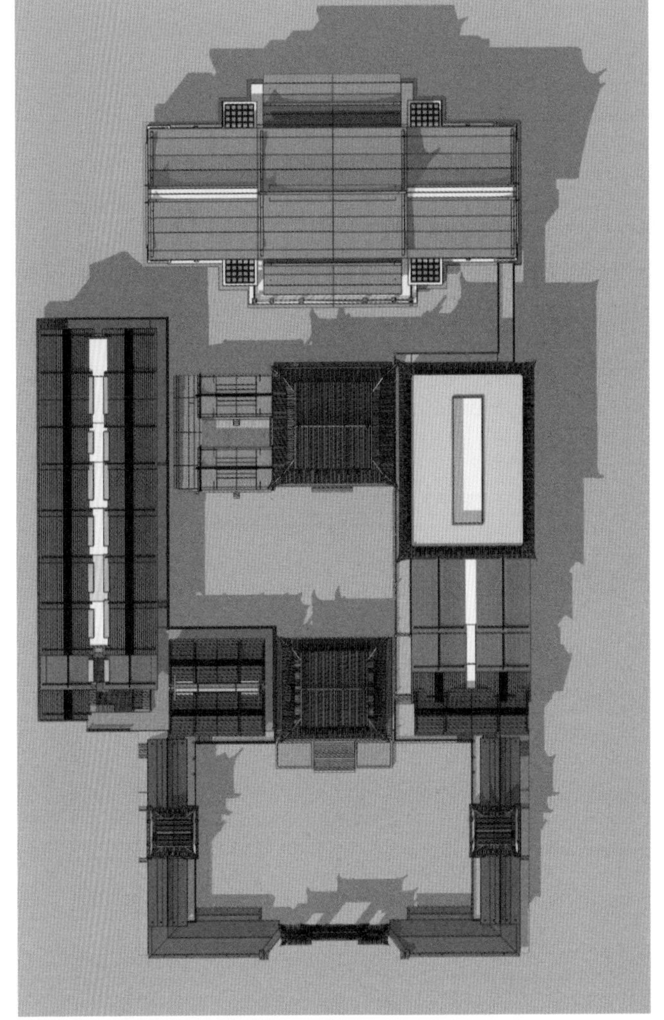

极乐寺屋顶平面图

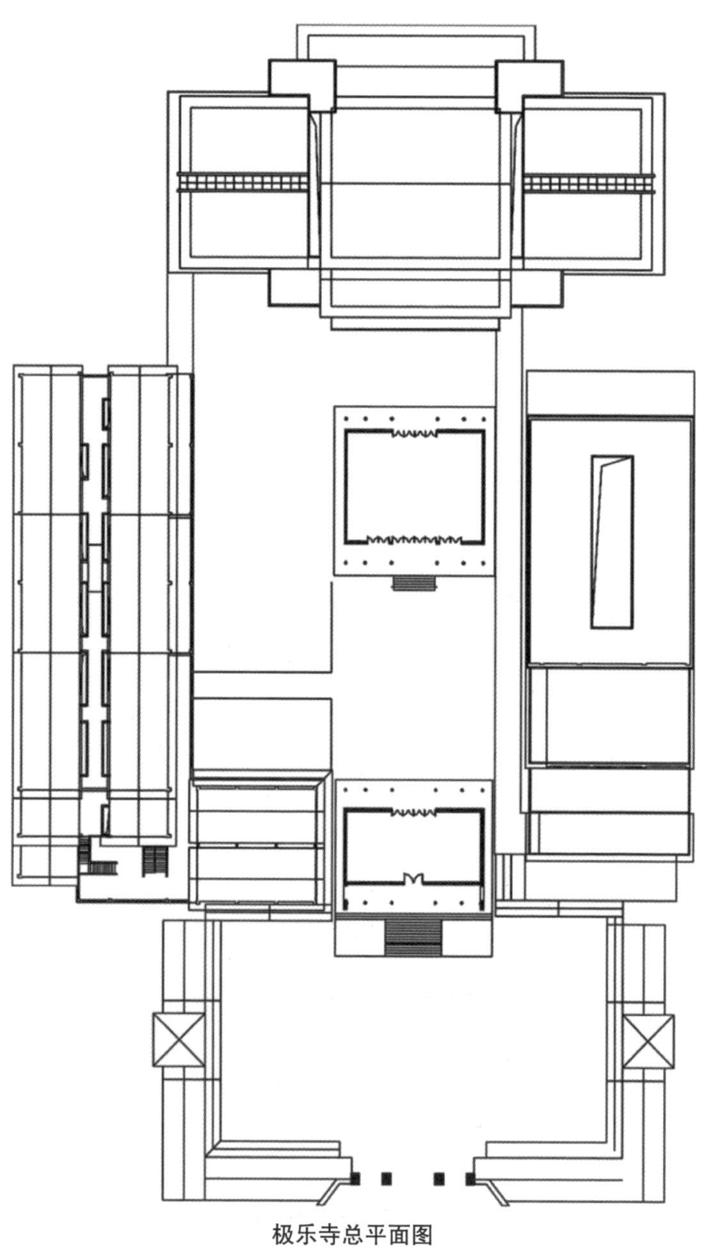
极乐寺总平面图

四、观音山——山水格局的启发

广西右江在平果县形成两大折弯，折弯的北面临马头山，南面形成一个半岛称为观音山。马头山和观音山应为联系在一起的山脉，只是右江水将其冲断了。

马头山北面是一整片连续的山，只将一山孤立出来，称为马头山。称马头山是山的北面形如马头，整个山像一匹头朝北的青马，从右江跃起。右江在马头山作了一个折弯，折出了大家都能看得出的太极图。“青马跃出太极”这是一个绝好的风水宝地。

马头山与观音山半岛是一体，不可分割，要统合考虑。当地政府立志要在观音山建整个东南亚最大的寺院，教化人心。

山要看“脉”，要强调突出并补强观音山的主脉，要使它有连续性，有动势。为此目的，寺院的主轴设在南北向山的主脉上，主轴线随山形弯曲起伏自然形成动态。从北至南设山门、天王殿、大雄宝殿、佛塔。四大菩萨分设在天王殿和大雄宝殿之间，分别坐在四座山上，与主轴可分可合。按此意图，勾画出后自然形成一龙形，龙头对马头山尾，形成龙追青马之状。青马即是天龙，此风水含二龙成阴阳之状，二龙汇于右江折弯处，与太极图同。僧团位于主轴线一侧，随山形自然弯曲成一小龙。这就是观音山风水格局的生生不息的大气场。

观音山寺是坐南朝北的寺院，传统寺院大部分都是坐北朝南，坐南朝北的寺院很少。吉林市昆明街的观音寺是一座坐南朝北的寺院，建于乾隆十八年（1753 年）; 南通的定慧寺也是一座坐南朝北的寺院，历史悠久，明代时寺门改为坐南朝北，是因嘉靖三十一年（1552 年）中国东南沿海遭倭寇的荼毒抢掠，为使百姓的生命财产不受威胁，在修城防御时将定慧寺包入城市，改为坐南朝北的格局。寺院建设多坐北朝南，但不是不可打破的，因为一些特殊的原因，也有坐南朝北的，因为周边的山势地形而决定朝向比单纯的强调坐北朝南重要。

观音山右江折弯的尖角朝北，这个观音山是南宽北尖，其形式是向北冲击的，其尖点应当是一个冲击口，应当作为风水的气场入口来看待。整个观音山山体南高北低正对马头山，观音山的寺庙因势而建，应当是坐南朝北的格局。

观音山寺庙的格局有些像北京的龙泉寺，北京的龙泉寺由山门进入后有一沟，沟上架古桥与主寺连通。观音山寺庙的格局由山门进入也有一沟，需架桥将南北连通，但比北京的龙泉寺要壮观的多。北京龙泉寺名为龙泉，观音山庙主体为一龙体，这一南一北两个寺院都与龙有关。

观音山环四周设路，东北方向通过已建桥与市区连通，已建桥改造成为一莲花形，在此处设客堂和法物流通处。西南方向有环路与外界公路相通，在此处设旅游商业区。

观音山东侧地势较平，且面对市区，在此区开展农禅弘法活动，增植林木，成为城市的绿色风景线。在该区设面对大众的讲堂，斋堂。讲堂斋堂位于平地，方便了大众。

观音山风水分析

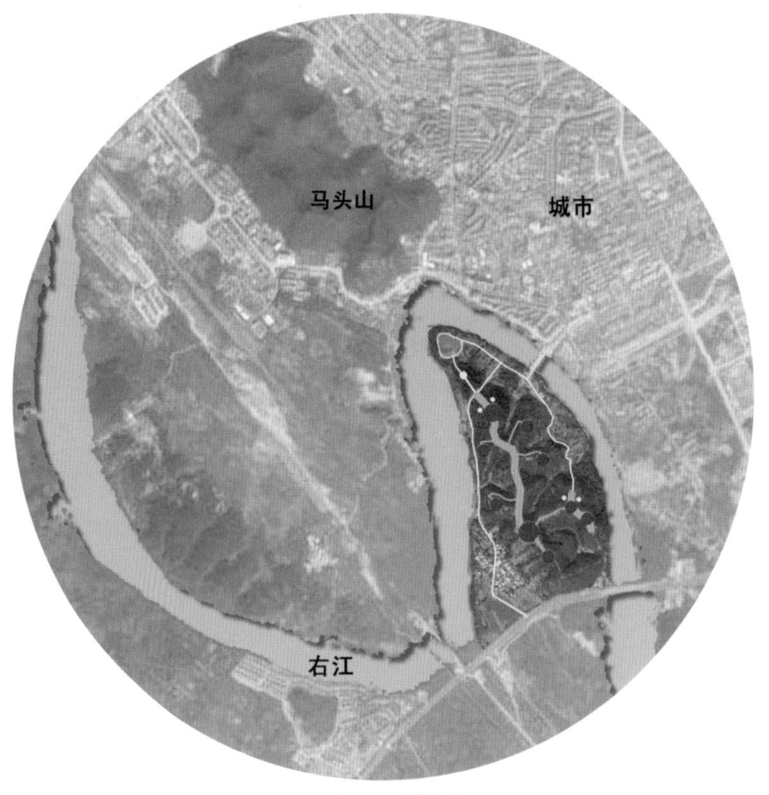

观音山山水格局

图注：右江绕出太极图，如日月交合。北马头山，意为天马；南观音山为佛山。佛寺占主山脉，四面为四大菩萨山，合为一体，形如天龙。僧团位于主脉一侧，形如一小龙。

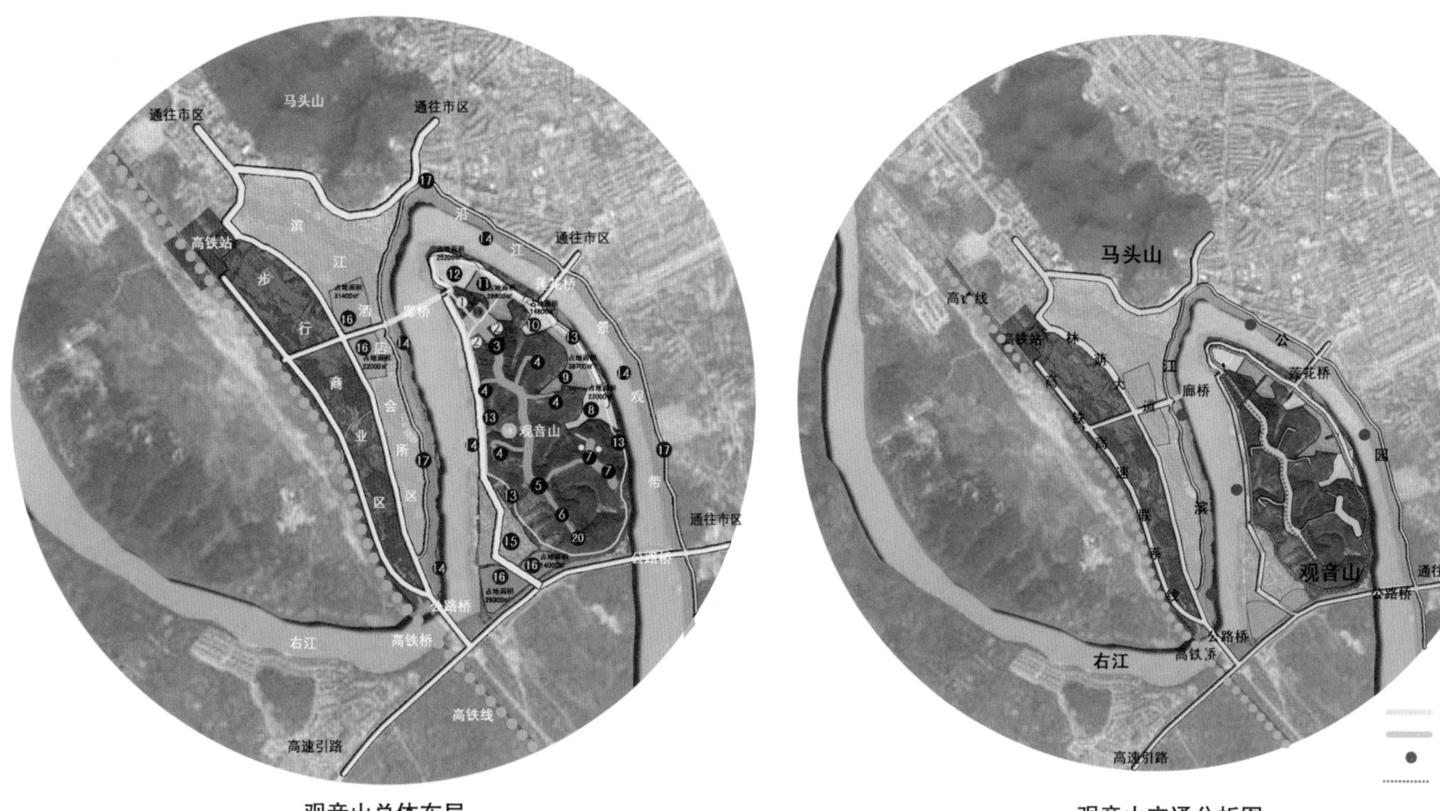

观音山总体布局

图注：1—山门；2—钟鼓楼；3—弥勒殿；4—四大菩萨山；5—大雄宝殿；6—法堂；7—僧团；8—佛学院；9—居士学修区；10—佛陀博物馆；11—农禅体验区；12—寺前广场；13—56民族游廊；14—沿江码头；15—原村庄；16—停车场及游客服务中心；17—沿江步道；18—保护林地及农田；19—放生池；20—塔院

观音山交通分析图

五、中国佛学院概念方案

中国佛学院概念设计聚焦的是如何构建传承传统的、体现佛教精神气质的、现代化的大学。

设计以“缘起”这一佛学重要思想出发，佛学院所处的天时、地利、人和即是佛学院的“缘”。这个缘是现代已经进入科技和商业化的世俗时代，佛学院要建在北京凤凰岭下，要培养现代僧才，这就是建设佛学院的条件。

现代化的大学就要考虑教育现代化、管理现代化的要求，就要利用现代化的建造技术。而现代化不能简单地和现代风格划等号，将功能和形式良好结合，体现出完整的、和谐的形象，才是恰当的定位。

本章所列项目笔者均为主设，与俞文剑居士率领的设计团队合作完成。

佛学院用地位置图

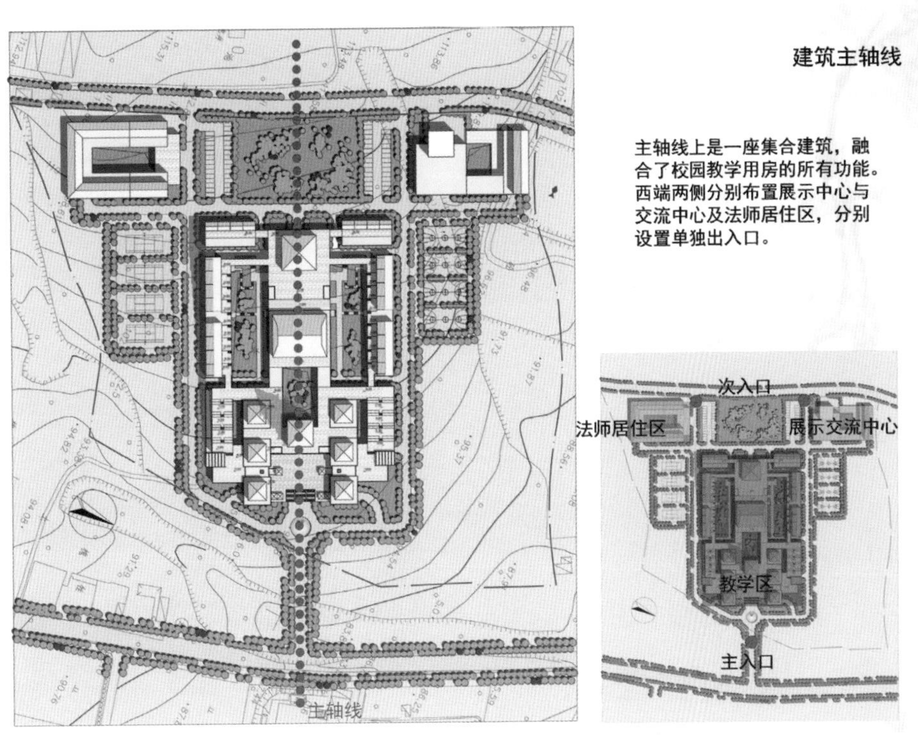

建筑主轴线

主轴线上是一座集合建筑，融合了校园教学用房的所有功能。西端两侧分别布置展示中心与交流中心及法师居住区，分别设置单独出入口。

佛学院总平面图

佛学院鸟瞰效果图

佛学院手绘效果图1（焦毅强 绘）

佛学院手绘效果图2（焦毅强 绘）

佛学院手绘效果图3（焦毅强 绘）

佛学院局部效果图

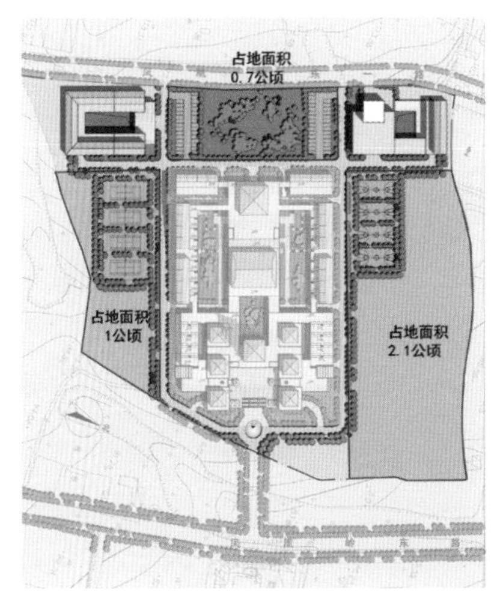

预留用地

北京用地紧张，节约用地很重要，使用这种集合建筑有利于节约用地的同时兼顾后期佛学院的发展。预留的建设用地可以满足三千学生的教学需要。

佛学院预留用地示意图

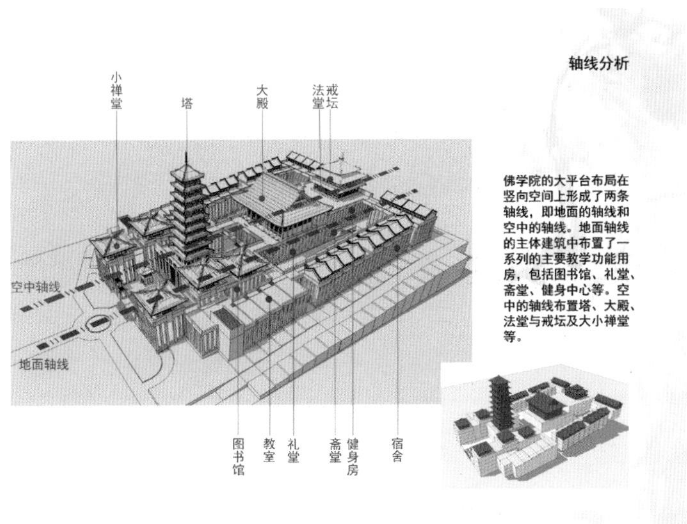

佛学院轴线分析

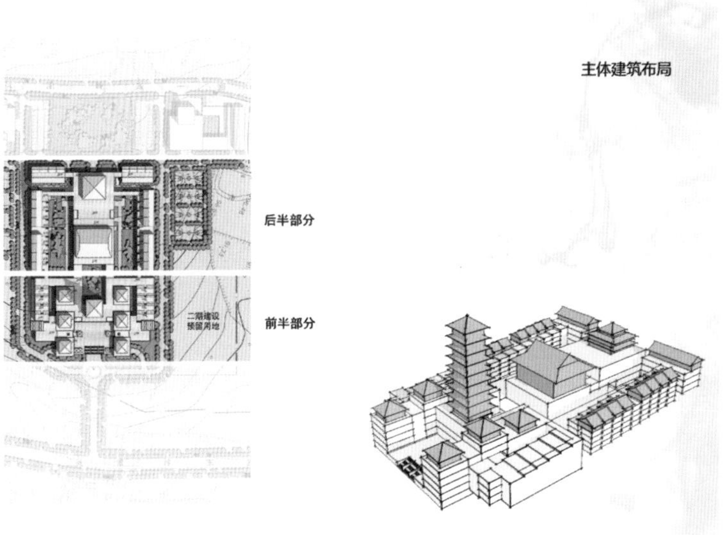

佛学院主体建筑布局分析

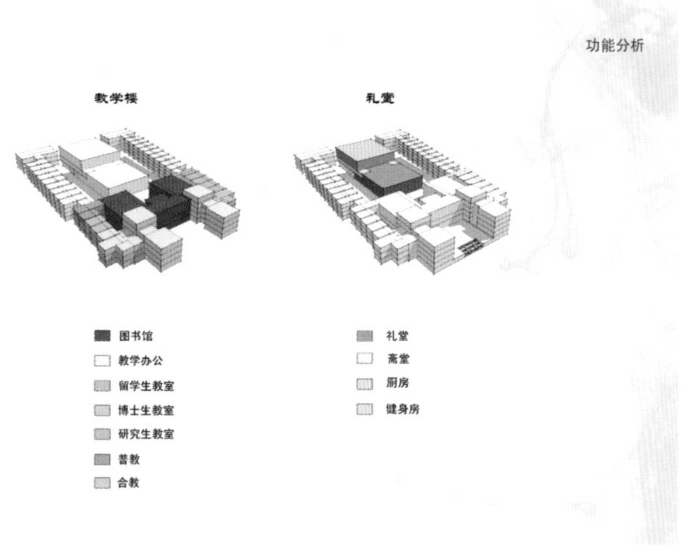

佛学院功能分析图

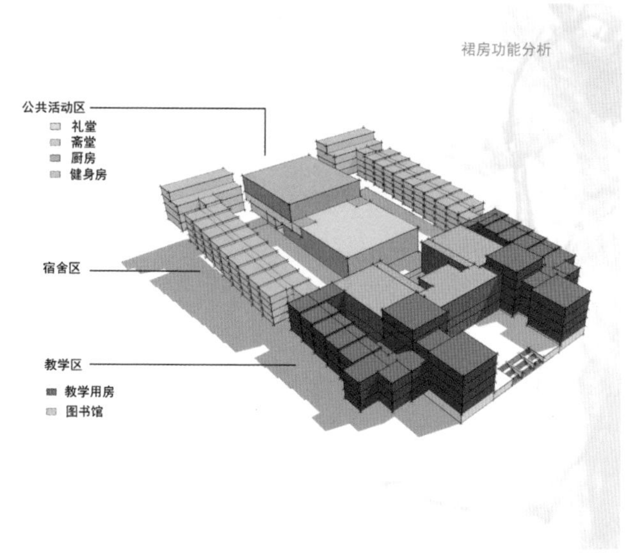

佛学院裙房功能分析

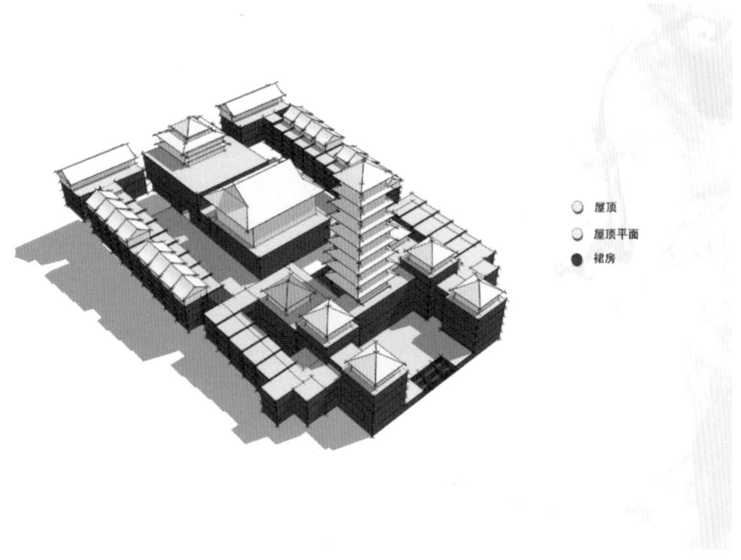

佛学院竖向分区

大殿供奉佛像，以大殿为中心既是以佛为中心。佛教自诞生，从古印度传入中国，僧团的修行围绕佛殿展开是不变的。这种布置有别于一般的大学，大学中宿舍区属于较为自由的生活区，一般与教学区距离较远。而佛学院为学修一体，僧团的休息、就餐、上课都有严格的规制，都是学修的重要组成部分，这种学修的布局模式更为接近僧院。在现代信息化的时代，对僧团的管理在融入现代科技的同时，要更为严谨。

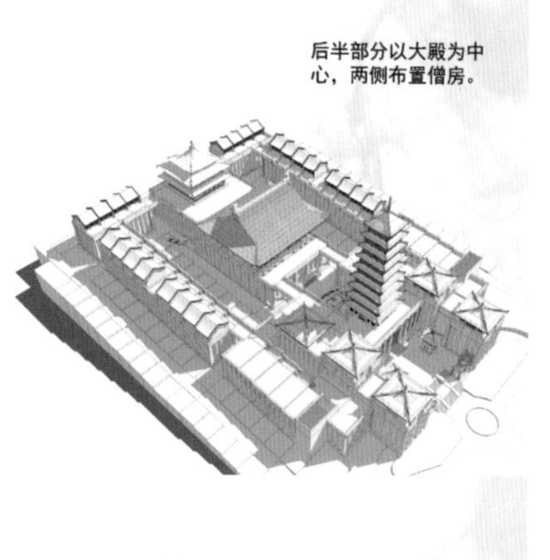

佛学院佛殿

前部分以图书馆与藏经塔为中心，教学用房围绕图书馆展开，图书馆既是经文中心。学习佛经法典是僧人学修的主要内容之一，这种布局方式强调了图书馆在佛学院的核心位置。

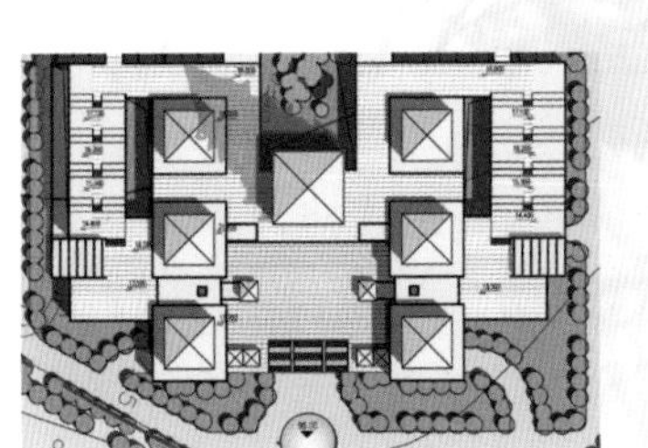

佛学院图书馆与藏经塔

佛学院立面

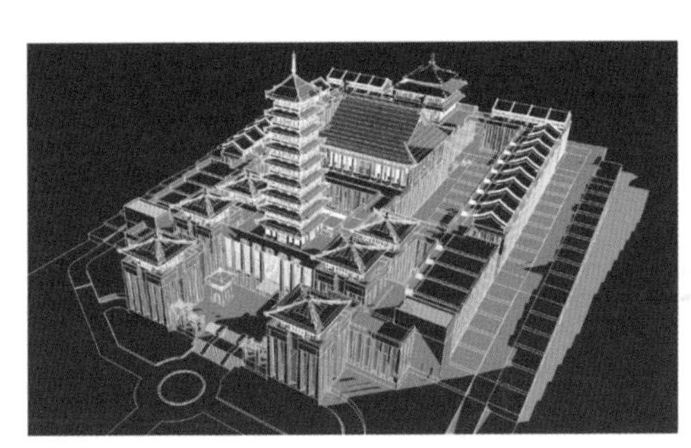

气场与扬起

高耸的塔是气场的扬起点。塔与主入口形成了一种合抱的气场，也是一个升华的气场，代表佛教的生生不息。同时高耸的塔与西北的凤凰岭遥相呼应。

佛学院塔1

入口处塔的安置延续了以前的佛教古制，传递了佛教建筑的源起布局。做为中国佛教的最高学府，它的形制应该是继往开来的。佛教建筑布局的发展在唐以前为有塔无殿至后期的前塔后殿，再到后来的前殿后塔，有一个发展和演变的过程，佛学院的布局采用后期唐代的规制。

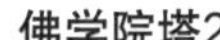

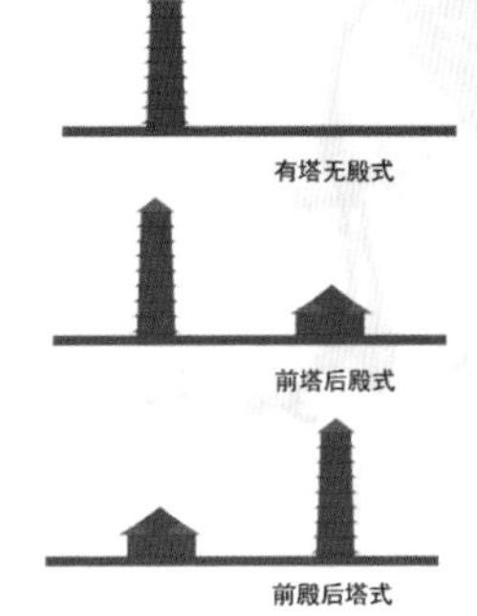

佛学院塔2

附录 A　僧民规范与丛林

（根据各种资料摘编汇集）

一、僧民规范

佛教制度的中国化，始于道安。道安制定僧尼规范，是基于现实要求的。随着僧徒的增多，建设僧团制度的必要性亦势在必行。但是，当时戒律传译未足，道安根据戒律与听到的西域僧团制度，制定僧尼规范。

僧尼规范的三科，如《高僧传·道安传》说："安既德为物宗，学兼三藏，所制僧尼规范，佛法宪章，条为三例：一曰行香定坐上经上讲之法；二曰常日六时行道饮食唱时法；三曰布萨（持戒行为）差使悔过等法。天下寺舍，遂则而从之。"

上高座读经，应该具有的威仪：①当先礼佛；②当礼经法上座；③当先一足蹑阿僧提上正住座；④当还向上座；⑤先手按座乃却座。

已经坐下的威仪：①当正法衣安座；②揵稚声绝当先赞偈呗；③当随因缘读；④若有不可意人不得于座上嗔恚；⑤若有持物施者当排下着前。

道安的"僧尼规范"是中国佛教奠基时期的纲要性探索，慧远则在继承道安的基础上，对僧制进行了更为深入的规定。如《法社节度》《外寺僧节度》《节度》《比丘尼节度》等。继而，齐竟陵文宣王《净住子净行法门》，梁武帝选《慈悲道场忏法》等。真正意义的中国佛教忏法开始出现。

布萨、唱导皆与忏悔有关。这些都是通过斋会的形式完成的。通过宣唱，转读经典，从而实现净化身心、忏悔业障的目的，斋会是印度斋戒制度的直接延续，并与中国的传统"礼"文化及道教的斋醮相结合，逐渐形成中国佛教独有的斋仪制度。佛教礼忏仪的形成，是佛教信仰中国化的最重要体现。

二、丛林设置的五大堂口

近现代丛林，基本设置有五个部分，即所谓"五大堂口"其中包括：

禅堂：禅堂是丛林的核心，专指坐禅的道场。

客堂：客堂为寺院日常工作的管理中心，负责对外的联络，宾客、居士、云游僧的接待，本寺院各堂口的协调，僧众的考勤和纪律，各殿堂的管理，以及寺院的消防治安等。

库房：库房总管僧众生活和佛事的必需品，如粮食、物品、法器、香烛等，还管理山林、田庄，以及殿堂、房舍的修缮等。

大寮：大寮为寺院的生活区，负责供应僧众的斋饭，主要由斋堂和僧厨组成。

衣钵寮：衣钵寮是方丈和尚的事务机构，直接为方丈办事。

一般的寺院，都是由方丈和四大班首、八大执事所组成。另外还有很多的侍者和其他负责人。每个堂口都设置相应的职务，委派相应僧人负责，通常情况下，这五大堂口都设有以下执事：

禅堂：

维那：禅堂的主要负责人。凡禅堂中有违反清规者，他都有权予以惩罚。上殿时，维那掌管佛教仪式的起腔领念，以音声为佛者，有如佛教乐团的总指挥。

悦众：维那的副手，若维那不在，禅堂可由其代管。悦众在上殿时具体敲打乐器，配合念唱，并教初学参禅僧人的礼仪。悦众可设置数人。

知藏：熟悉佛教三藏典籍，主管和保护重要的经藏。相当于图书馆的馆长一样。

藏主：执掌经厨钥匙，定期晾晒经藏，负责佛教书籍的保管和借阅。相当于图书管理员。

参头：也称"禅头"，禅堂中参禅最久或最熟练者。他主要

承担的是，为初学参禅的僧人作出示范和起到表率的作用。

司水：每天早晨打洗脸水，准备早、中、晚的漱口水，出坡后的洗脚水等。

圊头：每天挑送净桶，冲洗厕所，更换洗脚水，洗晒揩手帕等。

客堂：

知客：客堂的主要负责人，掌管全寺内外日常事务和接待僧俗客人事宜。其地位相似于办公室主任和接待处长。

照客：为客堂和知客办事，照料客人，打扫客房等。

寮元：云水堂的负责人，根据客堂安排，接待寺院的云水僧。

僧值：由于这个职务原来不设专职，而是由僧众轮流值班，故名。主要职务是代方丈管理检查僧众威仪，相当于纠察一职。

殿主：大殿的管理人员，其职责是照管油灯、香烛，摆设供器、供品，清洁佛像、佛殿等。

香灯：殿堂的管理人员，与殿主职责相同。

钟头：负责敲钟的职务。

鼓头：负责击鼓的职务。

夜巡：负责夜间巡逻和打照板及时刻的职务。

门头：守护山门的职务。

书记：负责寺院的文秘工作。

库房：

临院：俗称当家师，既是库房的主管，也对寺院各堂口的工作进行督察。权力仅次于方丈。

都监：都监的序职在寺院中是最高的，他在禅堂的位次，坐在监院上首。他上辅住持，下助监院，一般在日常生活中很少管事。

副寺：监院的副手。指导库头们的工作，负责寺院的生活及佛事用品，并对财务进行监督。

库头：负责库房的管理工作。

庄主：俗称“下院当家”，凡寺院所属庄田的一切事务，都由庄主负责。

园头：经营寺院的菜园。

监收：主要负责购进实物的验收等。

大寮：

典座：大寮的主要负责人，寺院的生活总管。

饭头：负责煮粥做饭，随时掌握大众之去来、水米之增减。

贴案：负责做僧众的斋菜和佛殿的供菜等。

菜头：负责厨房用菜，包括选菜、洗菜等。

水头：保证供应大寮做饭菜和烧茶等生活用水。

茶头：保证供应僧众每天的茶水。

火头：专管饭菜的炉灶，掌握火候。

磨头：负责寺院磨米等使用磨所做的事情。

行堂：在斋堂为进斋僧众铺碗筷、盛饭菜和添加饭菜。斋毕又收拾和清洗碗筷的事务。

衣钵寮：

衣钵：是方便和尚的直接助手，负责收发信件和草拟文书等。还可以代替方丈接见来访者。

烧香：侍者寮的负责人。凡方丈说法、住持佛事、出位指香、礼钵、上堂、上供时，均由烧香高捧香炉，走在方丈前面。

记录：主要为方丈写法语，传戒时写请启，为各种佛事写疏文等。

汤药：负责在方丈生病时煎汤熬药，故名“汤药”。也是方丈小灶和上客堂的厨师。

请客：有人会见方丈，先由他禀报衣钵或方丈；方丈或衣钵有指示，也由他向外传达。

圣僧：负责照料方丈的穿衣，饭后漱口，为方丈背行囊等。在佛教仪式中，当为方丈传炉，开具等。是方丈的侍者。

行者：在方丈厨房烧饭烹茶及干杂活的僧人。

三、僧团的等级序列

寺院建筑的等级序列非常严格，而这主要取决于僧团内的等级序列。

受过具足戒的僧人，经过从阴历四月十五日到七月十五日的结夏安居后，受戒的年龄就算增长一岁，佛教称为“一腊”。通俗地讲，戒腊即是加入僧籍的年数，相当于在家人的工龄。戒腊最长的僧人称为“上座”，在丛林中备受尊敬，其发言常常有权威性。

寺院繁杂的日常事务，都是由执事来办理。这些执事，有列职与序职之分。列职相当于职务，侧重按办事能力和工作需要列其职别；序职相似于职称，侧重按出家资历和修持功夫定其位次。

列职和序职又可分东序和西序，其原来的意图可能是：东为主位，西为宾位，故将直接为住持工作的丛林执事待以主礼，列在东序；将辅助住持工作的执事待以宾礼，列在西序。

具体的分法如下：

序职分为：

西序——座元、首座、西堂、后堂、堂主、书记、藏主、僧值、知藏、知客、参头、司水。

东序——维那、悦众、祖侍、烧香、记录、衣钵、汤药、侍者、清众、知客、行者、香灯。

列职分为：

东序——都监、监院、副寺、库司、监收、庄主、磨头、寮头、殿主、钟头、鼓头、夜巡。

西序——典座、贴案、饭头、菜头、水头、火头、茶头、行堂、门头、园头、圊头、照客。

僧人序职的高低与其戒腊的长短一般是互为关联的。丛林的每位僧人都有各自的序职和列职。序职为“四大班首”的，其列职可能是都监、监院或副寺；序职为书记的，其列职多半为“五大堂口”的负责人；序职为烧香的，列职一般为库头、监收等。

四、僧团的结夏、结冬与“打七”

结夏安居是指从阴历四月十五日到七月十五日。这段时间僧人们禁止外出，而是在寺坐禅修学，接受信众们的供养。

佛制结夏安居一是出于养生护生的慈悲心。因为夏天路上多虫蚁，如果出门可能会踏伤。另外由于夏日天热汗多，出外化缘，披衣汗流，有失威仪，故禁足不出。同时夏热，妇女穿衣不威仪，僧人化缘亦不方便，故结夏安居。

结夏安居的内容主要是学习佛礼，有三个方面：

（1）聆听方丈、四大班首的开导。聆听本堂法师或外地高僧讲经。

（2）学习戒律和日常礼仪。

（3）学习参禅打坐，诵经持咒，敲打唱诵及念普佛，放焰口等。

七月十五日结夏安居圆满的解制日，丛林的僧尼们都在各自安居处集合一堂，当着大众自我检查，互相批评，共同忏悔，求得个人和僧团的清净。这种活动称为“自恣”，又称“佛欢喜日”。自恣后，受戒的年龄即算增长一岁或一腊。结夏安居坐禅也称为“坐腊”。

结冬安居是中国佛教的特色，因为中国气候冬天寒冷不宜外出的原因按照夏安居制度定了冬安居制度。每年从十月十五至次年正月十五期，丛林结冬安居。这是仿照结夏制度集合江湖衲僧来专修佛法的。故名为“江湖会”。清代以来，丛林曾有只结冬而不结夏的反常现象，后经纠正，仍以结冬坐禅，结夏讲经学律等为惯例。

“打七”是一种修行方式，是以七日为一个周期，在七日之中，专心参究，称为“一七”，直到第七个七日，称为“七七”。从阴历十月十五日起，到腊月八日止，要包括七七四十九天。禅宗的“打七”称为“打禅七”，是冬安居中的重要行事，也是冬天进行的参禅活动。

五、僧人的日常生活

（转载净言斋博文：晨钟暮鼓，青灯黄卷——僧人一日生活 http://blog.sina.com.cn/u/1761380862）

僧人的寺院生活十分清苦，同时也十分有规律和节奏。僧人们闻钟而起，闻鼓而眠，闻板上殿，闻梆过堂（用斋、吃饭），日日如此，月月如此，年年依旧。

1. 朝暮课诵

课诵：是佛教寺院定时念持经咒，礼拜三宝及梵呗歌赞等法事的总称。

早课：早课是全寺僧众于每日清晨（约在丑寅之间）齐集大殿，念诵《楞严咒》《大悲咒》《十小咒》《心经》各一遍，在念诵的起止都配有梵呗赞偈。其中，《楞严咒》为一堂功课，《大悲咒》《十小咒》等为一堂功课，有些寺院轮流念这两堂功课。

晚课：晚课有三堂功课，即诵《佛说阿弥陀经》和念佛名；礼拜八十八佛和诵《大忏悔文》；放蒙山施食。诵《佛说阿弥陀经》和念佛名是祈愿自己往生净土。八十八佛都可以为众生作忏悔主，因此向八十八佛礼拜，申述自己改悔罪恶的愿望，是可以灭罪的。

明清以来，早晚课称为寺院共同修行的必修课。

2. 布萨诵戒

布萨，又称为布沙他、布萨陀婆、逋沙他，意译为长净、增长、善宿、净住、共住、说戒。即比丘每半月齐集布萨堂，请精熟律法的比丘说波罗提木叉戒本，以反省过去半月内行为是否合乎戒本。如有犯戒者，应在大众前忏悔，使比丘都能长住于净戒中。

禅宗寺院的诵戒仪轨：

首先，打板绕寺院一周，大众闻板声，集合于大殿。其次，煞板，大众顶礼三拜。然后维那起腔，大众唱忏悔偈："往昔所造诸恶业，皆由开始贪嗔痴，从身语意之所生，今对佛前求忏悔。"每唱一遍，礼佛一拜，总共三次。诵戒者进入大殿，先拈香，然后礼佛三拜。唱完忏悔偈后，大众合掌念"南无本师释迦牟尼佛"。等诵戒者进入斋堂后，维那起腔唱"炉香赞"，诵戒者拈香三拜，然后上座。大众唱"云来集菩萨"三称，第三遍加"海会"二字，班首出位，展具三拜后归位。维那师呼："展具，顶礼和尚。"大众三拜，一拜敲一钟，三拜后，煞钟收尾四下，维那师呼："钟声传三千界内，佛法扬万亿国中，功勋祈世界和平，利益报檀那厚德。"呼毕，大众唱"南无本师释迦牟尼佛"三称，接着唱："无上甚深微妙法，百千万劫难遭遇，我今见闻得受持，愿解如来真实义。"维那煞钟四下，呼："众沙弥进堂，排班三拜，长跪合掌。"沙弥三拜后，长跪合掌，诵戒者鸣尺云："诸沙弥谛听，人身难得，戒法难闻，时光易度，道业难成，尔等即已出家，严谨身口意，勤学经律论，谨慎莫放逸。"众沙弥回答："依教奉行。"诵戒者云："既能依教奉行，作礼而退。"众沙弥就地一拜，起立退步而行出斋堂。最后，开始读诵戒本。诵毕，诵戒者鸣尺一下，下位，维那举回向偈："愿以此功德，庄严佛净土，上报四重恩，下济三途苦。若有见闻者，同发菩提心，尽此一报身，同生极乐国。"唱完后，维那呼："展具。"诵戒者云："不展具。"维那云："礼谢法师。"诵戒者云："不为礼。"维那师云："同寮师打引磬送法师回寮。"诵戒者云："不消送。"问讯出堂。

现代中国佛教寺院一直遵循着这一古老的制度。

3. 过堂

过堂即是出家人吃饭的别名。

因为出家人原则上过午不食，只吃早餐与午餐，所以又称为"二时临斋"。"斋"从广义来说，指清净身心，谨防身心懈怠；从狭义来说，则指八关戒斋，或特指过午不食的戒法。能持守过午不食的戒法，称为"持斋"，持斋期所食的食物，称为"斋食"。

佛教认为早晨是天人进食，日中是佛陀进食，下午是傍生进食，夜晚是饿鬼进食。

少数僧人坚守"过午不食"的传统律制，多数僧众还是一日三餐。但是，只在早餐与午餐，举行一定的仪式，即"过堂"，这是"二时临斋仪"。

在过堂时，碗筷都不许发出声音，更不许讲话，添加食物靠筷子来示意。佛教认为过堂是一堂法事，前面有供佛、施食，后面有结斋，整个过程显得非常庄严、肃静。

附录 B　古印度石窟

（资料来源李崇峰《佛教考古——从印度到中国》）

石窟原是印度的一种佛教建筑形式。佛教提倡遁世隐修，因此僧侣们选择崇山峻岭的幽僻之地开凿石窟，以便修行之用。印度石窟的格局大抵是以一间方厅为核心，周围是一圈柱子，三面凿几间方方的“修行”用的小禅室，窟外为柱廊。

石窟艺术是为当时信佛的人们服务的，因信仰佛教的各阶层人物不同，所属的佛教宗派也不一样，因而在造像与壁画的题材上，也要根据自己那一宗派的经典造像。所以石窟艺术的发展，因时间、地点的不同，发展情况也不一样。石窟艺术反映了佛教思想及其发生，发展的过程，它所创造的佛像、菩萨、罗汉、护法以及佛本生的各种故事形象，都是通过具体人的生活形象而创造出来的。它曲折地反映了各历史时期，各阶层人物的生活景象，这是石窟艺术的一个特点。

石窟是利用岩石山体而建的一种建筑形式，一般选择在石质较坚硬的地方开凿洞窟，其结构比较坚固，一旦形成之后不容易发生改变，因此石窟保存了建筑，艺术等方面的珍贵信息。

佛教从古印度开始就开凿了很多石窟寺院，在印度石窟中，有3/4是属于佛教的。佛教对印度石窟的发展起到了重要的作用。

印度石窟一出现就有兼具圆形主室和长方形前室的平面结构，这类平面布置成为印度佛教石窟的重要形式之一。后来，佛教石窟发展成为体积庞大、结构复杂、内容丰富的石窟群，除了比丘生活、修行场所的功能外，增加了纪念、礼拜的功能。

支提窟本来是为了绕塔礼拜佛塔而建的，绕塔礼拜是僧伽的重要活动之一。开始的时候洞窟内外没有任何装饰，但出现佛陀以后，洞窟里里外外刻满了佛陀、菩萨及人物像，最大的变化是在佛塔前面造佛像。原来寺中礼拜的对象只有佛塔，现在佛塔前造佛陀像，与佛塔一起被礼拜。这种塔像结合可以说是从佛塔信仰到佛像信仰的过渡。

后期石窟中，出现很多精舍窟和礼拜窟的结合形式，在精舍窟内造的礼拜空间供奉的是佛像，佛塔再也不出现。表示佛塔信仰本身逐渐衰落了。佛陀像代替了佛塔的地位。

对于古印度佛教石窟寺《十诵律》卷四十八中有如下记述：“佛听我作窟者善。佛言：听作。又言：佛听我窟中作塔者善。佛言：听窟中起塔。佛听我施窟门者善，是事白佛。佛言：听作。佛听我覆窟中塔者善。佛言：听覆。……佛听我施柱作塔者善。佛言：听作。佛听我以彩色、赫土、白灰庄严塔柱者善。佛言：听庄严柱。佛听我画柱塔上者善。佛言：除男女合像，余者听作。”这表明：开凿石窟，窟中造塔，施柱作塔和庄严塔柱，皆符合佛说和佛典。作为永久性的佛教建筑僧坊窟和塔庙窟都是当时砖木结构的僧坊和塔庙的石化结果。

随着印度佛教的迅速发展与僧团的日益扩大，初期的圆形塔庙窟已不能满足越来越多的信徒在窟内礼拜和集合的要求。这种宗教上的发展，要求将那种圆形的小型支提窟扩大为带有集合厅的巨大塔庙。这样，倒 U 字形平面支提——最流行的塔庙窟便出现了。不久就成为塔庙窟的正规形式。

塔庙具有玄奥的象征意义，应被视作宇宙屋的物化形式。宇宙屋就是万有，其入口就是世界之门。当佛教徒右绕佛塔时，这种塔庙内部苏醒过来，充满生气。它为人们从尘世到佛园铺设了一条方便之路。实际上，佛教徒所采纳的旋绕仪式，是一具有悠久传统并享有盛誉的印度宗教仪式。《百道梵书》规定：信徒面向祭坛，“从右向左旋绕三圈，并在坛上铺满吉祥草。当从右向左铺满三层草时，他留下了足够铺放束的数量。而后，他再左向右旋绕祭坛三圈。之所以从左向右再转三圈，是因为当他最初从这里紧随三代祖先远行之后，又从他们那里回到了现世。”在这个微观世界里，任何人都可以对那未知世界做一次旅行并安然返回。对一位佛教徒来说，到一处著名的塔庙做一次朝拜，大概意味着他到另一个世界做了一次旅行。假定从左

侧廊进入，他自然会沿着顺时针方向右旋绕佛塔。“最初，通过记数走过的柱子，他尚能计算所进入未知世界的深度。不过当他一步又一步谨慎地前移时，光线变得愈来愈暗，从每个柱子上反射回来的光亮，也在黑暗中逐渐消逝，未知世界只有靠他默默揣度了。突然从柱间，他辨识出半圆形亮点——窣堵坡之覆钵。覆钵在来自明窗中的光线中反光、发亮。这是极为精确的效果。窟内列柱大体相同，他在柱间与塔的视角，则随着他每迈一步而增大。当他最终靠近佛塔时，他的最大视角和他与塔的距离相结合，使朝拜焦点太强以致不能凝视。”这种由朦胧和分柱法设定的神秘，似乎把各种事物都溶解了，致使信徒以及各种各样的朝拜者感到自身已置于一个虚构的魔幻世界之中，肉体正飘向天空，精神正在升华。

印度的佛教石窟，大体可区分为僧侣起居用窟和宗教礼拜活动用窟两类。一座塔庙窟与若干僧坊窟组成一个寺院，许多寺院群连在一起。印度塔庙窟随着佛教的发展而变化着。如早期塔庙窟内的石塔上无像无龛；而到了晚期，由于大乘佛教的兴起，龛像都进入了龛内。

印度的佛教石窟主要集中在西印度，集中在马哈拉斯特拉邦境内。该邦可以看作是世界石窟建筑的摇篮。

西印度塔庙窟的类型分析如下：

（一）平面分为下列三型。

1. 平面圆形正中置塔

2. 平面倒 U 字形，前面空间较大，作集聚用，后部中央造石塔

3. 平顶窟室，塔造内端

（二）外立面：分为下列三式。

1. 无前壁，巨大的尖楣圆拱入口两侧浮雕出支提盲窗、栏楯等图案

2. 前壁分为上、下两部分，上部为宽大的明窗，下部开 1 ~ 3 个门道。门道上方及明窗两侧浮雕出支提盲窗和栏楯的等装饰图案

3. 与 2 式相似，唯窟前有前廊或前室

（三）明窗：可分为六式。

1. 巨大的拱形明窗似由两侧倾斜石柱承托，以消减纵卷顶之推力。支提拱的底部，即拱翼跨度最宽，看上去像一半圆形

2. 拱形明窗内侧各雕一壁柱，拱腹雕出截面为长方形之凸起椽头。拱翼由一拉杆连接，拱脚外凸。拱形明窗下的阑额表面，通常雕出栏楯图案。拱翼弯曲幅度较大，整个拱形明窗看似一马蹄形

3. 整体造型与 2 接近，唯拱内盲窗上开一方窗

4. 与 2 式接近，唯拱翼内曲较大，拱翼末端外翻如脚爪

5. 与 4 式相似，拱顶有涡卷状装饰，拱翼末端外翻如火焰状

6. 拱形设计与 5 接近，整体造型为三叶拱，圆形明窗开在最上部

（四）窟顶：主要样式有两种。

1. 拱顶，塔上方窟顶为穹隆顶、半穹隆顶或同拱

2. 塔上方窟顶为平顶

（五）石柱：分为两种。

1. 石柱既无柱头，也无柱础

2. 石柱有柱础或柱头，或二者兼具

（六）塔：作为朝拜的主体，一座完整的佛塔通常由塔基、塔身、覆钵、方龛、平头、轮杆和轮盖等部分构成，可分为四种。

1. 仅塔身和覆钵系独石雕成，塔身与地面相连。其余部分，即方龛、平头、轮杆和轮盖等，原用石头或木料单独制作，这可以从覆钵顶部的卯眼判明

2. 塔基、塔身、覆钵、方龛乃至平头系独石雕成。塔身与窟地面相连。平头作叠涩式倒金字塔形

3. 塔基、塔身、覆钵、方龛、平头乃至轮盖以独石雕成，上下分别与窟顶和地面相连

4. 塔基、塔身、覆钵、方龛、平头等以独石雕成，塔正面雕出龛像

以上即是印度塔庙窟的基本特征。

附录C　印度石窟中国化的初步考察

（节录于李崇峰《佛教考古——从印度到中国》，小标题为笔者增加）

在中国发现的佛教遗址与遗物，其数量远远超过了在印度的发现，而在漫长的历史发展与变革中，在中国境内毁坏的佛教遗迹，其数量也大大超过了印度境内被毁的佛教遗迹之数。仅就石窟寺院的保存数量而言，中国也胜过印度。中国大同云冈、洛阳龙门和敦煌莫高窟堪称世界上规模最大、内容最丰富的佛教石窟群，印度阿旃陀和埃洛拉的佛教石窟与中国这些遗迹相比，则要略显逊色。

考虑到这些石窟所在山丘周边恶劣的自然环境和开窟者当时使用的原始工具以及落后的运输和提举能力，这些石窟寺的雕造的确是古代人民一项伟大的工程业绩。如果没有一个万众一心、薪尽火传若干世纪的庞大群体和他们高度虔诚而执着的宗教献身精神，就不可能创造出这样惊人的佛教文化伟绩。

倘若没有强大的社会释罪，就不可能产生如此伟大的牺牲。石窟寺院，一定在那些献身此举的人们脑海中产生了一种神圣动机。我们可以设想在石窟寺完工之时当地人们表现出的心醉神迷状态。为了享受天堂世界，一座神圣的佛殿突然从沉睡的营地中出现，静寂的山岩，突然变成了宗教活动场所。石窟不仅成为信徒及朝圣者的栖身之处，而且变成佛、菩萨、飞天以及其他超自然生物的家园。你可以设想古人是如何感受的。在微弱的油灯下或烛光中，陆地上这座黑暗之洞变得此次梦幻，让人仿佛看到了人间天堂中的佛与弟子。他们发现岩石在祈祷、说教、微笑和飞跃，听到天乐正从窟顶轻柔地飘来、回荡在他们的心灵深处。

石窟寺堪称深奥、微妙而复杂的建筑艺术品。它的完工，会使人们忘却发狂群体的奋斗与痛苦，去拥抱纯洁的和平气氛所产生的宁静、庄严、怜悯以及其他崇高的目标与理想。石窟寺总是神秘的。那富丽堂皇的雕刻与绘画，创造出尘世任何东西都无法与之比拟的美妙和魔力。

一、僧坊窟及方形窟的中国化

石窟开窟造像活动传入中国，首及当时的西域（新疆），尔后逐渐东传，最后遍布大江南北。石窟作为一种外来形式，为了自身的存在和发展，加之自然因素，不得不与当地的文化传统和审美情趣相结合。这样，各地区形成了富有当地特色的佛教石窟类型。如古龟兹的塔庙窟，既不同于摩诃刺陀原型，又与中原北方的有别；摩诃刺陀原有的方形窟传至中土后，虽然有些尚保持原有属性，但大多数洞窟已演变为佛殿，即由生活用窟变成宗教礼拜活动用窟；至于在摩诃刺陀流行较广，延续时间较长的多室僧坊窟，在中国境内却极为少见。又，西域和内地出现了许多大像窟，而这种窟形则不见于摩诃刺陀。

摩诃刺陀公元5世纪到公元7世纪中叶开凿的僧坊窟，雕琢华丽，空间复杂，设施齐备，窟内外雕琢很多龛像，其中大厅正壁向外延伸雕造的佛殿成为礼拜之处。这种僧坊窟具有双重性，既是比丘栖止“禅定之窟”，也是四众最上供养之所。成为塔庙僧坊混成式窟。

在中国典型的僧坊窟目前仅发现于新疆和甘肃两地，雕造年代大约从公元4世纪到公元6世纪。于新疆库车县的苏巴什（雀离大寺）遗址现有4座，吐鲁番地区峪沟石窟有2座，敦煌莫高窟3座。

僧坊窟在中国开凿有限，有如下原因：

（1）《比丘尼戒本所出本末序》曰：“寺僧皆三月一易屋、床坐，或易伽蓝者。未满五腊，一宿不得无依止……（比丘尼）亦三月一易房，或易寺。出行非大尼三人不行。”也就是说，古龟兹僧人在一座寺庙或一间僧房乃至一张床铺居留三个月后，

必须变更居所；出家不满五年者，须与高僧合住。龟兹尼众亦遵奉同样戒律，若非大尼，必须有两人同伴才可出行。据调查，克孜尔石窟初期盛凿僧房窟，但有些僧房窟使用后不久被改为礼拜窟。僧尼短期居住后便废弃或改造致使僧房窟不易流行。

（2）温度原因，印度的气温和新疆及中原北方的温度差异很大。印度夏季炎热，冬季凉爽，石窟没有采暖问题。而新疆和中原北方需要在窟内安炉，这些也影响了僧坊窟的存在。

（3）有些地区礼忏供养用窟与栖止生活用窑分区设置。

（4）中原北方开凿的石窟，除少数为了禅修外，大多数石窟为禅观、礼忏、供养用窟，以满足皇室、显贵、高僧以及信众做功德及最上供养之愿望与需求。中国内地的石窟寺主要采用混合营造规则，禅修、礼拜在崖壁石窟之中，日常生活退居地面建筑之内，即石窟与地面建筑合成完整的佛教寺院。这一规制，疑创始于北魏皇室开凿的武州山石窟寺。

方形窟，形制简单，在中国极为流行，后来成为主要的礼忏供养用窟。

二、中原北方塔洞

中原北方塔洞是在摩诃刺陀庙窟和龟兹中心柱窟的基础上演化和发展的。以莫高窟为例，第一期开凿大约于公元489～525年左右，平面皆作长方形，每窟后面中央皆凿一座简化了的方形佛塔，塔四面开龛造像。窟顶前半部呈汉式人字披形，后半部为平顶。云冈石窟现存八座塔洞，每窟后部中央雕造佛塔，塔基方形，塔身二或三层，每层每面开龛造像，饰斗栱与平座，塔顶雕出华盖与须弥山。这种佛塔，应仿当时地面建造的楼阁型浮图雕造。

中原北方地区塔庙窟，是外来石窟艺术形式，如龟兹中心柱窟与本土传统汉文化结合的产物。塔的陵墓含义进一步减弱甚至消失。佛陀已完成了从圣人转变为神的漫长旅程。此外方塔顶部所雕须弥山，是凡人与神仙皆向往的妙境神宇。塔柱就成了连接凡人与神仙，即尘世与天堂的升华之路。

石窟寺院不是普通建筑，它是一种附加精神价值——实际上是由它产生的特殊建筑。对于一位科学研究者来说，正确的态度应当把这种石雕建筑看作是一种装满价值和出产价值的卓越文化。

古代中国人也像天竺人一样珍重须弥天堂，但印度历代寺庙建筑上的天堂须弥，总是富于暗示性，经常使整个建筑产生一种崇高之感。而中国的须弥山，更具有描述性而非描象性。中国人在使用须弥象征中的自如和随意，是文化上异体受精辩证法的另一例证。一种具有民族特征的新风格或新样式随之产生。

参考文献

[1] 蒋维乔 . 中国佛教史 [M]. 北京：商务印书馆，2015.

[2] 周叔迦 . 中国佛教史 [M]. 北京：辅仁大学，1930.

[3] 黄忏华 . 中国佛教史略 [M]. 成都：成都文殊院，四川省新闻出版局，2001.

[4] 任继愈主编 . 中国佛教史 [M]. 北京：中国社会科学出版社，1985.

[5] 宿白 . 中国佛教石窟寺遗迹——3 至 8 世纪中国佛教考古学 [M]. 北京：文物出版社，2010.

[6] 宿白 . 魏晋南北朝唐宋考古文稿辑丛 [M]. 北京：文物出版社，2011.

[7] 梁思成 . 佛像的历史 [M]. 北京：中国青年出版社，2010.

[8] 龚国强 . 隋唐长安城佛寺研究 [M]. 北京：文物出版社，2006.

[9] 周祖谟 . 洛阳伽蓝记校释 [M]. 北京：中华书局，2013.

[10] 王贵祥 . 七宝恒沙塔，清净一菩提：中国古代佛教建筑研究论集 [M]. 北京：清华大学出版社，2014.

[11] 刘敦桢 . 中国古代建筑史 [M]. 北京：中国建筑工业出版社，1984.

[12] 傅熹年 . 中国古代建筑史 [M]. 北京：中国建筑工业出版社，2009.

[13] 傅熹年 . 中国古代建筑十论 [M]. 上海：复旦大学出版社，2004.

[14] 李崇峰 . 佛教考古——从印度到中国 [M]. 上海：上海古籍出版社，2014.

[15] 释惠如 . 中华佛塔 [M]. 上海：上海社会科学出版社，2012.

[16] 鲁惟山 . 汉代的信仰、神话和理性 [M]. 北京：北京大学出版社，2009.

[17] 中国佛教学会编 . 中国佛教仪轨制度 [Z].

[18] 李珉 . 论印度的早期佛教建筑及雕刻艺术 [J]. 南亚研究季刊，2005（1）.

[19] 宇恒伟 . 浅析东汉至南北朝的佛像崇拜 [J]. 文博，2007（4）.

[20] 怡藏法师 . 挖掘文化内涵构建现代寺院——关于发挥佛教寺院在促进经济社会发展中积极作用的思考 [M]. 中国民族报（宗教周刊），2011-11-05.

[21] 张晖 . 帕米尔谜团 [J]. 人与自然，2015（1）.

[22] 葛兆光 . 众妙之门——北极与太一、道、太极 [J]. 中国文化，1990（12）.

[23] 单之蔷 . 大中原——大风水 [J]. 中国国家地理，2008（5）.

[24] 钟泉潇 . 汉地早期佛寺建筑布局浅析 [EB/OL].http://www fidh.cn/wuming/2010/05/0755303111308.html.

[25] 梁思成 . 中国的佛教建筑 [J]. 清华大学学报，1996，8（2）.

[26] 马赛 . 十六国时期的少数民族政权与佛教 [D]. 西宁：青海师范大学，2012.

[27] 孙昌武 . 唐长安佛寺考 [M]// 荣新江主编 . 唐研究（第二卷）. 北京：北京大学出版社，1996.

[28] 宿白 . 试论唐代长安佛教寺院的等级问题 [J]. 文物，2009（1）.

[29] 袁欣 . 唐代佛教影响下的长安城市生活——以佛教寺院为中心 [J]. 佳木斯教育学院学报，2013（3.）

[30] 王早娟 . 唐代长安佛教传播的社会文化心理 [J]. 社会科学战线，2010（4）.

[31] 潘桂明 . 宋代居士佛教初探 [J]. 复旦学报：社会科学版，1990（1）.

[32] 郭黛姮 . 十世纪至十三世纪的中国佛教建筑 [M]// 张复合主编 . 建筑史论文集（第 14 辑）. 北京：清华大学出版社，2001.

[33] 郭黛姮 . 伟大创造时代的宋代建筑 [M]// 张复合主编 . 建筑史论文集（第 15 辑）. 北京：清华大学出版社，2002.

[34] 赵文斌 . 中国佛寺布局演化浅论 [J]. 华中建筑，1998（1）.

[35] 孙悟湖 . 元代藏传佛教对汉地佛教的影响 [J]. 中央民族大学学报，2005（3）.

[36] 姜东成 . 元大都敕建佛寺分布特点及建筑模式初探 [EB/OL]. http://www.fjdh.cn/wuming/2010/09/150839119997.html.

[37] 隆莲 . 五台山 [J]. 法音，1981（2）.

[38] 沈庄 . 峨眉山建筑初探 [J]. 建筑学报，1981（1）.

[39] 尹富 . 地藏菩萨及其信仰传入中国时代考 [J]. 四川大学学报：哲学社会科学版，2006（2）.

[40] 张振山 . 九华山建筑初探 [J]. 同济大学学报，1979（4）.

[41] 张邦启 . 九华山寺庙古建筑群建筑特色 [J]. 池州学院学报，2009（1）.

[42] 陈舟跃 . 海天佛国普陀山历史建筑 [J]. 中国文化遗产，2011（1）.

[43] 刘俊哲 . 藏传佛教缘起思想及其宇宙生成论意义 [J]. 民族学刊，2010（1）.

[44] 圣凯 . 六朝佛教礼忏仪的形成 [J]. 中国文化，2013（2）.

[45] 漆山 . 学修体系思想下的中国汉传佛寺空间格局研究 [J]. 法音，2012（4）.

[46] 莲龙居士 . 唐朝佛教史 [M]. Trafford Publishing，2013.

[47] 辛德勇 . 谈唐代都邑的钟楼与鼓楼 [J]. 文史哲，2011（4.）

[48] 王媛 .《全唐文》中的唐代佛寺布局与装饰研究 [J]. 华中建筑，2009（3）.

[49] 陈星桥 . 印度早期佛寺及其特色 [J]. 佛学文摘，2002（9）.